普通高等教育土木工程学科"十四五"规划教材（专业拓展课程适用）

钢 - 混凝土组合结构

STEEL-CONCRETE COMPOSITE STRUCTURES

严加宝　　王涛　罗云标　编著

天津大学出版社
TIANJIN UNIVERSITY PRESS

内 容 提 要

钢-混凝土组合结构在我国得到快速发展,在土木工程领域具有广阔应用前景。本书共八个章节,对钢-混凝土组合结构抗剪连接件、钢-混凝土组合梁、压型钢板-混凝土组合板、钢管混凝土组合柱、钢-混凝土组合剪力墙及混合结构基本原理、设计分析方法、构造措施等进行了系统介绍,并提供了相关设计例题。

本书可作为高等学校土木工程专业本科生与研究生教材,也可供钢-混凝土组合结构研究人员、工程技术设计和施工管理人员参考使用。

图书在版编目（CIP）数据

钢-混凝土组合结构 / 严加宝，王涛，罗云标编著.
--天津：天津大学出版社，2022.3（2024.5重印）
普通高等教育土木工程学科"十四五"规划教材.专业拓展课程适用
ISBN 978-7-5618-7118-8

Ⅰ.①钢⋯　Ⅱ.①严⋯　②王⋯　③罗⋯　Ⅲ.①钢筋混凝土结构—高等学校—教材　Ⅳ.①TU375

中国版本图书馆CIP数据核字（2022）第007228号

GANG-HUNNINGTU ZUHE JIEGOU

出版发行	天津大学出版社
地　　址	天津市卫津路92号天津大学内（邮编：300072）
电　　话	发行部：022-27403647
网　　址	www.tjupress.com.cn
印　　刷	廊坊市海涛印刷有限公司
经　　销	全国各地新华书店
开　　本	185 mm×260 mm
印　　张	12.75
字　　数	319千
版　　次	2022年3月第1版
印　　次	2024年5月第2次
定　　价	79.00元

凡购本书，如有缺页、倒页、脱页等质量问题，烦请与我社发行部门联系调换

版权所有　　侵权必究

普通高等教育土木工程学科"十四五"规划教材

编审委员会

主　任：顾晓鲁

委　员：戴自强　董石麟　郭传镇　姜忻良

　　　　康谷贻　李爱群　李国强　李增福

　　　　刘惠兰　刘锡良　石永久　沈世钊

　　　　王铁成　谢礼立

普通高等教育土木工程学科"十四五"规划教材

编写委员会

主　任：韩庆华

委　员：（按姓氏音序排列）

巴振宁	毕继红	陈志华	程雪松	丁红岩	丁　阳
高喜峰	谷　岩	韩　旭	姜　南	蒋明镜	雷华阳
李　宁	李砚波	李志国	李志鹏	李忠献	梁建文
刘　畅	刘红波	刘铭劼	陆培毅	芦　燕	师燕超
田　力	王方博	王　晖	王力晨	王秀芬	谢　剑
熊春宝	徐　杰	徐　颖	阎春霞	尹　越	远　方
张彩虹	张晋元	赵海龙	郑　刚	朱海涛	朱　涵
朱劲松					

总序

随着我国高等教育的发展,全国土木工程教育有了很大的发展和变化,办学规模不断扩大,对培养适应社会的多样化人才的教学方式的需求越来越紧迫。因此,在新形势下,必须在教育思想、教学观念、教学内容、教学计划、教学方法及教学手段等方面进行一系列的改革,按照改革的要求编写新的教材。

高等学校土木工程学科专业指导委员会编制了《高等学校土木工程本科指导性专业规范》(以下简称《规范》)。《规范》对土木工程专业教材的规范性、多样性、深度与广度等提出了明确的要求。本丛书编写委员会根据当前土木工程教育的形势和《规范》的要求,结合天津大学土木工程学科的特色和已有的办学经验,对土木工程本科生教材建设进行了研讨,并组织编写了这套"普通高等教育土木工程学科'十四五'规划教材"。为保证教材的编写质量,本丛书编写委员会组织成立了教材编审委员会,聘请了一批学术造诣深的专家做教材主审,组织了系列教材编写团队,由长期给本科生授课、具有丰富教学经验和工程实践经验的教师完成教材的编写工作。在此基础上,统一编写思路,力求做到内容连续、完整、新颖,避免内容的交叉和缺失。

我们相信,本套教材的出版将对我国土木工程学科本科生教育的发展和教学质量的提高以及土木工程人才的培养产生积极的作用,为我国的教育事业和经济建设做出贡献。

丛书编写委员会

土木工程学科本科生教育课程体系

通识教育

↓

专业教育

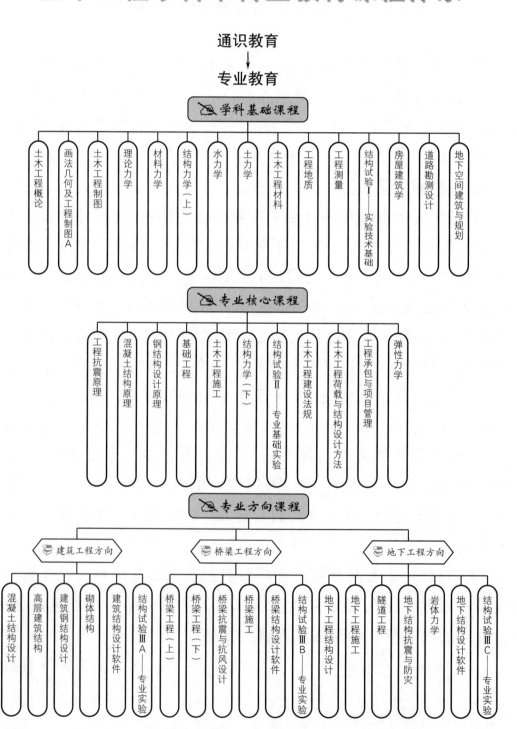

📖 学科基础课程

- 土木工程概论
- 画法几何及工程制图A
- 土木工程制图
- 理论力学
- 材料力学
- 结构力学（上）
- 水力学
- 土力学
- 土木工程材料
- 工程地质
- 工程测量
- 结构试验 I ——实验技术基础
- 房屋建筑学
- 道路勘测设计
- 地下空间建筑与规划

📖 专业核心课程

- 工程抗震原理
- 混凝土结构原理
- 钢结构设计原理
- 基础工程
- 土木工程施工
- 结构力学（下）
- 结构试验 II ——专业基础实验
- 土木工程建设法规
- 土木工程荷载与结构设计方法
- 工程承包与项目管理
- 弹性力学

📖 专业方向课程

建筑工程方向

- 混凝土结构设计
- 高层建筑结构
- 建筑钢结构设计
- 砌体结构
- 建筑结构设计软件
- 结构试验 III A ——专业实验

桥梁工程方向

- 桥梁工程（上）
- 桥梁工程（下）
- 桥梁抗震与抗风设计
- 桥梁施工
- 桥梁结构设计软件
- 结构试验 III B ——专业实验

地下工程方向

- 地下工程结构设计
- 地下工程施工
- 隧道工程
- 地下结构抗震与防灾
- 岩体力学
- 地下结构设计软件
- 结构试验 III C ——专业实验

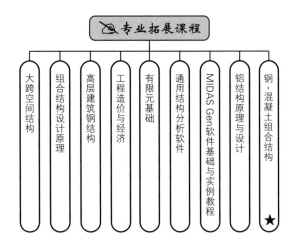

专业拓展课程

- 大跨空间结构
- 组合结构设计原理
- 高层建筑钢结构
- 工程造价与经济
- 有限元基础
- 通用结构分析软件
- MIDAS Gen软件基础与实例教程
- 铝结构原理与设计
- 钢·混凝土组合结构 ★

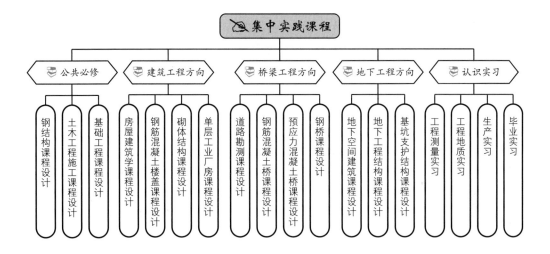

集中实践课程

公共必修
- 钢结构课程设计
- 土木工程施工课程设计
- 基础工程课程设计

建筑工程方向
- 房屋建筑学课程设计
- 钢筋混凝土楼盖课程设计
- 砌体结构课程设计
- 单层工业厂房课程设计

桥梁工程方向
- 道路勘测课程设计
- 钢筋混凝土桥课程设计
- 预应力混凝土桥课程设计
- 钢桥课程设计

地下工程方向
- 地下空间建筑课程设计
- 地下工程结构课程设计
- 基坑支护结构课程设计

认识实习
- 工程测量实习
- 工程地质实习
- 生产实习
- 毕业实习

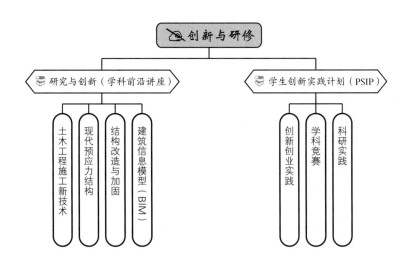

创新与研修

研究与创新（学科前沿讲座）
- 土木工程施工新技术
- 现代预应力结构
- 结构改造与加固
- 建筑信息模型（BIM）

学生创新实践计划（PSIP）
- 创新创业实践
- 学科竞赛
- 科研实践

前言

钢 - 混凝土组合结构是一种结合了钢结构与混凝土结构优势的新型结构,具有承载力高、刚度大、截面尺寸小、抗震性能好、施工快捷等优点。改革开放以来,我国在基础设施领域的飞跃发展,使得对组合结构的需求日益增长,并为组合结构的工程应用提供了舞台,钢 - 混凝土组合结构已大量应用于我国高层和超高层建筑、桥梁、隧道、地下工程及海洋工程中,并显示出良好的结构性能及经济性能,具有广阔的工程应用前景,是我国土木工程领域未来的发展方向之一。

本书基于作者在组合结构领域的研究成果及教学经验,汇总了国内外钢 - 混凝土组合结构领域最新研究成果,遵循从组件到构件阐述的方法,主要内容涵盖组合结构抗剪连接件、钢 - 混凝土组合梁、压型钢板 - 混凝土组合板、钢管混凝土组合柱、钢 - 混凝土组合剪力墙、混合结构等内容。本书内容参考国内外研究成果及现行相关规范 / 规程,重点介绍相关组合构件设计原理、设计理论、计算方法、构造措施,注重实践并提供相关例题供读者学习,以求设计原理与实践相统一、便于工程应用。

本书共 8 章,其中第 1~4 章由天津大学严加宝编写,第 5、6 章由天津大学罗云标编写,第 7、8 章由中国地震局工程力学研究所王涛编写。全书由严加宝、罗云标统稿。在本书的编写过程中,研究生耿谊腾、崔雨凝、张彪、张凯、赵玉彩、孔国斌、吴风安等付出了辛苦的劳动,在此表示感谢!

受限于作者的能力水平及学识,书中纰漏错误之处在所难免,恳请读者不吝赐教斧正。

编 者
2022 年 1 月

目　　录

第1章 绪论

1.1 概述

2016年3月，上海中心大厦主体结构完成施工，这座巨型地标式摩天大楼总高度为632 m，是中国第一高楼。这座雄伟的建筑采用了钢-混凝土组合结构形式，这是组合结构发展的又一重要里程碑。工程师们通过利用组合结构，使各种结构材料扬长避短，让结构体系的材料能最大地发挥其性能。

目前，国内外工程界对组合结构的表述是：将不同的材料按最佳的集合构造布置，使每种材料在其特定位置发挥各自的特长。通俗地讲，组合构件就是由几种不同性质的材料组合成整体共同工作的构件，由组合构件组成的结构体系称为组合结构。钢-混凝土组合结构是指由型钢、钢管或钢板和钢筋混凝土结构通过某种方式组合在一起共同工作的结构形式，两者组合后的整体工作性能要明显优于两者的叠加，这种结构形式充分利用了钢结构和混凝土结构各自的优点，是在钢结构和钢筋混凝土结构基础上发展起来的一种新型结构。

常见的钢-混凝土组合构件包括组合梁、组合板、组合桁架、组合柱等组合承重构件，以及组合斜撑、组合剪力墙等组合抗侧力构件。当竖向承重构件和横向承重构件都为钢和混凝土组合构件时，这样的结构称为全钢-混凝土组合结构。组合结构也可包括多种结构体系的组合，如在高层和超高层建筑中经常采用的组合筒体与组合框架所形成的组合结构体系、巨型框架结构体系等。

钢-混凝土组合结构是结构工程领域近年来发展很快的方向之一。世界各国已经将组合结构成功应用于许多超高层建筑及大跨度桥梁中。自20世纪80年代初以来，随着我国经济建设的快速发展、钢产量的大幅度提高、钢材品种的增加、科研工作的深入、应用实践经验的积累，钢-混凝土组合结构在我国得到了迅速的发展和越来越广泛的应用，应用范围已涉及建筑、桥梁、高耸结构、地下结构、结构加固等领域。例如，在我国的上海中心大厦、平安国际金融中心、北京中信大厦和上海环球金融中心等超高层建筑中，剪力墙及巨型柱等结构全部或部分采用了钢-混凝土组合结构。工程应用实践证明，组合结构综合了钢结构和钢筋混凝土结构的优点，可以用传统的施工方法和简单的施工工艺获得优良的结构性能，技术经济效益和社会效益显著，非常适合我国现阶段基本建设的国情，是具有广阔应用前景的新型结构体系之一。

1.2　组合结构的基本构件

1.2.1　抗剪连接件

组合结构能够较好地发挥钢和混凝土两种材料的特性,其关键在于使钢和混凝土共同工作的部件——抗剪连接件。抗剪连接件承受钢梁与混凝土的纵向剪力,防止界面处二者相互滑移和分离,同时抵抗混凝土与钢梁之间的竖向掀起作用,保证二者能共同受力和协调变形,从而发挥钢 - 混凝土组合结构的整体性独特优势。

在钢 - 混凝土组合结构中,根据抗剪连接件的刚度和界面上滑移的大小,一般将抗剪连接件分为两类:柔性抗剪连接件和刚性抗剪连接件。柔性抗剪连接件刚度小,当承受剪切荷载时界面滑移大;相反,刚性抗剪连接件刚度大,当承受剪切荷载时界面滑移小。柔性抗剪连接件在达到其最大承载能力后,能够继续保持其承载能力,塑性变形能力强;刚性抗剪连接件在达到其最大承载能力后,会很快丧失承载力,塑性变形能力弱。刚性抗剪连接件主要有方钢连接件、T 形连接件、马蹄形连接件等(图 1-1(a)~(c));柔性抗剪连接件主要有栓钉连接件、弯筋连接件、槽钢连接件、角钢连接件等(图 1-1(d)~(g))。

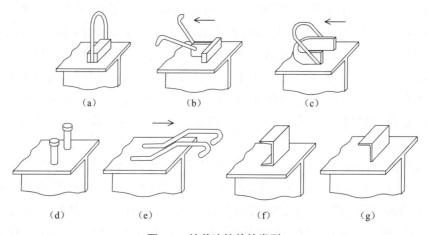

图 1-1　抗剪连接件的类型
(a)方钢连接件　(b)T 形连接件　(c)马蹄形连接件　(d)栓钉连接件　(e)弯筋连接件　(f)槽钢连接件　(g)角钢连接件

目前,在建筑结构中最常用的抗剪连接件为栓钉,当无专业焊接设备焊接栓钉时,可采用槽钢、弯筋连接件。

栓钉连接件一般采用圆钢冷镦而成,制作工艺简单、标准,不需要大型轧制设备,适合工业化生产。栓钉一般采用半自动拉弧焊机进行焊接,施工迅速,受作业环境的限制较小,便于现场焊接与质量控制。栓钉受力各向同性,沿任意方向的强度和刚度均相同,设置时不需要考虑受力方向。

弯筋连接件是较早使用的连接件,制作和施工都比较简单,但由于其只能利用弯筋的抗拉强度抵抗剪力,所以在剪力方向不明或剪力方向可能发生变化时作用效果较差。

槽钢连接件抗剪能力强,剪力重分布性能好,翼缘能起到抵抗掀起的作用,且型号多,取材方便,选择范围大,同时便于手工焊接,但槽钢连接件现场焊接的工作量较大,不利于加快施工进度。

1.2.2 钢-混凝土组合梁

1. 钢-混凝土组合梁的概念及分类

钢-混凝土组合梁通常是将钢梁和混凝土板通过抗剪连接件连接到一起,或将型钢直接埋入混凝土梁中形成的组合结构。前一种钢-混凝土组合梁,其组合作用的发挥主要依靠钢梁和混凝土板之间的抗剪连接件,抗剪连接件将两者组合在一起,形成共同工作的整体组合梁,根据混凝土板和钢梁的组合连接程度,其可以分为完全抗剪连接组合梁和部分抗剪连接组合梁。完全抗剪连接组合梁中配置有足够的抗剪连接件,极限弯矩作用下的纵向剪力完全由抗剪连接件承担,极限状态下抗剪连接件承担的纵向剪力能够保证组合梁截面的全界面屈服,达到塑性极限弯矩;部分抗剪连接组合梁中抗剪连接件所承担的剪力小于极限弯矩作用下所产生的纵向剪力。钢-混凝土组合梁中的混凝土板可以是现浇混凝土板、预制混凝土板,也可以是压型钢板-混凝土组合板或者预应力混凝土板;另外,根据实际工程需要,混凝土翼板可以设置板托,也可以不设置板托。钢梁按截面形式分为工字梁、槽钢梁、蜂窝梁和箱形截面梁。钢-混凝土组合梁的特点是钢梁主要承受拉力和剪力,混凝土板主要承受压力,受力合理,能够充分利用材料的性能,同时两者之间设置抗剪连接件能够有效抵抗混凝土板和钢梁之间的相对滑移并防止混凝土板掀起。后一种组合梁主要依靠钢材和混凝土之间的黏结协同工作,又称型钢混凝土组合梁。型钢混凝土组合梁中的型钢主要有工字钢、槽钢及 H 型钢。型钢混凝土组合梁的主要特点是,型钢埋入混凝土中形成整体,在很大程度上避免了钢梁的侧扭失稳和局部失稳(在符合一定条件时,组合梁的侧扭失稳和局部失稳可以不验算),同时也省去了一部分为防止钢梁局部失稳所需的加劲肋钢材。型钢混凝土组合梁的强度、刚度、延性都比较优越,可用于大型、中型和高层建筑。

组合梁的设计包括施工阶段和使用阶段两个部分,其设计验算内容同样也包含施工阶段和使用阶段两个方面的内容。由于剪切变形的影响,混凝土翼板中存在剪力滞后的现象。钢梁和混凝土翼板交界面处的纵向剪力沿混凝土翼板宽度方向分布不均,在钢梁轴线附近的混凝土翼板中纵向应力大,而远离钢梁轴线的翼板中纵向应力小。在设计计算中,通常采用简化计算方法,取钢梁和单位混凝土板作为构件的有效截面,假设在有效截面范围内混凝土翼板中的纵向剪力均匀分布,即可以按照传统的 T 形截面和平截面假定来计算梁的刚度、承载力和变形等。

2. 钢-混凝土组合梁的优点

钢-混凝土组合梁同普通钢筋混凝土梁相比,除充分发挥钢和混凝土两种材料的性能外,还具有以下优点。

(1)节约造价。由于截面材料受力合理,混凝土部分主要承受压力,代替部分钢材工作,可以在一定程度上节约钢材的用量,降低造价。

(2)减小截面高度。钢梁上部分混凝土参与受压,使得组合梁的惯性矩比钢梁的惯性矩大得多,在相同的极限受弯承载力下,组合梁用较小的截面高度就可以满足要求。

（3）稳定性和延性好。钢梁和混凝土板共同工作,组合梁上翼缘的侧向刚度大且钢梁受压翼缘受到混凝土板的约束,使得组合梁整体稳定性好。工程实践表明,组合梁的耗能能力强,抗震性能比较好。

（4）刚度好。混凝土板和钢梁共同工作,截面的抗弯刚度大,在实际使用状态下组合梁的变形更小。

（5）抗冲击和抗疲劳性能好。工程实践表明,用于桥梁、厂房吊车梁中的组合梁比钢梁表现出更好的抗冲击性能和抗疲劳性能。

（6）使用周期长。混凝土翼板的存在,使得钢梁上翼缘的应力水平降低;裂缝引起的损伤比较小,使得组合梁比钢吊车梁的使用寿命提高很多。

3. 钢 - 混凝土组合梁相关设计规范、规程的发展状况

我国对钢 - 混凝土组合梁的研究起步较晚,但早在 20 世纪 50 年代,武汉长江大桥的桥面结构就已经采用了组合梁的构造形式,不过在设计中并没有考虑两者之间的组合作用,仅仅将其作为结构的强度安全储备。20 世纪 60 年代,我国的工程技术人员开始将组合梁用作重载工业厂房中的吊车梁,从 20 世纪 70 年代开始,组合梁在我国的建筑和桥梁领域内开始被广泛使用,相关规范也开始制定。我国在 1975 年的《公路桥涵设计规范》中首次提到组合梁的设计概念,由于相关的研究处于起步阶段,其中关于组合梁结构的设计条文内容相当简单,实际工程操作起来比较困难。在 1988 年的《钢结构设计规范》(GBJ 17—1988)中首次列入了"钢 - 混凝土组合梁"设计的相关内容,这标志着钢 - 混凝土组合梁在我国的研究得到了广泛的重视。但是,规范的条文中只涉及钢 - 混凝土简支组合梁,并且是以参考和借鉴国外的相关规范为主。1992 年颁布的《钢 - 混凝土组合楼盖结构设计与施工规程》(YB 9238—1992),1999 年颁布的《钢 - 混凝土组合结构设计规程》(DL/T 5085—1999)等,这些规范、规程对促进组合梁在我国的发展起到了重要作用。《高层民用建筑钢结构技术规程》(JGJ 99—1998)、《钢骨混凝土结构设计规程》(YB 9082—1997)、《钢结构设计规范》(GB 50017—2003)等都包含钢 - 混凝土组合梁的设计条文。现行的《钢结构设计标准》(GB 50017—2017),更是在原来规范的基础上,吸收了近些年来我国在钢 - 混凝土组合梁研究和应用领域的最新成果,并根据实际工程经验,补充了纵向抗剪设计内容,删除了与弯筋连接件有关的内容。

1.2.3　压型钢板 - 混凝土组合板

1. 概念与介绍

钢结构凭借其显著的工业化特色、轻质高强的优势和干式施工方式,不仅可以明显提高工程质量,实现绿色施工,还可以大幅度地提高建筑的工作性能、使用品质,增强城市的防灾减灾能力,符合我国"创新、协调、绿色、开放、共享"的发展理念。近年来,我国大力提倡装配式建筑,伴随钢结构装配式建筑发展起来的压型钢板 - 混凝土组合板(也称压型钢板 - 混凝土组合楼板)也受到了工程界的广泛关注。压型钢板 - 混凝土组合板是在压型钢板上现浇混凝土,并配置适量的钢筋所形成的一种板,其充分结合了钢板与混凝土各自的优越性

能,具有刚度大、承载力高、施工操作方便及经济效益显著等特点。压型钢板-混凝土组合板是将压型钢板直接铺设在钢梁上,用栓钉将压型钢板和钢梁翼缘焊接形成整体。压型钢板-混凝土组合楼板分为压型钢板-混凝土非组合板和压型钢板-混凝土组合板。压型钢板-混凝土组合板中的压型钢板不仅可作为永久性模板,而且能代替传统钢筋混凝土板的下部受拉钢筋与混凝土共同工作;压型钢板-混凝土非组合板中的压型钢板仅用作永久性模板,不考虑与混凝土共同工作。

2. 设计规范

在多、高层钢结构或混凝土组合结构的楼盖、屋盖中,可采用压型钢板-混凝土组合板。在北美钢框架建筑中,压型钢板-混凝土组合板已有几十年的使用历史;在欧洲可以买到大量各种型号的压型钢板-混凝土组合板。

压型钢板不仅承担楼板中净混凝土的重量,而且在混凝土浇灌期间还要承受施加在其上的其他荷载。欧洲规范4给出任何 3 m×3 m 的压型钢板压域内其最小标准值为 1.5 kN/m^2,在其压域外为 0.75 kN/m^2。

目前,我国还没有压型钢板-混凝土组合板的相关强制性规范,现有的规范只是定性地给出一些指导性建议。工程实践中,常以行业标准《钢-混凝土组合楼盖结构设计与施工规程》(YB 9238—1992)为参考。本规范适用于建筑工程中的压型钢板-混凝土组合板,不适用于直接承受动力荷载作用的情况。压型钢板的材料可参考《建筑用压型钢板》(GB/T 12755—2008)。压型钢板的截面特性和结构要求可参考《冷弯薄壁型钢结构技术规范》(GB 50018—2002)。压型钢板-混凝土组合板用的压型钢板,其钢材牌号可采用现行国家标准《碳素结构钢》(GB/T 700—2006)和《低合金高强度结构钢》(GB/T 1591—2018)中规定的 Q235、Q355 钢材。压型钢板-混凝土组合板应分别按承载能力极限状态和正常使用极限状态对其施工阶段和使用阶段进行设计,并应符合现行国家标准《建筑结构可靠性设计统一标准》(GB 50068—2018)(以下简称《统一标准》)的规定。压型钢板-混凝土组合板的耐火性能应符合现行国家标准《建筑设计防火规范(2018年版)》(GB 50016—2014)、《高层民用建筑钢结构技术规程》(JGJ 99—2015)等的规定,其中对于压型钢板-混凝土非组合板,其耐火设计应采用普通钢筋混凝土楼板的耐火设计方法。

3. 发展方向

由于压型钢板-混凝土组合板具有很多优点,其在国际上特别是西方发达国家已得到了广泛应用。在国内,压型钢板-混凝土组合板也被广泛用在住宅、工业厂房、大跨度结构以及大型桥梁结构等多个领域中。压型钢板-混凝土组合板有如下优点:压型钢板-混凝土组合板可作为浇灌混凝土的永久性模板,节省了模板拆卸安装工作,且在一层楼板浇筑完成后,无须等待楼板达到要求的混凝土强度等级,就可继续另一层楼板混凝土的浇筑,大大缩短了施工周期,节省了大量木模板及支撑材料,并降低了施工阶段木模板发生火灾的可能性;压型钢板安装完毕,表面还可用作工人、工具、材料、设备的安全工作平台;压型钢板的作用相当于抗拉主钢筋,能抵抗板面的正弯矩,进而减少钢筋的制作与安装工作量;压型钢板波纹间有预加工的槽,有利于水、电、通信管线的布置,装修方便;压型钢板平整的表面为混凝土楼层提供了平整的顶棚表面,使结构层与管线合为一体,从而可以增大层高或者降低建筑总高度,提高建筑设计的灵活性;压型钢板－混凝土组合板刚度较大,可节省受拉区混凝土用量,减轻结构自重,使地震反应降低;压型钢板可叠放,易于运输、存储、堆放和装卸;在施工阶段,压型钢板可作为钢梁的侧向支撑,提高了钢梁的整体稳定性。

目前,对压型钢板－混凝土组合板的抗剪性能、抗弯性能、耐火性能、界面黏结性能和抗滑移性能等方面已开展了大量研究工作,并得到了较丰富的研究成果,但在以下几个方面还存在不足:对压型钢板－混凝土组合板各种性能的研究还不够系统、深入,试验研究成果运用在实际工程中还存在偏差;工程结构在使用过程中还可能遭受爆炸、冲击等偶然作用,而目前对压型钢板－混凝土组合板的抗冲击性能和抗爆性能研究还鲜有报道;对压型钢板－混凝土组合板的研究还不足,如对轻质混凝土、再生混凝土与压型钢板组合的研究工作还有待加强。

综上,压型钢板－混凝土组合板相对于普通钢筋混凝土楼板发展的时间较短,理论研究与实际工程运用相对滞后,但压型钢板－混凝土组合板的优点是普通钢筋混凝土楼板无法比拟的,在国家大力推进装配式建筑和注重环境保护的趋势下,压型钢板－混凝土组合板将逐步显现出它的优越性,并拥有巨大的发展空间。同时,应加强对轻质混凝土、再生混凝土与压型钢板组合的研究,推进压型钢板－混凝土组合板抗爆性能和抗冲击性能的研究。

1.2.4　钢－混凝土组合柱

钢－混凝土组合柱按钢材与混凝土的组合形式,可以分为两种:钢管混凝土组合柱和型钢混凝土组合柱。

1. 钢管混凝土组合柱

钢管混凝土组合柱是在钢管中浇筑混凝土形成的组合结构。钢管混凝土组合柱能够充分发挥钢管与混凝土的优势,一方面充分利用钢管对核心混凝土的侧向约束作用,另一方面钢管由核心混凝土加强,防止内屈曲,提高局部稳定承载力。

1)特点

钢管混凝土组合柱能够充分发挥两种材料的优势,不仅强度高、塑性好、耐冲击、耐疲劳,而且耐火性能良好、施工简便以及经济效益良好。与钢结构柱相比,钢管混凝土组合柱在承受相同荷载的作用下,用钢量能够减少 50% 左右,造价降低 40%~50%;与钢筋混凝土柱相比,可以节省 70% 左右的水泥,极大地减轻了自重。另外,钢管混凝土组合柱中的钢管能够作为模板,施工简单方便,可降低造价。

2)分类

钢管混凝土组合柱,根据截面形式的不同,可以分为圆钢管混凝土组合柱、方钢管混凝土组合柱、多边形钢管混凝土组合柱、椭圆形钢管混凝土组合柱等;根据混凝土材料性能的不同,可以分为钢管普通混凝土组合柱、钢管高强混凝土组合柱、钢管超高性能混凝土组合柱等;根据钢管材料性能的不同,可以分为普通钢管混凝土组合柱与高强钢管混凝土组合柱;根据内部混凝土的填充程度,可以分为实心钢管混凝土组合柱与空心钢管混凝土组合柱等。

3)发展应用

钢管混凝土结构自 20 世纪 60 年代引入我国后不断发展,经历了推广阶段与发展提高阶段。我国在1963年首次将钢管混凝土结构成功应用于北京地铁车站工程，20世纪70年代又相继在冶金、电力等行业的工业厂房中逐渐推广应用，80年代进一步应用于多层建筑的框架结构中，90年代开始应用于高层建筑和大跨桥梁等结构。我国对钢管混凝土组合柱的应用领域渐趋广泛，研究理论不断发展。

钢管混凝土组合柱适用于高层、大跨以及抗震、抗爆等的建筑结构以及施工场地狭窄的工程中，能够较好地满足设计施工的要求。其主要适用范围有：工业厂房的框架或排架柱、高层建筑结构、大跨度桥梁、大型设备及构筑物的支柱以及地下结构等。

2. 型钢混凝土组合柱

型钢混凝土组合柱是指在型钢周围配置钢筋，之后在外部浇筑混凝土的结构，又称为钢骨混凝土组合柱或劲性钢筋混凝土组合柱。型钢混凝土组合柱由内部型钢与外包钢筋混凝土部分形成整体，共同抵抗外荷载，受力性能较好，优于型钢与混凝土的简单叠加。

1）特点

型钢混凝土组合柱的外包混凝土部分能够防止钢构件的局部屈曲，提高钢结构的整体刚度，使钢材的强度得到充分的发挥利用，而且具有更大的刚度和阻尼，有利于结构变形的控制。采用型钢混凝土组合柱的结构，一般可以较纯钢结构节约钢材50%以上。

2）分类

实腹式：实腹式型钢采用钢板焊接或直接轧制而成，截面形式有工字形、十字形、矩形等。研究表明，实腹式型钢混凝土组合柱在地震作用下吸收的能量约为空腹式型钢混凝土组合柱的两倍。实腹式型钢混凝土组合柱与钢筋混凝土组合柱相比，轴压比较大，能够大大减小截面尺寸；型钢能够承受自重与施工过程中的活载，省略支模的步骤，节省施工时间与劳动力。

空腹式：空腹式钢骨采用角钢或者较小型钢通过缀板相连，形成格构式钢骨架，钢骨架有平腹杆和斜腹杆两种形式。空腹式型钢混凝土组合柱与实腹式型钢混凝土组合柱相比，能够节省钢材，其受力性能与钢筋混凝土相当，所以常应用于荷载、高度及跨度不是很大的结构中。

3）发展应用

型钢混凝土组合柱由于能够充分发挥钢材与混凝土的优势，在国内外建筑中得到了广泛的应用。我国20世纪50年代从苏联引进了型钢混凝土组合结构，60年代以后，由于强调节约钢材，组合结构的发展受到制约；80年代后，型钢混凝土组合结构又在我国兴起，北京国际贸易中心、香格里拉大饭店、京广大厦等高层结构的底层部分均采用了型钢混凝土组合柱。

型钢混凝土组合柱由于强度高、刚度大、延性好，适合应用在框架结构、框架剪力墙结构、筒体结构等各种高层、超高层建筑结构中。由于空腹式型钢混凝土组合柱的受力性能与普通钢筋混凝土组合柱基本相同，所以在抗震结构中一般采用实腹式型钢混凝土组合柱。

1.2.5　钢 - 混凝土组合剪力墙

钢 - 混凝土组合剪力墙包括型钢混凝土剪力墙、钢板混凝土剪力墙、带钢斜撑混凝土剪力墙以及带型钢(钢管)混凝土边框的剪力墙等多种类型。

日本在 1987 年修订的《型钢混凝土结构设计规范》(AIJ-SRC)中给出了关于型钢混凝土剪力墙的计算公式。山田(Yamada)、关(Kwan)、松本(Matsumoto)等对各种型钢混凝土剪力墙的承载机制、破坏特征、刚度退化、抗震性能等进行了探讨；美国加州洛杉矶大学的约翰·W. 华莱士(John W. Wallace)研究了边缘构件中埋入宽翼缘型钢的组合剪力墙的滞回特性并进行了拟合分析。自 20 世纪 90 年代开始,我国对型钢混凝土剪力墙的抗弯性能、抗剪性能、极限变形,以及洞口、边框、内藏钢桁架对剪力墙抗震性能的影响规律进行了系统研究。2001 年 10 月,我国发布了《型钢混凝土组合结构技术规程》(JGJ 138—2001),该规程编入了型钢混凝土剪力墙的相关设计内容。2016 年 12 月,《组合结构设计规范》(JGJ 138—2016)开始实施,完善了型钢混凝土剪力墙的设计方法。

钢板混凝土剪力墙是在内藏钢板支撑的混凝土剪力墙和钢板剪力墙的基础上发展演变而来的。组合剪力墙由钢板、混凝土板和两者之间的连接件组成。混凝土板通过连接件(如大头栓钉、槽钢等)设置于钢板的一侧或两侧。混凝土板可采用预制板,也可以采用现浇板。混凝土板为预制板时,常通过螺栓连接混凝土板和钢板；混凝土板为现浇板时,可通过在钢板上焊接抗剪栓钉来连接混凝土板和钢板。混凝土板的主要作用是防止钢板的平面外失稳,使钢板保持平面内受力,充分利用钢板的承载力、延性和耗能能力。

美国加州伯克利大学的阿斯塔内 - 阿斯尔(Astaneh-Asl)等对钢框架内填充单侧钢板混凝土剪力墙进行了研究,并提出了一种改进的措施,即在混凝土墙板和钢框架之间留缝以减轻混凝土材料的破坏。日本的荣盛(Emori)、英国的赖特(Wright)等对双面钢板内填混凝土的剪力墙进行了抗压和抗剪性能试验。我国于 1995 年开展了钢板外包混凝土剪力墙在低周反复荷载作用下的试验研究。

目前,带钢管混凝土边框的剪力墙主要有两种形式：一种是带钢管混凝土边框的钢板剪力墙,即在钢管混凝土框架中内嵌一块钢板；另一种是带钢管混凝土边框的钢筋混凝土剪力墙。1999—2001 年,美国加州伯克利大学的 Astaneh-Asl 等进行了带钢管混凝土边框的钢板剪力墙模型的抗震性能试验,试验结果表明这种剪力墙具有良好的延性和耗能能力。2004 年开始实施的《矩形钢管混凝土结构技术规程》(CECS 159：2004)给出了带矩形钢管混凝土边框的剪力墙的设计方法。2008 年之后,我国的一些科研单位又对钢管混凝土边框 - 钢板组合剪力墙或内藏斜撑肋钢板组合墙进行了低周反复加载试验,对这种组合墙的承载力、延性、刚度、衰减、滞回特性、耗能能力及破坏特征等进行了研究,建立了组合墙体承载力计算模型。

1.3　钢 - 混凝土组合结构的发展和应用

1.3.1　钢 - 混凝土组合结构的发展历史

钢 - 混凝土组合结构这门学科起源于 20 世纪初期,在 20 世纪 50 年代基本形成独立的学科体系。至今,组合结构在基础理论、应用技术等方面都有了很大的发展,组合结构在高层建筑、桥梁工程等许多土木工程中得到广泛的应用,并取得了较好的经济效益。

1. 国外发展

组合结构的雏形最早出现于北美洲。1877 年建于纽约切斯特港的沃德宫是美国第一座记载资料齐全的采用型钢混凝土梁的建筑。最早出现的钢 - 混凝土组合结构主要是为了防火和防锈蚀,并没有考虑混凝土对构件承载能力的提高,仍然按钢结构进行计算。

1894 年,约瑟夫·梅勒申请了一项型钢混凝土专利,此项专利将许多工字钢梁弯成拱形,并完全埋入混凝土中用于桥梁结构,用此类方法建造的桥梁称为梅勒桥。梅勒称钢与混凝土是协同工作的,并提交了变形计算数据来证明他的观点。同年,第一座采用这种技术的桥在美国艾奥瓦州建成。次年,又有很多梅勒桥建成。之后又出现了采用轧制或者铆钉固定的桁架梁。1897 年美国的约翰·拉利(John Lally)在圆钢管中填充混凝土并将其作为房屋承重柱,并申请专利称为 Lally 柱。1898 年,芝加哥的德鲁克(Drucker)仓库也采用了型钢混凝土柱。1901 年,华盛顿政府印刷局的建筑采用钢包混凝土的形式,在钢管中填浇混凝土来提高承重能力。

随着组合结构在工程实践中的应用,人们开始意识到钢 - 混凝土组合结构可以提高构件的承载能力和刚度。1928 年,在芝加哥结构工程师兰德尔(F. A. Randall)的建议下,进行了混凝土包裹钢梁的足尺承载力试验,试验证实了混凝土对组合梁承载力的影响,于是建议提高有混凝土包裹的钢梁的容许应力。之后,纽约市建筑规范修正案中承认了这种强化作用,有混凝土包裹的钢梁的容许应力是 20 ksi(138 MPa),相比之下,无混凝土包裹的钢梁的容许应力只有 18 ksi(124 MPa)。1929—1931 年间建造的纽约帝国大厦采用了在钢框架外包混凝土的结构形式,但设计帝国大厦时,框架内力计算并没有考虑外包混凝土对承载力的影响,而在计算侧移时,通过使每根框架柱刚度加倍来考虑外包混凝土的贡献。1936 年,美国钢结构学会在建筑钢结构的设计、装配和施工技术规范的修订版本中,写入了一种新的名为"截面 8"的组合梁截面,并详细叙述了型钢混凝土在使用方面的各种要求。

日本经历了 1923 年的关东大地震、1968 年的十胜冲地震以及 1995 年的阪神地震后,发现在地震中大量房屋建筑遭严重破坏的情况下,型钢混凝土结构建筑几乎未遭破坏,这就推动了日本研究与应用型钢混凝土结构的热潮。因此,日本是世界上应用型钢混凝土结构最多的国家,也是研究型钢混凝土结构较多、较深入的国家之一。1921 年由内藤多仲设计的日本兴业银行大楼,总面积 15 000 m^2,地上七层、地下一层,高度约为 30 m,采用钢骨钢筋混凝土组合结构,梁、柱都采用型钢混凝土结构,在 1923 年日本的关东大地震后几乎没有发现损伤,震害调查表明组合结构具有良好的抗震性能。因此,日本从 1928 年开始对型钢混凝土结构抗震性能进行研究,包括对型钢混凝土柱、梁以及柱梁节点的研究。日本从 20 世纪 30 年代开始对设置连接件的试件进行系统的研究,而且之后对组合结构的研究大多集中在钢梁上用连接件拉结混凝土板的组合结构形式。连接件包括螺旋形、钩状、块状、槽钢与螺栓等形式。日本建筑学会在 1951 年成立了钢骨钢筋混凝土结构分组,对此作了专门研究;在 1958 年制定《钢骨钢筋混凝土结构计算规程》,提出了组合结构承载力的简化计算方法;在 1959 年建立 H 型钢的生产线后,对实腹式钢骨钢筋混凝土结构进行了大量的试验研究,并于 1963 年对 1958 年制定的《钢骨钢筋混凝土结构计算规程》作了第一次修订。

20 世纪 60 年代,钢 - 混凝土组合结构的大量应用出现在第二次世界大战后的重建时期。当时欧洲为尽快恢复战争破坏的房屋和桥梁,加快重建速度,大量采用钢 - 混凝土组合结构,完成了大量道路、桥梁和房屋的重建工程。

在桥梁工程中,除了剪力连接件的极限静力强度之外,欧洲和美国的研究者们还研究了剪力连接件的疲劳强度。早期的疲劳试验在美国里海大学进行,主要是进行推出试验。其中在美国得克萨斯大学进行的疲劳试验,最终得到一种连接件的疲劳设计方法,并在 1967 年被美国各州公路工作者协会所采纳,用于桥梁和建筑结构的设计,有关连接件的研究成果促进了钢混组合梁的发展。

1960 年,美国钢结构协会(American Institute of Steel Construction, AISC)和混凝土协会(American Concrete Institute , ACI)组成组合梁联合委员会开展工作。组合梁设计理论主要是从 20 世纪 60 年代初开始发展的,当时钢结构设计出现荷载抗力系数的设计方法(Load and Resistance Factor Design, LRFD),组合梁设计方法也随之发展。基于截面全塑性的设计方法更好地利用了材料的极限强度,而且大大简化了设计。1986 年,美国钢结构协会采纳了这种设计方法并把它纳入《荷载抗力系数设计规范》之中,在 1993 年对该设计方法进行了修正。《荷载抗力系数设计规范》中还有另一项重要更新:提出了组合柱设计导则。1986 年以前,组合柱的设计只在美国混凝土协会颁布的《钢筋混凝土结构规范》中有涉及,其中组合柱的设计方法和钢筋混凝土柱相同。

20 世纪 70 年代,欧洲组合结构发展很快,在国际土木工程师协会联合委员会主持下,于 1971 年成立了由欧洲混凝土协会(Comite Europeen du Beton, CEB)、欧洲钢结构协会(European Cooperation for Space Standardization, ECSS)、国际预应力混凝土联合会(Fédéra-tion Internationale de la Précontrainte, FIP)以及国际桥梁与结构工程协会(International Asso-ciation for Bridge and Structural Engineering, IABSE)共同组成的组合结构委员会。在 20 世纪 80 年代正式颁布的《欧洲组合结构规范》作为专门的组合结构设计规范。

2. 国内发展

20 世纪 50—60 年代,由于我国钢产量较低,钢 - 混凝土组合结构主要用于工业建筑以及一些重要的交通基础设施工程中。改革开放以来,随着中国经济迅速发展,钢产量大幅提高以及在钢 - 混凝土组合结构技术方面的突破,钢 - 混凝土组合结构在大跨结构、高层和超高层建筑以及大型桥梁结构等中得到了推广应用。组合结构也由构件层次向结构体系方向发展。

我国钢 - 混凝土组合结构的研究和应用起步较晚,20 世纪 50 年代初,我国从苏联引进了型钢混凝土结构,之后又开展了组合梁的研究和应用。我国在 1975 年颁布的《公路桥涵设计规范》中首次提到组合梁的设计概念,并在 1986 年颁布的《公路桥涵钢结构及木结构设计规范》(JTJ 025—1986)中对有关组合梁的内容进行了完善和补充。

目前现行的国内代表性规范有《组合结构设计规范》(JGJ 138—2016)、《钢管混凝土结构技术规范》(GB 50936—2014)、《高层建筑钢 - 混凝土混合结构设计规程》(CECS 230:2008),这些规范的发布与实施标志着我国钢 - 混凝土组合结构的实际应用已进入一个崭新的时代。

1.3.2　钢 - 混凝土组合结构的应用情况

钢 - 混凝土组合结构可以广泛应用于建筑结构、桥梁结构、地下结构、核设施、海洋结构、军事设施等。凡是能够采用钢结构和钢筋混凝土结构的建筑,理论上,当其跨度比较大、荷载较重时,都可以采用钢 - 混凝土组合结构。

1. 在建筑中的应用

高层建筑可供选择的结构体系十分广泛。其中梁、柱、墙体、墙筒、框筒等构件,均可采用钢 - 混凝土组合结构。在高层建筑的各种结构体系中,均可以将钢构件与钢筋混凝土构件一起使用,使其协调一致地共同工作。

中国尊大厦(图 1-2)结构设计采用了巨型柱框架 - 混凝土核心筒,巨型柱为钢管混凝土柱,核心筒采用含有组合钢板剪力墙的核心筒和内含钢骨的型钢混凝土剪力墙,并在下部采用内嵌钢板的组合钢板剪力墙。

2. 在桥梁中的应用

钢 - 混凝土组合结构可以充分发挥钢与混凝土两种材料各自的优势以及便于施工的突出优点,在桥梁建设中占有重要地位,常见的组合结构桥梁有钢管混凝土拱桥、钢管混凝土桁梁桥、钢混组合梁桥等。

1)钢管混凝土拱桥

波司登大桥(图 1-3)是国家高速公路网成渝地区环线的控

图 1-2　中国尊大厦

制性工程,位于四川省泸州市合江县,主跨 530 m,是当时世界上最大跨径的钢管混凝土拱桥。大桥全长 840.9 m,主桥为中承式钢管混凝土拱桥,拱肋为钢管混凝土桁架结构,拱肋钢管直径 1.3 m,肋宽 4 m,肋高 8~16 m;桥面梁为工字形格子梁,桥面板为钢 - 混凝土组合桥面板。

拉林铁路藏木特大桥(图 1-4)全长 525.1 m,主拱跨径 430 m,桥址处海拔 3 350 m,是目前世界上海拔最高、跨度最大的铁路钢管混凝土拱桥,也是雅鲁藏布江上首座"一跨过江"的铁路桥梁。

图 1-3　波司登大桥

图 1-4　拉林铁路藏木特大桥

2）钢管混凝土桁梁桥

雅安干海子特大桥（图 1-5）和汶川克枯特大桥（图 1-6）等为钢管混凝土桁梁桥,实现了无模板施工,构造简洁,大大降低了施工难度。钢管混凝土桁梁桥实际上是一种钢管混凝土桁式加劲的板桁混合结构。

图1-5　雅安干海子特大桥

图1-6　汶川克枯特大桥

3. 组合结构在隧道中的应用

日本在钢壳沉管隧道和混凝土沉管隧道的基础上创造了三明治钢混组合结构的沉管隧道工法。该方法构思的形成起因于浇筑混凝土的钢模板。完成隧道结构混凝土浇筑后,模板未拆除,连同沉管管节一起安装。因为保留了钢模板,结构抗力验算时对地震等工况考虑了钢结构的贡献,又通过加厚钢板优化了结构尺寸,进而形成了三明治沉管结构的思想。我国目前正在建设的深中通道沉管隧道（图 1-7）采用钢壳混凝土组合结构形式,是该结构在中国首次应用,国际上首次大规模使用。

图1-7　深中通道钢壳混凝土

4. 组合结构在核设施中的应用

钢板混凝土结构施工效率高、受力性能好,在核电工程的应用中具有显著的优势,因此,核电工程是推动钢板混凝土结构设计、应用和发展的重要驱动力。20 世纪 80 年代末,日本学者最先提出钢板混凝土结构的理念,而后在 80 年代末至 90 年代期间,关于钢板混凝土结构的研究工作开始活跃起来。钢板混凝土结构应用于核电工程始于 2002 年,日本东京电力公司首次在柏崎刈羽核电厂 6 号和 7 号机组的附属构筑物（固体废物贮存厂房）中使用了钢板混凝土结构。西屋公司在其开发的先进压水堆 AP1000 核电厂的核岛厂房内部结构模块和屏蔽厂房筒体结构中首次使用了钢板混凝土结构;在三菱重工开发的美国先进的沸水反应（The US-Advanced Boiling Water Reactor, US-ABWR）中,钢板混凝土结构在反应堆厂房内部结构模块中也有所应用。

1.4 钢 - 混凝土组合结构的适用范围及特点

1.4.1 钢 - 混凝土组合结构的适用范围

钢 - 混凝土组合结构由于同时具备钢材和混凝土的优良特性而被广泛应用于多层及高层房屋、大跨结构、桥梁结构、地下结构、结构改造和加固等领域。采用组合结构技术具有降低成本、节省工期等优点。当结构跨度较大或者荷载较大时,钢 - 混凝土组合结构能很好地发挥作用。但在决定是否采用组合结构时,要对其综合效益进行分析,包括使用性能、构件尺寸、有效使用空间、施工周期、基础造价等。

在超高层建筑体系中,以钢 - 混凝土组合柱、钢 - 混凝土组合梁、钢 - 混凝土组合剪力墙等组合构件为骨架,楼盖则由压型钢板 - 混凝土组合板或预应力混凝土楼板构成,从而使结构拥有多道抗震、抗火防线,并具有更好的综合效益。同时,组合结构在斜拉桥、悬索桥等大跨桥梁结构体系中也非常适用。

随着各类结构使用功能要求的提高,设计计算手段的进步以及新材料、新技术的应用,组合结构的应用及发展体现出以下特征和趋势。

(1)由组合构件向组合结构体系方向发展。随着组合结构的不断发展,由多种组合构件或者不同结构体系组合而成的广义概念上的组合结构体系,具有更加强大的优势。

(2)新材料的应用。采用高强钢材、薄壁钢管可以减少钢材用量;采用耐高温、耐腐蚀钢材可以提高组合构件的耐高温性能和耐火性能,从而降低防火费用和后期的维护费用;采用自密实高性能混凝土,可缩短混凝土的施工周期和降低费用。

(3)新型组合构件的研究和创新。在目前钢 - 混凝土组合梁、钢 - 混凝土组合柱的基础上,在组合楼盖、组合节点、组合剪力墙、组合转换层和预应力组合结构等方面展开研究和应用。

(4)设计方法更加精细化,设计过程更加系统化。运用现代计算机技术,建立数值模型进行模拟计算,并与试验结果进行对比,更加全面深入地掌握组合结构的受力性能,从而对体系设计进行改进和完善,对设计方法进行优化。

(5)应用范围扩大。组合结构的应用逐渐向地下工程、隧道工程、海洋工程等领域推广。

钢 - 混凝土组合结构受力性能良好,且具有良好的施工性能和综合效益,将来会有更加广阔的应用前景。

1.4.2 钢 - 混凝土组合结构的特点

钢 - 混凝土组合结构充分利用了钢材和混凝土的材料性能,具有以下优点。

(1)承载力高,刚度大。地震震害调查显示,与钢筋混凝土结构相比,组合结构的破坏率较低,具有较高的承载力和刚度。

(2)抗震性能和动力性能好。

（3）构件截面尺寸小,自重轻。同钢筋混凝土结构相比,钢 - 混凝土组合结构可以减小构件截面尺寸,减轻结构自重,减小地震作用,增加有效使用空间。

（4）整体性和稳定性较好。同钢结构相比,组合结构具有较好的整体性和稳定性。

（5）施工方便,节约工期。采用组合结构可以节省脚手架和模板,安装方便,便于立体交叉施工,减少现场湿作业量,降低现场施工扰民程度,缩短工期。

（6）同钢结构相比,组合结构的抗火性能和耐久性能有所提高。

（7）降低造价。组合结构的造价介于钢筋混凝土结构和钢结构之间,但如果考虑到因自重减轻而带来的竖向构件截面尺寸减小、地震作用减小、基础造价降低、施工周期缩短等有利因素,组合结构的造价甚至略低于钢筋混凝土结构的造价。

同时,钢 - 混凝土组合结构也存在缺点,即钢 - 混凝土组合结构需要采用防火及防腐措施。不过,相较于钢结构,组合结构的防火及维护费用较低。随着防腐涂料质量和耐久性的不断提高,组合结构将会得到更好的发展。

【思考题】

1. 什么是钢 - 混凝土组合结构? 常见的钢 - 混凝土组合构件有哪些?

2. 钢 - 混凝土组合结构主要用于哪些结构中? 为什么这些结构中多采用组合结构的形式?

3. 钢 - 混凝土组合结构的优缺点有哪些?

【参考文献】

[1]　陈世鸣. 钢 - 混凝土组合结构 [M]. 北京:中国建筑工业出版社,2013.

[2]　聂建国. 钢 - 混凝土组合结构原理与实例 [M]. 北京:科学出版社,2009.

[3]　刘坚. 钢与混凝土组合结构设计原理 [M]. 北京:科学出版社, 2005.

[4]　徐杰. 钢与混凝土组合结构理论与应用 [M]. 北京:中国水利水电出版社,2020.

[5]　郭正平. 压型钢板 - 混凝土组合楼板研究综述 [J]. 四川建筑,2020,40(3):306-308,311.

[6]　潘蓉,吴婧姝,张心斌. 钢板混凝土结构在核电工程中应用的发展状况 [J]. 工业建筑,2014,44(12):1-7,67.

第2章　设计方法和材料性能

2.1　设计方法

建筑结构需满足安全性、适用性和耐久性的功能要求,组合结构也不例外,这需要通过合理设计和科学施工来实现。根据《统一标准》,对钢-混凝土组合结构采用以概率论为基础、用分项系数表达的极限状态设计方法进行设计。

2.1.1　组合结构的功能要求

组合结构应满足可靠性的功能要求。结构可靠性是指结构在规定时间(设计基准期,一般取 50 年)内,在规定条件(正常设计、施工、使用和维护)下完成预定功能的能力。根据《统一标准》,结构应满足的功能要求如下:

(1)能承受在施工和使用期间可能出现的各种作用,如荷载、外加变形、约束变形等;

(2)能保持良好的使用性能,如不产生过大挠度和变形、不发生过大振幅和振动以及不产生引起使用者不安的裂缝等;

(3)具有足够的耐久性能,如不发生由于混凝土保护层碳化或裂缝宽度过大而导致的钢筋锈蚀等而影响结构的使用寿命;

(4)当发生火灾时,在规定的时间内可保持足够的承载力;

(5)当发生爆炸、撞击、人为错误等偶然事件时,结构能保持必要的整体稳固性,不出现与起因不相称的破坏后果,防止出现结构的连续倒塌。

在以上功能要求中,第(1)、(4)、(5)项属于安全性要求,第(2)项属于适用性要求,第(3)项属于耐久性要求,三者统称为结构的可靠性要求。

2.1.2　极限状态设计原则

1. 极限状态

结构设计是否满足功能要求,要依据极限状态评判。结构的极限状态是指整个结构或结构的一部分超过某一特定状态就不能满足设计规定的某一功能要求,此特定状态称为该功能的极限状态。结构的极限状态分为承载能力极限状态、正常使用极限状态以及耐久性极限状态。

(1)当结构或结构构件出现下列状态之一时,应认定为超过了承载能力极限状态:

①结构构件或连接因超过材料强度而破坏,或因过度变形而不适于继续承载;

②整个结构或其一部分作为刚体失去平衡;

③结构转变为机动体系;

④结构或结构构件丧失稳定；

⑤结构因局部破坏而发生连续倒塌；

⑥地基丧失承载力而破坏；

⑦结构或结构构件的疲劳破坏。

（2）当结构或结构构件出现下列状态之一时，应认定为超过了正常使用极限状态：

①影响正常使用或外观的变形；

②影响正常使用的局部损坏；

③影响正常使用的振动；

④影响正常使用的其他特定状态。

（3）当结构或结构构件出现下列状态之一时，应认定为超过了耐久性极限状态：

①影响承载能力和正常使用的材料性能劣化；

②影响耐久性能的裂缝、变形、缺口、外观、材料削弱等；

③影响耐久性能的其他特定状态。

结构设计时应分别对结构的不同极限状态进行计算或验算，当某一极限状态的计算或验算起控制作用时，可仅对该极限状态进行计算或验算。

2. 极限状态设计方法

在对组合结构进行结构设计时，应根据建筑物使用情况的不同而选择不同的设计状况。根据《统一标准》，建筑结构设计应区分下列设计状况。

（1）持久设计状况，适用于结构使用时的正常情况。持久设计状况应进行承载能力极限状态设计、正常使用极限状态设计，并宜进行耐久性极限状态设计。

（2）短暂设计状况，适用于结构出现的临时情况，包括结构施工和维修时的情况等。短暂设计状况应进行承载能力极限状态设计，可根据需要进行正常使用极限状态设计。

（3）偶然设计状况，适用于结构出现的异常情况，包括结构遭受火灾、爆炸、撞击时的情况等。偶然设计状况应进行承载能力极限状态设计，可不进行正常使用极限状态和耐久性极限状态设计。

（4）地震设计状况，适用于结构遭受地震时的情况。地震设计状况应进行承载能力极限状态设计，可根据需要进行正常使用极限状态设计。

3. 极限状态方程

对每一种作用组合，建筑结构的设计均应采用其最不利的效应设计值。根据《统一标准》，结构的极限状态可用极限状态方程来描述，极限状态方程如下：

$$g(X_1, X_2, \cdots, X_n) = 0 \qquad (2\text{-}1)$$

式中　$g(\cdot)$——结构的功能函数；

$\quad X_i(i = 1, 2, \cdots, n)$——基本变量，指结构上的各种作用和环境影响、材料和岩土的性能及几何参数等，在进行可靠性分析时，基本变量应作为随机变量。

结构按极限状态设计应符合下列规定：

$$g(X_1, X_2, \cdots, X_n) \geqslant 0 \qquad (2\text{-}2)$$

当采用结构的作用效应和结构的抗力作为综合基本变量时,结构按极限状态设计应符合下列规定:

$$R - S \geqslant 0 \tag{2-3}$$

式中 R——结构的抗力;

S——结构的作用效应。

以 Z 表示结构的功能函数,即 $Z = R - S$,代表结构的工作状态。当 $Z > 0$ 时,结构或构件能够完成预定的功能,处于可靠状态;当 $Z < 0$ 时,结构或构件不能完成预定的功能,处于失效状态;当 $Z = 0$ 时,即 $R = S$ 时,结构处于临界的极限状态,极限状态方程为 $Z = R - S = 0$。

2.1.3 分项系数设计方法

为方便工程设计,在概率设计法的基础上,《统一标准》采用了分项系数表达的极限状态设计表达式,分项系数根据规定的可靠指标按概率设计法确定。

1. 承载能力极限状态

根据《统一标准》,结构或结构构件按承载能力极限状态设计时,应符合下式规定:

$$\gamma_0 S_d \leqslant R_d \tag{2-4}$$

$$R_d = R(f_k / \gamma_M, a_d) \tag{2-5}$$

式中 γ_0——结构重要性系数(对于持久设计状况和短暂设计状况,安全等级为一级时不应小于 1.1,安全等级为二级时,不应小于 1.0,安全等级为三级时,不应小于 0.9;对于偶然设计状况和地震设计状况,不应小于 1.0);

S_d——作用组合的效应设计值,如轴力、弯矩、剪力、扭矩等的设计值;

$R(\cdot)$——结构或结构构件的抗力函数;

R_d——结构或结构构件的抗力设计值;

f_k——材料性能的标准值;

γ_M——材料性能的分项系数;

a_d——几何参数的设计值,可采用几何参数的标准值 a_k,当几何参数的变异性对结构性能有明显影响时,几何参数的设计值可按下式确定。

$$a_d = a_k \pm \Delta_a \tag{2-6}$$

式中 Δ_a——几何参数的附加量。

按承载能力极限状态设计时,结构构件应按荷载效应的基本组合或偶然组合计算荷载组合的效应设计值,计算方法如下。

(1)基本组合。对于持久设计状况和短暂设计状况,应采用荷载的基本组合。荷载基本组合效应值 S_d 按下式计算:

$$S_d = \sum_{i \geqslant 1} \gamma_{G_i} S_{G_{ik}} + \gamma_{Q_1} \gamma_{L_1} S_{Q_{1k}} + \sum_{j > 1} \gamma_{Q_j} \psi_{cj} \gamma_{L_j} S_{Q_{jk}} \tag{2-7}$$

式中 γ_{G_i}——第 i 个永久荷载的分项系数(当永久荷载效应对承载力不利时,取 1.3;当永久荷载效应对承载力有利时,不应大于 1.0);

γ_{Q_j}——第 j 个可变荷载的分项系数,其中 γ_{Q_1} 为第一个(主导)可变荷载 Q_1 的分项系数(当可变荷载效应对承载力不利时,取 1.5;当可变荷载效应对承载力有利时,取 0);

γ_{L_j}——第 j 个考虑结构设计使用年限的荷载调整系数,其中 γ_{L_1} 为第一个(主导)可变荷载 Q_1 考虑结构设计使用年限的荷载调整系数,楼面和屋面活荷载考虑设计使用年限的荷载调整系数,应按表 2-1 采用;

$S_{G_{ik}}$——第 i 个永久荷载标准值 G_{ik} 的效应;

$S_{Q_{jk}}$——第 j 个可变荷载标准值 Q_{jk} 的效应,其中 $S_{Q_{1k}}$ 为第 1 个可变荷载标准值 Q_{1k} 的效应;

ψ_{cj}——第 j 个可变荷载 Q_j 的组合值系数,其值不应大于 1。

表 2-1　楼面和屋面活荷载考虑设计使用年限的调整系数 γ_L

结构的设计使用年限 / 年	5	50	100
γ_L	0.9	1.0	1.1

注:对设计使用年限为 25 年的结构构件,γ_L 应按各种材料结构设计标准的规定采用。

以上基本组合中的效应设计值仅适用于荷载与荷载效应为线性的情况;当 $S_{Q_{1k}}$ 无法明显判断时,应轮次以各可变荷载效应作为 $S_{Q_{1k}}$,并选取其中最不利的荷载组合的效应设计值。

（2）偶然组合。对偶然设计状况,应采用荷载的偶然组合。荷载偶然组合的效应设计值 S_d 按下式计算:

$$S_d = \sum_{i \geqslant 1} S_{G_{ik}} + S_{A_d} + \left(\psi_{f1} \text{或} \psi_{q1} \right) S_{Q_{1k}} + \sum_{j > 1} \psi_{qj} S_{Q_{jk}} \tag{2-8}$$

式中　S_{A_d}——偶然荷载设计值的效应;

ψ_{f1}——第 1 个可变荷载的频遇值系数;

ψ_{q1}、ψ_{qj}——第 1 个和第 j 个可变荷载的准永久值系数。

应当指出,偶然组合中的效应组合值仅适用于荷载与荷载效应为线性的情况。

2. 正常使用极限状态

结构或结构构件按正常使用极限状态设计时,应符合下式规定:

$$S_d \leqslant C \tag{2-9}$$

式中　S_d——作用组合的效应设计值;

C——设计对变形、裂缝等规定的相应限值,应按有关的结构设计标准的规定采用。

按正常使用极限状态设计时,结构构件应按荷载效应的标准组合、频遇组合或准永久组合计算荷载组合的效应设计值,计算方法如下。

（1）标准组合。标准组合的效应设计值按下式确定:

$$S_d = S \left(\sum_{i \geqslant 1} G_{ik} + P + Q_{1k} + \sum_{j > 1} \psi_{cj} Q_{jk} \right) \tag{2-10}$$

式中 $S(\cdot)$ —— 作用组合的效应函数;

P —— 预应力作用的有关代表值。

当作用与作用效应按线性关系考虑时,标准组合的效应设计值按下式计算:

$$S_{\mathrm{d}} = \sum_{i \geqslant 1} S_{\mathrm{G}_{ik}} + S_{\mathrm{P}} + S_{\mathrm{Q}_{1k}} + \sum_{j > 1} \psi_{cj} S_{\mathrm{Q}_{jk}} \qquad (2\text{-}11)$$

式中 S_{p} —— 预应力作用有关代表值的效应。

(2)频遇组合。频遇组合的效应设计值按下式确定:

$$S_{\mathrm{d}} = S\left(\sum_{i \geqslant 1} G_{ik} + P + \psi_{f1} Q_{1k} + \sum_{j > 1} \psi_{qj} Q_{jk} \right) \qquad (2\text{-}12)$$

当作用与作用效应按线性关系考虑时,频遇组合的效应设计值按下式计算:

$$S_{\mathrm{d}} = \sum_{i \geqslant 1} S_{\mathrm{G}_{ik}} + S_{\mathrm{P}} + \psi_{f1} S_{\mathrm{Q}_{1k}} + \sum_{j > 1} \psi_{qj} S_{\mathrm{Q}_{jk}} \qquad (2\text{-}13)$$

(3)准永久组合。准永久组合的效应设计值按下式确定:

$$S_{\mathrm{d}} = S\left(\sum_{i \geqslant 1} G_{ik} + P + \sum_{j \geqslant 1} \psi_{qj} Q_{jk} \right) \qquad (2\text{-}14)$$

当作用与作用效应按线性关系考虑时,准永久组合的效应设计值按下式计算:

$$S_{\mathrm{d}} = \sum_{i \geqslant 1} S_{\mathrm{G}_{ik}} + S_{\mathrm{P}} + \sum_{j \geqslant 1} \psi_{qj} S_{\mathrm{Q}_{jk}} \qquad (2\text{-}15)$$

3. 耐久性极限状态

各类结构构件及其连接,应依据环境侵蚀和材料的特点确定耐久性极限状态的标志和限值。结构构件耐久性极限状态的标志或限值及其损伤机理,应作为采取各种耐久性措施的依据。

对于钢管混凝土结构的外包钢管和组合钢结构的型钢构件等,宜以出现下列现象之一作为达到耐久性极限状态的标志:①构件出现锈蚀迹象;②防腐涂层丧失作用;③构件出现应力腐蚀裂纹;④特殊防腐保护措施失去作用。

建筑结构的耐久性设计可采用以下设计方法进行。

(1)经验的方法。对缺乏侵蚀作用或作用效应统计规律的结构或结构构件,宜采取经验方法确定耐久性的系列措施。

(2)半定量的方法。具有一定侵蚀作用和作用效应统计规律的结构构件,可采取半定量的耐久性极限状态设计方法。

(3)定量控制耐久性失效概率的方法。具有相对完善的侵蚀作用和作用效应相应统计规律的结构构件且有快速检验方法予以验证时,可采取定量的耐久性极限状态设计方法。

2.1.4 构造要求

在按以上设计方法进行设计的基础上,组合结构设计仍需满足以下构造要求。

(1)型钢混凝土和钢管混凝土组合结构构件,其梁、柱、支撑的节点构造,钢筋机械连接套筒,连接板设置位置,型钢上预留的钢筋孔和混凝土浇筑孔、排气孔位置等应进行专业深化设计。

（2）组合结构中的钢结构制作、安装应符合现行国家标准《钢结构工程施工质量验收标准》（GB 50205—2020）、《钢结构焊接规范》（GB 50661—2011）的规定。

（3）焊缝的坡口形式和尺寸应符合现行国家标准《气焊、焊条电弧焊、气体保护焊和高能束焊的推荐坡口》（GB/T 985.1—2008）和《埋弧焊的推荐坡口》（GB/T 985.2—2008）的规定。

（4）型钢混凝土柱和钢管混凝土柱采用埋入式柱脚时，型钢、钢管与底板的连接焊缝宜采用坡口全熔透焊缝，焊缝等级为二级；当采用非埋入式柱脚时，型钢、钢管与柱脚底板的连接应采用坡口全熔透焊缝，焊缝等级为一级。

（5）抗剪栓钉的直径规格宜选用 19 mm 和 22 mm，其长度不宜小于 4 倍栓钉直径，水平和竖向间距不宜小于 6 倍栓钉直径且不宜大于 200 mm。栓钉中心至型钢翼缘边缘的距离不应小于 50 mm，栓钉顶面的混凝土保护层厚度不宜小于 15 mm。

（6）钢筋连接可采用绑扎搭接、机械连接或焊接，纵向受拉钢筋的接头面积百分率不宜大于 50%。机械连接宜用于直径不小于 16 mm 受力钢筋的连接，其接头质量应符合现行行业标准《钢筋机械连接技术规程》（JGJ 107—2016）、《钢筋机械连接用套筒》（JG/T 163—2013）的规定。当纵向受力钢筋与钢构件连接时，可采用可焊接机械连接套筒或连接板。可焊接机械连接套筒的抗拉强度不应小于连接钢筋抗拉强度标准值的 1.1 倍。可焊接机械连接套筒与钢构件应采用等强焊接并在工厂完成。连接板与钢构件、钢筋连接时应保证焊接质量。

2.1.5　防火要求

为减少钢结构及钢管混凝土柱、压型钢板 - 混凝土组合板、钢 - 混凝土组合梁等组合结构可能产生的火灾危害，保护人身和财产安全，需合理进行建筑结构防火设计，保证施工质量，规范验收和维护管理。对于组合结构，可根据《建筑钢结构防火技术规范》（GB 51249—2017）（以下简称《防火规范》）进行结构防火设计。

1. 钢管混凝土柱

符合下列条件的实心矩形和圆形钢管混凝土柱，可按《防火规范》第 8.1.1 条～第 8.1.9 条进行耐火验算与防火保护设计。

（1）钢管采用 Q235、Q355、Q390 和 Q420 钢，混凝土强度等级为 C30～C80，且含钢率 A_s/A_c 为 0.04～0.20。

（2）柱长细比 λ 为 10～60。

（3）圆钢管混凝土柱的截面外直径为 200～1 400 mm，荷载偏心率 e/r 为 0～3.0（e 为荷载偏心距，r 为钢管截面外半径）；矩形钢管混凝土柱的截面短边长度为 200～1 400 mm，荷载偏心率 e/r 为 0～3.0（e 为荷载偏心距，r 为荷载偏心方向边长的一半）。

钢管混凝土柱应根据其荷载比 R、火灾下的承载力系数 k_T 按下列规定采取防火保护措施。荷载比 R 应按《防火规范》第 8.1.3 条计算，圆钢管混凝土柱、矩形钢管混凝土柱火灾下的承载力系数 k_T 应分别按第 8.1.6 条、第 8.1.7 条的规定计算，且应符合下列规定。

（1）当 $R < 0.75k_T$ 时，可不采取防火保护措施。

（2）当 $R \geqslant 0.75k_T$ 时，应采取防火保护措施。对于圆钢管混凝土柱，按第 8.1.8 条计算防火保护层厚度;对于矩形钢管混凝土柱,按第 8.1.9 条计算防火保护层厚度。

有防火要求的钢管混凝土结构,可在钢管混凝土表面涂刷防火涂料,或涂抹厚度不小于 50 mm 的钢丝网水泥石灰浆。沿柱长每隔 1.5 ~ 2.0 m,在钢管上开设 4 个直径 20 mm 的蒸汽汇压孔。钢管混凝土表面的温度一般不宜超过 100 ℃;当表面温度超过 100 ℃ 及结构表面长期受辐射热达 150 ℃时,应采取有效的防护措施。

2. 压型钢板 - 混凝土组合板

压型钢板 - 混凝土组合板应按下列规定进行耐火验算与防火设计。

(1)不允许发生大挠度变形的压型钢板 - 混凝土组合板,标准火灾下的实际耐火时间 t_d 应按下式计算:

$$t_d = 114.06 - 26.8 \frac{M}{f_t W} \tag{2-16}$$

式中　t_d——无防火保护的压型钢板 - 混凝土组合板的设计耐火极限;

　　　M——火灾下单位宽度压型钢板 - 混凝土组合板的最大正弯矩设计值;

　　　f_t——常温下混凝土的抗拉强度设计值;

　　　W——常温下素混凝土板的截面正弯矩抵抗矩。

当压型钢板 - 混凝土组合板的实际耐火时间 t_d 小于其设计耐火极限 t_m 时,压型钢板 - 混凝土组合板应采取防火保护措施;当压型钢板 - 混凝土组合板的实际耐火时间 t_d 大于或等于其设计耐火极限 t_m 时,可不采取防火保护措施。

(2)允许发生大挠度变形的压型钢板 - 混凝土组合板的耐火验算可考虑压型钢板 - 混凝土组合板的薄膜效应。当火灾下压型钢板 - 混凝土组合板考虑薄膜效应时的承载力不满足下式时,压型钢板 - 混凝土组合板应采取防火保护措施;满足时,可不采取防火保护措施。

$$q_r \geq q \tag{2-17}$$

式中　q_r——火灾下压型钢板 - 混凝土组合板考虑薄膜效应时的承载力设计值(kN/m²),应按《防火规范》附录 D 确定;

　　　q——火灾下压型钢板 - 混凝土组合板的荷载设计值(kN/m²),应按《防火规范》第 3.2.2 条确定。

(3)压型钢板 - 混凝土组合板的防火保护措施应根据耐火试验结果确定,耐火试验应符合现行国家系列标准《建筑构件耐火试验方法》(GB/T 9978)的规定。

3. 钢 - 混凝土组合梁

钢 - 混凝土组合梁的防火保护设计,应根据组合梁的临界温度 T_d、无防火保护的钢梁腹板与下翼缘组成的倒 T 形构件在设计耐火极限 t_m 内的最高温度 T_m 经计算确定。其中,最高温度 T_m 应按《防火规范》第 6.2.1 条计算确定。

当临界温度 T_d 小于或等于最高温度 T_m 时,组合梁应采取防火保护措施。防火保护层的设计厚度应按《防火规范》第 7.2.8 条、第 7.2.9 条的规定计算确定;其中,截面形状系数 F_i/V 应取腹板、下翼缘组成的倒 T 形构件截面作为验算截面计算。钢梁上翼缘的防火保护层厚度可与腹板及下翼缘的防火保护层厚度相同。当临界温度 T_d 大于最高温度 T_m 时,组合梁可不采取防火保护措施。

2.1.6　防腐蚀要求

在腐蚀环境下,结构设计应符合下列规定。

(1)结构材料应根据材料对不同介质的适应性进行合理选择。

(2)结构类型、布置和构造的选择,应有利于提高结构自身的抗腐蚀能力,能有效避免腐蚀性介质在构件表面的积聚并能够及时排除,便于防护层的设置和维护。

(3)结构构件的设计使用年限应按现行国家标准《统一标准》的有关规定确定。

(4)当某些次要构件与主体结构的设计使用年限不相同时,应设计成便于更换的构件。

为保证组合结构的耐久性能,对组合结构的防腐蚀性能提出了要求。根据《建筑钢结构防腐蚀技术规程》(JGJ/T 251—2011),建筑钢结构应根据环境条件、材质、结构形式、使用要求、施工条件和维护管理条件等进行防腐蚀设计。

在钢 - 混凝土组合结构中,在强、中腐蚀环境下,不宜采用钢与混凝土组合的屋架和吊车梁及以压型钢板为模板兼配筋的混凝土组合结构。钢与混凝土的组合梁结构可用于气态介质的弱腐蚀环境,且楼面无液态介质作用,混凝土翼板与钢梁的结合处应密封。

2.2　材料性能

在组合结构的设计过程中,为使结构完成预定功能,所选用的混凝土、钢筋等材料需满足一定要求。钢材和混凝土等材料的选用需满足《组合结构设计规范》(JGJ 138—2016)的规定。

2.2.1　混凝土

1. 混凝土选用要求

在组合结构混凝土的选用过程中,不同情况下对混凝土等级有不同要求。

(1)对于型钢混凝土结构构件,所采用的混凝土强度等级不宜低于 C30;有抗震设防要求时,剪力墙不宜超过 C60;其他构件,设防烈度 9 度时不宜超过 C60,8 度时不宜超过 C70。

(2)对于钢管中的混凝土,对 Q235 钢管,不宜低于 C40;对 Q355 钢管,不宜低于 C50;对 Q390、Q420 钢管,不应低于 C50。

(3)对于压型钢板 - 混凝土组合板,混凝土强度等级不宜低于 C20。

2. 混凝土强度指标

根据《混凝土结构设计规范(2015 年版)》(GB 50010—2010),混凝土轴心抗压、抗拉强度标准值及强度设计值分别按表 2-2 和表 2-3 采用。

表 2-2　混凝土强度标准值

单位:N/mm²

强度	混凝土强度等级												
	C20	C25	C30	C35	C40	C45	C50	C55	C60	C65	C70	C75	C80
f_{ck}	13.4	16.7	20.1	23.4	26.8	29.6	32.4	35.5	38.5	41.5	44.5	47.4	50.2

强度	混凝土强度等级												
	C20	C25	C30	C35	C40	C45	C50	C55	C60	C65	C70	C75	C80
f_{tk}	1.54	1.78	2.01	2.20	2.39	2.51	2.64	2.74	2.85	2.93	2.99	3.05	3.11

注：f_{ck}—混凝土轴心抗压强度标准值；

　　f_{tk}—混凝土轴心抗拉强度标准值。

表 2-3　混凝土强度设计值　　　　　　　　　　　　　　单位：N/mm²

强度	混凝土强度等级												
	C20	C25	C30	C35	C40	C45	C50	C55	C60	C65	C70	C75	C80
f_c	9.6	11.9	14.3	16.7	19.1	21.1	23.1	25.3	27.5	29.7	31.8	33.8	35.9
f_t	1.10	1.27	1.43	1.57	1.71	1.80	1.89	1.96	2.04	2.09	2.14	2.18	2.22

注：f_c—混凝土轴心抗压强度设计值；

　　f_t—混凝土轴心抗拉强度设计值。

混凝土弹性模量 E_c 按表 2-4 采用，混凝土剪切变形模量可按相应弹性模量值的 40% 采用，混凝土泊松比可按 0.2 采用。

表 2-4　混凝土弹性模量　　　　　　　　　　　　　　单位：× 10⁴ N/mm²

强度等级	C20	C25	C30	C35	C40	C45	C50	C55	C60	C65	C70	C75	C80
E_c	2.55	2.80	3.00	3.15	3.25	3.35	3.45	3.55	3.60	3.65	3.70	3.75	3.80

2.2.2　钢材

1. 钢材选用要求

组合结构中的钢材按照以下要求进行选用。

（1）组合结构构件中钢材宜采用 Q355、Q390、Q420 低合金高强度结构钢及 Q235 碳素结构钢，质量等级不宜低于 B 级，且应分别符合现行国家标准《低合金高强度结构钢》（GB/T 1591—2018）和《碳素结构钢》（GB/T 700—2006）的规定。

（2）当采用较厚的钢板时，可选用材质、材性符合现行国家标准《建筑结构用钢板》（GB/T 19879—2015）的各牌号钢板，其质量等级不宜低于 B 级。

（3）当采用其他牌号的钢材时，应符合国家现行有关标准的规定。

（4）钢材宜采用镇静钢，且应具有屈服强度、抗拉强度、伸长率、冲击韧性和硫、磷含量的合格保证，对焊接结构应具有碳含量的合格保证及冷弯试验的合格保证。

（5）钢板厚度大于或等于 40 mm，且承受沿板厚方向拉力的焊接连接板件，钢板厚度方向截面收缩率不应小于现行国家标准《厚度方向性能钢板》（GB/T 5313—2010）中 Z15 级规定的容许值。

（6）考虑地震作用的组合结构构件的钢材应符合国家标准《建筑抗震设计规范（2016年版）》（GB 50011—2010）的有关规定。

2. 钢材强度指标

钢材强度指标按表 2-5 和表 2-6 采用。

表 2-5　钢材强度指标 単位：N/mm²

钢材牌号	钢板厚度（mm）	极限抗拉强度最小值 f_{au}	屈服强度 f_{ay}	强度标准值 抗拉、抗压、抗弯 f_{ak}	强度设计值 抗拉、抗压、抗弯 f_a	强度设计值 抗剪 f_{av}	端面承压（刨平顶紧）设计值 f_{ce}
Q235	≤16	370	235	235	215	125	325
	>16~40	370	225	225	205	120	
	>40~60	370	215	215	200	115	
	>60~100	370	215	215	190	110	
Q355	≤16	470	355	355	310	180	400
	>16~35	470	335	335	295	170	
	>35~50	470	325	325	265	155	
	>50~100	470	315	315	250	145	
Q355GJ	6~16	490	355	355	310	180	400
	>16~35	490	355	355	310	180	
	>35~50	490	335	335	300	175	
	>50~100	490	325	325	290	170	
Q390	≤16	490	390	390	350	205	415
	>16~35	490	370	370	335	190	
	>35~50	490	350	350	315	180	
	>50~100	490	330	330	295	170	
Q420	≤16	520	420	420	380	220	440
	>16~35	520	400	400	360	210	
	>35~50	520	380	380	340	195	
	>50~100	520	360	360	325	185	

表 2-6　冷弯成型矩形钢管强度设计值 単位：N/mm²

钢材牌号	抗拉、抗压、抗弯 f_a	抗剪 f_{av}	端面承压（刨平顶紧）f_{ce}
Q235	205	120	310
Q355	300	175	400

钢材的物理性能指标按表 2-7 采用。

表 2-7　钢材的物理性能指标　　单位:N/mm²

弹性模量 E_a（N/mm²）	剪切模量 G_a（N/mm²）	线膨胀系数 α（以每℃计）	质量密度（kg/m³）
2.06×10^5	79×10^3	12×10^{-6}	7 850

注:压型钢板采用冷轧钢板时,弹性模量取 1.90×10^5 N/mm²。

2.2.3　压型钢板

压型钢板质量应符合现行国家标准《建筑用压型钢板》（GB/T 12755—2008）的规定,压型钢板的基板应选用热浸镀锌钢板,不宜选用镀铝锌板。镀锌层应符合现行国家标准《连续热镀锌和锌合金镀层钢板及钢带》（GB/T 2518—2019）的规定。

压型钢板宜采用符合现行国家标准《连续热镀锌和锌合金镀层钢板及钢带》（GB/T 2518—2019）规定的 S250（S250GD+Z、S250GD+ZF）、S350（S350GD+Z、S350GD+ZF）、S550（S550GD+Z、S550GD+ZF）牌号的结构用钢,其强度标准值、设计值应按表 2-8 的规定采用。

表 2-8　压型钢板强度标准值、设计值　　单位:N/mm²

牌号	强度标准值	强度设计值	
	抗拉、抗压、抗弯 f_{ak}	抗拉、抗压、抗弯 f_a	抗剪 f_{av}
S250	250	205	120
S350	350	290	170
S550	470	395	230

2.2.4　焊接材料

钢材的焊接材料应符合下列规定。

（1）手工焊接用焊条应与主体金属力学性能相适应,且应符合现行国家标准《非合金钢及细晶粒钢焊条》（GB/T 5117—2012）、《热强钢焊条》（GB/T 5118—2012）的规定。

（2）自动焊接或半自动焊接采用的焊丝和焊剂,应与主体金属力学性能相适应,且应符合现行国家标准《埋弧焊用非合金钢及细晶粒钢实心焊丝、药芯焊丝和焊丝 - 焊剂组合分类要求》（GB/T 5293—2018）、《埋弧焊用热强钢实心焊丝、药芯焊丝和焊丝 - 焊剂组合分类要求》（GB/T 12470—2018）、《熔化极气体保护电弧焊用非合金钢及细晶粒钢实心焊丝》（GB/T 8110—2020）的规定。

（3）焊缝质量等级应符合现行国家标准《钢结构工程施工质量验收标准》（GB 50205—2020）的规定,焊缝强度设计值应按表 2-9 的规定采用。

表 2-9　焊缝强度设计值　　　　　　　　　　　　　　　　单位：N/mm²

焊接方法 焊条型号	钢材 牌号	钢板 厚度 （mm）	对接焊缝强度设计值				角焊缝强度 设计值
			抗压 f_c^w	抗拉 f_t^w		抗剪 f_v^w	抗拉、抗压、 抗剪 f_f^w
				一级、二级	三级		
自动焊、半自动焊和 E43×× 型焊条的手 工焊	Q235	≤ 16	215 （205）	215 （205）	185 （175）	125 （120）	160 （140）
		> 16 ～ 40	205	205	170	120	
		> 40 ～ 60	200	200	170	115	
		> 60 ～ 100	190	190	160	110	
自动焊、半自动焊和 E50×× 型焊条的手 工焊	Q355	≤ 16	310 （300）	310 （300）	265 （255）	180 （170）	200 （195）
		> 16 ～ 35	295	295	250	170	
		> 35 ～ 50	265	265	225	155	
		> 50 ～ 100	250	250	210	145	
自动焊、半自动焊和 E55×× 型焊条的手 工焊	Q390	≤ 16	350	350	300	205	220
		> 16 ～ 35	335	335	285	190	
		> 35 ～ 50	315	315	270	180	
		> 50 ～ 100	295	295	250	170	
	Q420	≤ 16	380	380	320	220	220
		> 16 ～ 35	360	360	305	210	
		> 35 ～ 50	340	340	290	195	
		> 50 ～ 100	325	325	275	185	

注：1. 表中所列一级、二级、三级指焊缝质量等级；
　　2. 括号中的数值用于冷成型薄壁型钢。

2.2.5　螺栓和锚栓

在组合结构的钢构件中，螺栓、锚栓等是将构件各部分连接起来的重要构件，其材料性能需要满足一定的要求。钢构件连接使用的螺栓、锚栓材料应符合下列规定。

（1）普通螺栓应符合现行国家标准《六角头螺栓》（GB/T 5782—2016）和《六角头螺栓C 级》（GB/T 5780—2016）的规定；A、B 级螺栓孔的精度和孔壁表面粗糙度，C 级螺栓孔的允许偏差和孔壁表面粗糙度，均应符合现行国家标准《钢结构工程施工质量验收标准》（GB 50205—2020）的规定。

（2）高强度螺栓应符合现行国家标准《钢结构用高强度大六角头螺栓》（GB/T 1228—2006）、《钢结构用高强度大六角螺母》（GB/T 1229—2006）、《钢结构用高强度垫圈》（GB/T 1230—2006）、《钢结构用高强度大六角头螺栓、大六角螺母、垫圈技术条件》（GB/T 1231—2006）或《钢结构用扭剪型高强度螺栓连接副》（GB/T 3632—2008）的规定。

（3）锚栓可采用符合现行国家标准《碳素结构钢》（GB/T 700—2006）、《低合金高强度结构钢》(GB/T 1591—2018)规定的 Q235 钢、Q355 钢。

普通螺栓连接的强度设计值应按表 2-10 采用;高强度螺栓连接的钢材摩擦面抗滑移系数值应按表 2-11 采用;高强度螺栓连接的设计预拉力应按表 2-12 采用。

表 2-10 螺栓连接的强度设计值　　　　　　　　　　　单位:N/mm²

螺栓的性能等级、锚栓和构件钢材的牌号		普通螺栓						锚栓	承压型连接高强度螺栓		
		C 级螺栓			A 级、B 级螺栓						
		抗拉 f_t^b	抗剪 f_v^b	承压 f_c^b	抗拉 f_t^b	抗剪 f_v^b	承压 f_c^b	抗拉 f_t^b	抗拉 f_t^b	抗剪 f_v^b	承压 f_c^b
普通螺栓	4.6 级 4.8 级	170	140	—	—	—	—	—	—	—	—
	5.6 级	—	—	—	210	190	—	—	—	—	—
	8.8 级	—	—	—	400	320	—	—	—	—	—
锚栓（C 级普通螺栓）	Q235	(165)	(125)	—	—	—	—	140	—	—	—
	Q355	—	—	—	—	—	—	180	—	—	—
承压型连接高强度螺栓	8.8 级	—	—	—	—	—	—	—	400	250	—
	10.9 级	—	—	—	—	—	—	—	500	310	—
承压构件	Q235	—	—	305 (295)	—	—	405	—	—	—	470
	Q355	—	—	385 (370)	—	—	510	—	—	—	590
	Q390	—	—	400	—	—	530	—	—	—	615
	Q420	—	—	425	—	—	560	—	—	—	655

注:1. A 级螺栓用于 $d \leqslant 24$ mm 和 $l \leqslant 10d$ 或 $l \leqslant 150$ mm(按较小值)的螺栓;B 级螺栓用于 $d > 24$ mm 和 $l > 10d$ 或 $l > 150$ mm(按较小值)的螺栓。其中 d 为公称直径,l 为螺杆公称长度。

　　2. 表中带括号的数值用于冷成型薄壁型钢。

表 2-11 摩擦面的抗滑移系数

连接处构件接触面的处理方法	构件的钢号		
	Q235	Q355、Q390	Q420
喷砂(丸)	0.45	0.50	0.50
喷砂(丸)后涂无机富锌漆	0.35	0.40	0.40
喷砂(丸)后生赤锈	0.45	0.50	0.50
用钢丝刷清除浮锈或未经处理的干净轧制表面	0.30	0.35	0.40

表 2-12　高强度螺栓的设计预拉力　　　　　　　　　　　　　单位:kN

螺栓的性能等级	螺栓规格					
	M16	M20	M22	M24	M27	M30
8.8 级	80	125	150	175	230	280
10.9 级	100	155	190	225	290	355

2.2.6　栓钉

栓钉应符合现行国家标准《电弧螺柱焊用圆柱头焊钉》(GB/T 10433—2002)的规定,其材料及力学性能应符合表 2-13 的规定。

表 2-13　栓钉材料及力学性能

材料	极限抗拉强度(N/mm²)	屈服强度(N/mm²)	伸长率(%)
ML15、ML15 A1	≥400	≥320	≥14

2.2.7　钢筋

组合结构中,纵向受力钢筋宜采用 HRB400、HRB500、HRB335 热轧钢筋;箍筋宜采用 HRB400、HRB335、HPB300、HRB500,其强度标准值、设计值应按表 2-14 的规定采用。

表 2-14　钢筋强度标准值、设计值　　　　　　　　　　　　　单位:N/mm²

牌号	符号	公称直径 d （mm）	屈服强度标准值 f_{yk}	极限强度标准值 f_{stk}	最大拉力下总伸长率 δ_{gt}（%）	抗拉强度设计值 f_y	抗压强度设计值 f'_y
HPB300	A	6 ~ 22	300	420	不小于 10	270	270
HRB335	B	6 ~ 50	335	455	不小于 7.5	300	300
HRB400	C	6 ~ 50	400	540		360	360
HRB500	D	6 ~ 50	500	630		435	410

注:1. 当采用直径大于 40 mm 的钢筋时,应有可靠的工程经验;
　　2. 用作受剪、受扭、受冲切承载力计算的箍筋,其强度设计值 f_{yv} 应按表中 f_y 的数值取用,且其数值不应大于 360 N/mm²。

钢筋弹性模量 E_s 应按表 2-15 采用。

表 2-15　钢筋弹性模量　　　　　　　　　　　　　单位:× 10⁵ N/mm²

牌号	E_s
HPB300	2.1
HRB400、HRB500、HRB335	2.0

【思考题】

1. 结构在规定的设计使用年限内,应满足哪些功能要求?
2. 什么是结构的极限状态? 极限状态分为几类?
3. 结构的功能函数是如何表达的? 如何用结构的功能函数表达结构所处状态?
4. 组合结构中混凝土的选用有哪些基本要求?
5. 组合结构中钢材的选用有哪些基本要求?

【参考文献】

[1] 中华人民共和国住房和城乡建设部. 建筑结构可靠性设计统一标准: GB 50068—2018[S]. 北京:中国建筑工业出版社,2018.

[2] 中华人民共和国住房和城乡建设部. 钢结构工程施工质量验收标准: GB 50205—2020[S]. 北京:中国计划出版社,2020.

[3] 中华人民共和国住房和城乡建设部. 钢结构焊接规范: GB 50661—2011[S]. 北京:中国建筑工业出版社,2012.

[4] 中华人民共和国国家质量监督检验检疫总局,中国国家标准化管理委员会. 气焊、焊条电弧焊、气体保护焊和高能束焊的推荐坡口: GB/T 985.1—2008[S]. 北京:中国标准出版社,2008.

[5] 中华人民共和国国家质量监督检验检疫总局,中国国家标准化管理委员会. 埋弧焊的推荐坡口:GB/T 985.2—2008[S]. 北京:中国标准出版社,2008.

[6] 中华人民共和国住房和城乡建设部. 钢筋机械连接技术规程: JGJ 107—2016[S]. 北京:中国建筑工业出版社,2016.

[7] 中华人民共和国住房和城乡建设部. 钢筋机械连接用套筒: JG/T 163—2013[S]. 北京:中国标准出版社,2013.

[8] 中华人民共和国公安部. 建筑钢结构防火技术规范: GB 51249—2017[S]. 北京:中国计划出版社,2018.

[9] 中华人民共和国国家质量监督检验检疫总局,中国国家标准化管理委员会. 建筑构件耐火试验方法 第 1 部分:通用要求: GB/T 9978.1—2008[S]. 北京:中国标准出版社,2009.

[10] 国家市场监督管理总局,国家标准化管理委员会. 建筑构件耐火试验方法 第 2 部分:耐火试验试件受火作用均匀性的测量指南: GB/T 9978.2—2019[S]. 北京:中国标准出版社,2019.

[11] 中华人民共和国国家质量监督检验检疫总局,中国国家标准化管理委员会. 建筑构件耐火试验方法 第 3 部分:试验方法和试验数据应用注释:GB/T 9978.3—2008[S]. 北京:中国标准出版社,2009.

[12] 中华人民共和国国家质量监督检验检疫总局,中国国家标准化管理委员会. 建筑构件耐火试验方法 第 4 部分:承重垂直分隔构件的特殊要求:GB/T 9978.4—2008[S]. 北京:

中国标准出版社,2009.

[13] 中华人民共和国国家质量监督检验检疫总局,中国国家标准化管理委员会.建筑构件耐火试验方法 第 5 部分:承重水平分隔构件的特殊要求:GB/T 9978.5—2008[S].北京:中国标准出版社,2009.

[14] 中华人民共和国国家质量监督检验检疫总局,中国国家标准化管理委员会.建筑构件耐火试验方法 第 6 部分:梁的特殊要求:GB/T 9978.6—2008[S].北京:中国标准出版社,2009.

[15] 中华人民共和国国家质量监督检验检疫总局,中国国家标准化管理委员会.建筑构件耐火试验方法 第 7 部分:柱的特殊要求:GB/T 9978.7—2008[S].北京:中国标准出版社,2009.

[16] 中华人民共和国国家质量监督检验检疫总局,中国国家标准化管理委员会.建筑构件耐火试验方法 第 8 部分:非承重垂直分隔构件的特殊要求:GB/T 9978.8—2008[S].北京:中国标准出版社,2009.

[17] 中华人民共和国国家质量监督检验检疫总局,中国国家标准化管理委员会.建筑构件耐火试验方法 第 9 部分:非承重吊顶构件的特殊要求:GB/T 9978.9—2008[S].北京:中国标准出版社,2009.

[18] 中华人民共和国住房和城乡建设部.建筑钢结构防腐蚀技术规程:JGJ/T 251—2011[S].北京:中国建筑工业出版社,2012.

[19] 中华人民共和国住房和城乡建设部.组合结构设计规范:JGJ 138—2016[S].北京:中国建筑工业出版社,2016.

[20] 中华人民共和国住房和城乡建设部.混凝土结构设计规范(2015 年版):GB 50010—2010[S].北京:中国建筑工业出版社,2015.

[21] 国家市场监督管理总局,中国国家标准化管理委员会.低合金高强度结构钢:GB/T 1591—2018[S].北京:中国标准出版社,2018.

[22] 中华人民共和国国家质量监督检验检疫总局,中国国家标准化管理委员会.碳素结构钢:GB/T 700—2006[S].北京:中国标准出版社,2007.

[23] 中华人民共和国国家质量监督检验检疫总局,中国国家标准化管理委员会.建筑结构用钢板:GB/T 19879—2015[S].北京:中国标准出版社,2016.

[24] 中华人民共和国国家质量监督检验检疫总局,中国国家标准化管理委员会.厚度方向性能钢板:GB/T 5313—2010[S].北京:中国标准出版社,2011.

[25] 中华人民共和国住房和城乡建设部.建筑抗震设计规范(2016 年版):GB 50011—2010[S].北京:中国建筑工业出版社,2016.

[26] 中华人民共和国国家质量监督检验检疫总局,中国国家标准化管理委员会.建筑用压型钢板:GB/T 12755—2008[S].北京:中国标准出版社,2009.

[27] 国家市场监督管理总局,国家标准化管理委员会.连续热镀锌和锌合金镀层钢板及钢带:GB/T 2518—2019[S].北京:中国标准出版社,2019.

[28] 中华人民共和国国家质量监督检验检疫总局,中国国家标准化管理委员会.非合金钢

及细晶粒钢焊条:GB/T 5117—2012[S]. 北京:中国标准出版社,2013.

[29] 中华人民共和国国家质量监督检验检疫总局,中国国家标准化管理委员会. 热强钢焊条:GB/T 5118—2012[S]. 北京:中国标准出版社,2013.

[30] 中华人民共和国国家质量监督检验检疫总局,中国国家标准化管理委员会. 埋弧焊用非合金钢及细晶粒钢实心焊丝、药芯焊丝和焊丝 - 焊剂组合分类要求:GB/T 5293—2018[S]. 北京:中国标准出版社,2018.

[31] 中华人民共和国国家质量监督检验检疫总局,中国国家标准化管理委员会. 埋弧焊用热强钢实心焊丝、药芯焊丝和焊丝 - 焊剂组合分类要求:GB/T 12470—2018[S]. 北京:中国标准出版社,2018.

[32] 国家市场监督管理总局,国家标准化管理委员会. 熔化极气体保护电弧焊用非合金钢及细晶粒钢实心焊丝:GB/T 8110—2020[S]. 北京:中国标准出版社,2020.

[33] 中华人民共和国国家质量监督检验检疫总局,中国国家标准化管理委员会. 六角头螺栓:GB/T 5782—2016[S]. 北京:中国标准出版社,2016.

[34] 中华人民共和国国家质量监督检验检疫总局,中国国家标准化管理委员会. 六角头螺栓 C 级:GB/T 5780—2016[S]. 北京:中国标准出版社,2016.

[35] 中华人民共和国国家质量监督检验检疫总局,中国国家标准化管理委员会. 钢结构用高强度大六角头螺栓:GB/T 1228—2006[S]. 北京:中国标准出版社,2006.

[36] 中华人民共和国国家质量监督检验检疫总局,中国国家标准化管理委员会. 钢结构用高强度大六角头螺母:GB/T 1229—2006[S]. 北京:中国标准出版社,2006.

[37] 中华人民共和国国家质量监督检验检疫总局,中国国家标准化管理委员会. 钢结构用高强度垫圈:GB/T 1230—2006[S]. 北京:中国标准出版社,2006.

[38] 中华人民共和国国家质量监督检验检疫总局,中国国家标准化管理委员会. 钢结构用高强度大六角头螺栓、大六角螺母、垫圈技术条件:GB/T 1231—2006[S]. 北京:中国标准出版社,2006.

[39] 中华人民共和国国家质量监督检验检疫总局,中国国家标准化管理委员会. 钢结构用扭剪型高强度螺栓连接副:GB/T 3632—2008[S]. 北京:中国标准出版社,2008.

[40] 中华人民共和国国家质量监督检验检疫总局. 电弧螺柱焊用圆柱头焊钉:GB/T 10433—2002[S]. 北京:中国标准出版社,2003.

第3章 抗剪连接件

抗剪连接件是使钢梁和混凝土共同作用的关键部件,其主要作用是承受钢梁与混凝土的纵向剪力,防止界面处二者相互滑移和分离,同时抵抗混凝土与钢梁之间的竖向掀起作用,保证二者能共同受力和协调变形,从而发挥钢 - 混凝土组合结构整体性的独特优势。本章主要介绍抗剪连接件的推出试验、承载力计算、设计方法以及构造要求。

3.1 抗剪连接件的推出试验

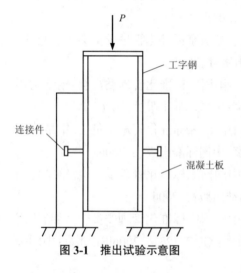

图 3-1 推出试验示意图

目前,测试抗剪连接件抗剪性能的试验方法主要有推出试验和梁式试验两种。推出试验(图 3-1)是将一段钢梁与两块混凝土板通过焊接在钢梁翼缘上的抗剪连接件连接在一起,然后在钢梁的一端施加荷载,使埋在混凝土板内的连接件受到剪切作用,通过测量钢与混凝土板间的相对滑移获得抗剪连接件的荷载 - 滑移曲线。梁式试验(图 3-2)是指对简支组合梁施加两个对称荷载,在荷载作用下钢梁与混凝土板接触面水平受剪,纵向剪力随外荷载的增加而增加,直至破坏。斯吕特(Slutter)和德里斯科尔(Driscoll)通过试验得出,推出试验的结果一般要低于梁式试验的结果,大约是梁式试验结果的下限,不过,梁中连接件的受力性能可以用推出试验的结果来描述。从保证安全的角度出发,一般情况下均以推出试验的结果作为制定规范的依据。

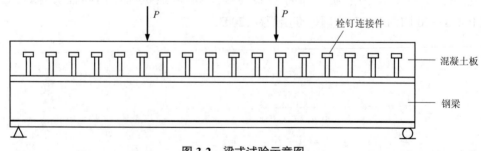

图 3-2 梁式试验示意图

推出试件的荷载 - 滑移曲线受到很多因素的影响,如抗剪连接件的数量,混凝土板及钢梁的尺寸,板内钢筋的直径、强度与布置,基座提供的侧向约束,钢梁与混凝土板交界面的黏结情况,混凝土的强度和密实度等。

欧洲规范 4, 即《钢 - 混凝土组合结构设计》规定的标准推出试件尺寸如图 3-3 所示。试件制备应注意以下问题。

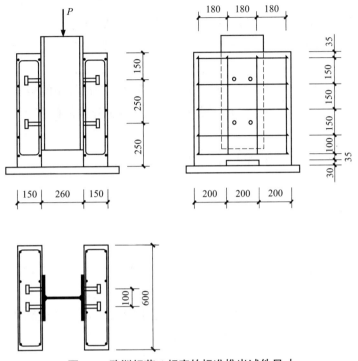

图 3-3　欧洲规范 4 规定的标准推出试件尺寸

（1）两块混凝土板均应在水平位置上浇筑, 浇筑方式与实际复合梁的浇筑方式一致。

（2）应通过在翼缘上涂油脂或其他适当方式来防止钢梁和混凝土的翼缘之间界面处出现黏结现象。

（3）推动试样应置于空气中固化。

（4）对于各种拌合料, 在浇筑推动试样时, 应至少制备四个用于确定圆柱体强度的混凝土试样（圆柱体或立方体）, 应沿着推动试样养护这些混凝土试样。混凝土的强度 f_{cm} 应取平均值。

（5）试验时, 混凝土强度必须为设计的组合梁中混凝土规定棱柱体强度的 70% ± 10%, 棱柱体或立方体的养护应按混凝土结构规范处理, 推出试件应露天养护。应在试样浇筑后 28 d 内进行试验。

（6）应确定抗剪连接件材料代表性样本的屈服强度、抗拉强度和最大伸长率。

（7）如果用压型钢板作翼板, 应通过对从推出试验使用的板中切取的样本进行挂片试验, 得出压型钢板的抗拉强度和屈服强度。

同时应按下列步骤进行试验。

（1）首先应施加荷载, 荷载增量小于或等于预期破坏荷载的 40%, 然后以预期破坏荷载 5% ~ 40% 的荷载增量循环施加荷载 25 次。

（2）施加后续荷载增量时应保持 15 min 以内不出现破坏。

（3）在加载过程中或每次荷载增加时,应连续测得各混凝土板和钢截面之间的纵向滑移,至少在荷载下降至低于最大荷载 20% 时测量滑移。

（4）应以尽可能接近各组连接件的方式测量钢截面和各板之间的横向滑移。

欧洲钢结构协会(ECSS)建议采用下面两种方法来确定抗剪连接件的标准承载力。

（1）同样试件的试验不得少于 3 次,当任何一个试验结果的偏差较全部试件所得到的平均值不超过 10% 时,为标准承载力试验,取试验的最低值;如果与平均值的偏差超过 10%,应至少再做 3 次同样的试件标准承载力试验,取这 6 个试件中的最低值。

（2）当至少做 10 次试验时,取概率分布曲线上 0.05 分位值的荷载作为标准承载力。

3.2　抗剪连接件的承载力计算

3.2.1　栓钉连接件

1. 工作机理

栓钉连接件在混凝土中的受力状态类似于"地基梁",通过栓钉连接件的纵向剪切传递,如图 3-4 所示。图 3-4(b)中的应力结果是由图 3-4(a)所示的栓钉与混凝土的相对滑移运动引起的,栓钉和钢梁一起试图向右移动,而栓钉周围的混凝土约束其移动。为使栓钉工作,毗邻承载区的混凝土必须承受大约 7 倍混凝土圆柱体强度 f_c' 的压应力,其通过钢构件、栓钉和周围的混凝土对该区域施加的三轴约束来实现。

图 3-4(a)中承载区域的合力为 F,作用在钢与混凝土界面偏心距 e 处。该力与钢梁中的剪力处于水平平衡状态,为了保持转动平衡,在栓钉底部产生力矩 Fe。因此,栓钉必须抵抗弯曲和剪切力,栓钉应力如图 3-4(b)所示。随着荷载的增加,当栓钉截面面积较大时,栓钉根部混凝土很快进入弹塑性工作状态,而栓钉还处于弹性工作状态。当荷载继续增加时,混凝土塑性区从栓钉根部向上发展,达到极限强度后被压碎或劈裂,这时其承载力主要取决于混凝土强度。当栓钉截面面积较小,而混凝土强度较高时,考虑栓钉根部混凝土受到栓钉、钢梁和周围混凝土的约束作用,提高了混凝土受压强度,随着荷载逐渐加大,栓钉连接件变形受到了限制,很快达到栓钉的抗剪能力而被剪断。因此,混凝土可以在承载区压碎,而钢可以在钢破坏区断裂。

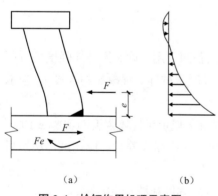

图 3-4　栓钉作用机理示意图
（a）作用机理示意图　（b）应力分布图

2. 破坏模式

在外荷载作用下,栓钉连接件所受的剪力大部分作用在栓钉焊缝上,栓钉根部的混凝土首先破坏,并迫使栓钉上部变形,栓钉受到弯矩、轴力和剪力的共同作用,这样就导致栓钉连接件在工作中主要有以下几种破坏模式。①栓钉连接件被剪断,当栓钉连接件本身尺寸较小,混凝土强度又较高时,连接件受力作用后,栓钉连接件达到极限抗剪强度而被剪断,这时连接件的抗剪承载力与混凝土强度无关,仅取决于栓钉连接件的型号和材质。②栓钉周围混凝土被压碎,当栓钉直径较大、抗剪强度较高,而周围混凝土强度却较低时,在外荷载达到较大值时,栓钉前面根部的混凝土会出现局部受压而破碎或劈裂。③栓钉周围混凝土劈裂,当混凝土栓钉沿荷载方向布置时易发生这种破坏,混凝土翼板下部出现斜裂缝时也易发生这种破坏,劈裂破坏荷载明显低于前两种破坏模式的荷载,在实际工程中应予以避免。

3. 抗剪承载力计算

分析表明,影响栓钉抗剪承载力的主要因素有混凝土的抗压强度、栓钉截面面积、栓钉抗拉强度和栓钉长度。《钢结构设计标准》(GB 50017—2017)规定,栓钉的抗剪承载力设计值按下式计算:

$$N_v^c = 0.43 A_s \sqrt{E_c f_c} \leqslant 0.7 A_s f_u \tag{3-1}$$

式中　N_v^c——单个连接件的抗剪承载力设计值(N);

E_c——混凝土的弹性模量(N/mm^2);

A_s——栓钉钉杆截面面积(mm^2);

f_c——混凝土抗压强度设计值(N/mm^2);

f_u——栓钉极限抗拉强度设计值(N/mm^2),当$f_u > 520$ MPa 时,取$f_u = 520 N/mm^2$。

对于用压型钢板 - 混凝土组合板作翼板的组合梁(图 3-5),其焊钉连接件的受剪承载力设计值应分别按以下两种情况予以降低。

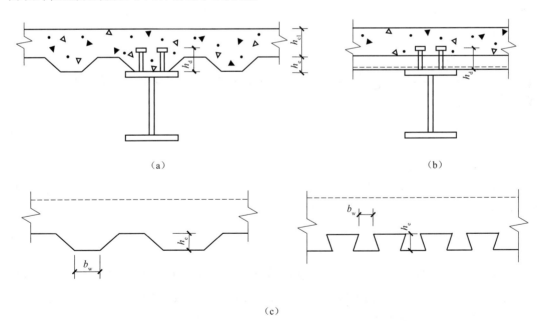

(a)　　　　　　　　　　　　　　(b)

(c)

图 3-5　用压型钢板 - 混凝土组合板作翼板的组合梁

(a)肋与钢梁平行的组合梁截面　(b)肋与钢梁垂直的组合梁截面　(c)压型钢板作底模的楼板剖面

当压型钢板肋平行于钢梁布置(图 3-5(a)),$b_w/h_e < 1.5$ 时,按式(3-1)算得的 N_v^c 应乘以折减系数 β_v 后取用。β_v 值按下式计算:

$$\beta_{v} = 0.6 \frac{b_{w}}{h_{e}} \left(\frac{h_{d} - h_{e}}{h_{e}} \right) \leqslant 1 \qquad (3\text{-}2)$$

式中　b_{w}—— 混凝土凸肋的平均宽度,当肋的上部宽度小于下部宽度时(图 3-5（c）),改取
　　　　　　上部宽度（mm）;

　　　　h_{e}—— 混凝土凸肋高度（mm）;

　　　　h_{d}—— 焊钉高度（mm）。

当压型钢板肋垂直于钢梁布置时（图 3-5（b））,焊钉连接件承载力设计值的折减系数按下式计算:

$$\beta_{v} = \frac{0.82}{\sqrt{n_{0}}} \frac{b_{w}}{h_{e}} \left(\frac{h_{d} - h_{e}}{h_{e}} \right) \leqslant 1 \qquad (3\text{-}3)$$

式中　n_{0}—— 在梁某截面处一个肋中布置的焊钉数,当多于 3 个时,按 3 个计算。

位于负弯矩区段的抗剪连接件,其抗剪承载力设计值 N_{v}^{c} 应乘以折减系数 0.9。

4. 荷载 - 滑移曲线

栓钉连接件的荷载 - 滑移曲线是反映栓钉连接件承载力和变形性能的很重要的物理量。薛伟辰等在 30 次栓钉推出试验的基础上,通过对其他表达式的分析,提出了荷载 - 滑移关系的表达式:

$$\frac{P}{P_{u}} = \frac{\delta}{0.5 + 0.97\delta} \qquad (3\text{-}4)$$

式中　P—— 所施加的剪力（N）;

　　　　P_{u}—— 栓钉的抗剪力（N）;

　　　　δ—— 荷载 P 对栓钉的滑移量（mm）。

奥尔加德（Ollgaard）等在对试验数据进行曲线拟合的基础上,提出了另一种预测荷载 - 滑移曲线的公式:

$$\frac{P}{P_{u}} = (1 - e^{-18\delta})^{0.4} \qquad (3\text{-}5)$$

式中 δ 的单位为 in（英尺）。

而洛伦茨（Lorenc）和库比查（Kubica）根据试验数据对式（3-5）进行了修正,得到了不同的系数:

$$\frac{P}{P_{u}} = (1 - e^{0.55\delta})^{0.3} \qquad (3\text{-}6)$$

安（An）和塞德瓦尔（Cederwall）根据试验结果和非线性回归分析,提出了两种预测循环荷载作用下普通混凝土和高性能混凝土中栓钉连接件的荷载 - 滑移曲线的表达式:

$$\frac{P}{P_{u}} = \frac{2.24(\delta - 0.058)}{1 + 1.98(\delta - 0.058)} \qquad (3\text{-}7)$$

$$\frac{P}{P_{u}} = \frac{4.44(\delta - 0.031)}{1 + 4.24(\delta - 0.031)} \qquad (3\text{-}8)$$

注:式（3-7）用于普通混凝土,式（3-8）用于高性能混凝土。

3.2.2 槽钢连接件

1. 工作机理

当推出试验中钢梁受外荷载作用时,槽钢连接件和钢梁同时向下运动,荷载通过槽钢的肢背和肢尖两条焊缝传递给槽钢,槽钢的内翼缘又将槽钢与钢梁的作用力传递给槽钢周围的混凝土和槽钢的腹板,槽钢连接件的上方混凝土受拉,下方混凝土受压。由槽钢连接件的翼缘及腹板对包裹的槽钢下混凝土形成"套箍强化作用"。当槽钢连接件尺寸较大时,包裹的混凝土承受较大压力,促使槽钢产生抗弯应力,对槽钢连接件上方混凝土产生拉应力,这时裂缝就产生于连接件上方混凝土内部;随着荷载的增加,裂缝数量不断增多,并贯穿于混凝土内而导致混凝土劈裂,在槽钢翼缘底部混凝土承受压力较大,并且承压面积较小,当槽钢连接件尺寸较小时,混凝土受压面积更小,虽然存在着槽钢腹板与翼缘对混凝土的套箍强化作用,但该作用很小,不能保证槽钢腹板抗拉与混凝土承压面抗压协调工作,使槽钢内混凝土压碎,导致混凝土局部压坏。当混凝土强度较高时,限制了槽钢连接件的变形发展,使腹板与翼缘交接面处拉应变急剧增大,直至达到极限拉应变而使槽钢连接件拉断。

槽钢连接件沿其高度的承压应力的分布规律,如图 3-6(a)所示,承压应力主要集中在下端 1/5 高度范围内,而大部分区域内承受很小的压应力或拉应力作用。槽钢连接件承受压力作用时,混凝土反力沿板宽度方向的部分分布规律,如图 3-6(b)所示,槽钢连接件正下方混凝土的反力很大,远大于混凝土的立方强度,原因仍然是这里的混凝土受到了钢梁与周围混凝土的有效约束。

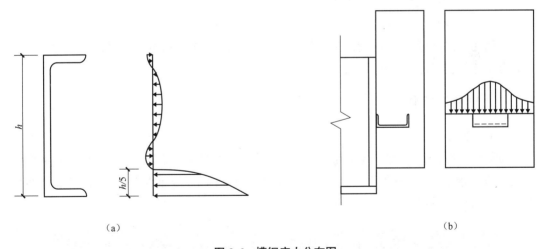

（a）　　　　　　　　　　　　　　　　　　（b）

图 3-6　槽钢应力分布图

（a）沿高度方向应力分布　（b）沿宽度方向应力分布

2. 破坏模式

国内外学者在大量槽钢连接件推出试验研究的基础上,得到了槽钢连接件在混凝土中的破坏主要有以下三种模式。①混凝土板劈裂破坏,临近极限荷载时,板在连接件受力方向形成横向裂缝,在连接件所在截面内与受力方向正交的方向形成横向裂缝,混凝土板被劈裂成短柱而最后破坏。②槽钢腹板拉断破坏,槽钢腹板在变形过程中偏离与荷载垂直的方向而承受拉力,最后沿其高度方向达到极限拉应力而发生腹板拉断破坏,断裂时伴有响声,这种破坏多发生在混凝土强度较高的试件中。③混凝土局部压碎破坏,槽钢后部混凝土达到局部抗压强度而压碎,伴随槽钢拔除,这种破坏多发生于槽钢腹板较厚、高度较小的试件中。

槽钢连接件的三种破坏模式中,以混凝土板劈裂最为常见,其他两种破坏模式,可以通过限制槽钢的高度和混凝土的强度等措施来控制其产生,试验研究表明,槽钢连接件高度大于 63 mm 时,可以避免混凝土局部压碎破坏,混凝土标准轴压强度小于槽钢标准抗拉强度的 12% 时,可以避免产生槽钢腹板拉断破坏。

3. 抗剪承载力计算

影响槽钢连接件抗剪承载力的主要因素有混凝土强度、槽钢强度及几何尺寸。在正常使用情况下,随着混凝土强度的提高,槽钢连接件的抗剪承载力相应提高,最后破坏产生于混凝土中。当混凝土强度增加到一定程度时,其抗剪能力不再随着混凝土强度的提高而提高,最后破坏产生于槽钢中。增大槽钢翼缘的厚度,将增加连接件根部混凝土的有效承压面积而提高其抗剪承载能力;加大槽钢腹板的厚度,将增大腹板抗弯刚度和抗拉能力而提高其抗剪承载能力;加大槽钢腹板的高度,有利于腹部抗拉强度的充分发挥,从而提高抗掀起能力和抗剪承载能力。

《钢结构设计标准》(GB 50017—2017)规定,槽钢的抗剪承载力设计值按下式计算:

$$N_v^c = 0.26(t + 0.5t_w)l_c \sqrt{E_c f_c} \tag{3-9}$$

式中　t —— 槽钢翼缘的平均厚度(mm);

　　　t_w —— 槽钢腹板的厚度(mm);

　　　l_c —— 槽钢的长度(mm)。

槽钢连接件通过肢尖、肢背两条通长角焊缝与钢梁连接,角焊缝按承受该连接件的受剪承载力设计值进行计算。

3.2.3　J 形钩连接件

1. 工作机理

J 形钩连接件适用于双钢板 - 混凝土组合结构中,如图 3-7 所示,其成对存在,分别焊接在上下两块钢板上,在中间相互锁在一起,有效地提供约束,传递界面剪切力,抵抗拉伸分离,防止面板局部屈曲。

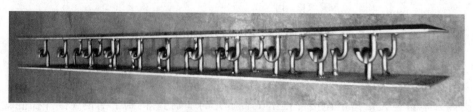

图 3-7　J 形钩连接件

2. 破坏模式

学者在推出试验中观察到以下三种类型的破坏模式。①J 形钩杆剪切破坏,如图 3-8 所示,在连接件焊缝趾端附近或上方将 J 形钩连接件剪断。②焊趾失效,如图 3-9 所示,发生在焊趾处,这种破坏是脆性的,应该通过确保在连接件安装过程中的焊接质量来避免。③混凝土开裂,如图 3-10 所示,包括嵌入破坏、拉伸劈裂和人字形剪切开裂。

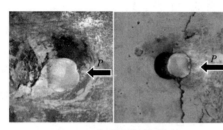

图 3-8　杆剪切破坏模式

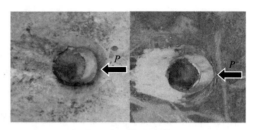

图 3-9　焊趾失效

(a)

(b)

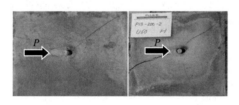

(c)

图 3-10　混凝土开裂破坏模式

(a)嵌入破坏　(b)拉伸劈裂　(c)人字形剪切开裂

试件的破坏模式可以根据剪力连接体和周围混凝土的相对强度来划分。如果周围的混凝土强度足以抵抗界面剪力(即 h_c/d 和 f_c 值较高的试件或直径较小的连接件),则会发生杆件剪切破坏。否则,混凝土开裂破坏将先于剪切杆剪切破坏发生。同时确保焊接质量使焊趾失效不会发生在剪切杆剪切破坏之前。

3. 抗剪承载力计算

严加宝等通过大量推出试验,对 102 个试验结果进行线性回归分析,同时确保模型具有 95% 保证率,得出影响 J 形钩连接件抗剪承载力的主要因素有混凝土强度、混凝土弹性模量、J 形钩强度及几何尺寸,并提出以下公式:

$$N_v^c = 0.855 f_{ck}^{0.265} E_c^{0.469} A_s \left(\frac{h_c}{d}\right)^{0.154} \leqslant 0.8 f_u A_s \tag{3-10}$$

式中　f_{ck} —— 混凝土圆柱体抗压强度标准值(N/mm^2);

E_c —— 混凝土弹性模量（ N/mm² ）；

A_s —— J 形钩截面面积（ mm² ）；

h_c/d —— J 形钩长度与杆直径比值；

f_u —— J 形钩极限抗拉强度设计值（ N/mm² ）。

上式适用于 $h_c/d \geqslant 4.0$ 的 J 形钩连接件，且其极限抗拉强度 f_u 不大于 500 N /mm²。

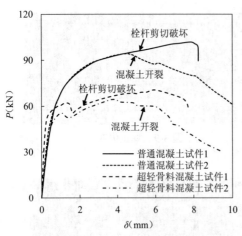

图 3-11　界面剪力作用下试件破坏模式说明

4. 荷载 - 滑移曲线

图 3-11 显示了两种典型的荷载 - 滑移曲线，以及 J 形钩连接件的两种典型破坏模式。在加载初期，荷载与滑移呈线性关系。荷载 - 滑移曲线在最大荷载作用下表现为非线性。在此过程中，当混凝土核心的抗拉力达到足以抵抗混凝土劈裂产生的拉力时，则 J 形钩发生杆剪切破坏；反之，试件的破坏表现为混凝土开裂，与杆剪切破坏相比表现为相对脆性。这种脆性破坏可以通过混凝土横向钢筋的钢板作用来防止。

对与混凝土材料相似的试件，广义荷载 - 滑移曲线非常接近。因此，不同混凝土材料试件的荷载 - 滑移模型应有所不同。严加宝等以薛伟辰、Ollgaard、加特斯科（ Gattesco ）和朱里亚尼（ Giuriani ）等提出的大头栓钉的荷载 - 滑移曲线公式为基础，对 J 形钩连接件进行理论分析，根据试验结果，进行非线性回归分析，并和试验曲线形状对比而提出其荷载 - 滑移曲线公式如下：

$$\frac{P}{P_u} = \frac{2\delta}{1+1.85\delta} \tag{3-11}$$

$$\frac{P}{P_u} = \frac{2.5\delta}{1+2.5\delta} \tag{3-12}$$

$$\frac{P}{P_u} = \frac{3\delta}{1+3\delta} \tag{3-13}$$

注：式（ 3-11 ）用于普通混凝土，式（ 3-12 ）用于轻骨料混凝土，式（ 3-13 ）用于超轻骨料混凝土。

3.3　抗剪连接件的设计方法

钢 - 混凝土组合结构中抗剪连接件的设计，一般可分为弹性设计和塑性设计两种设计方法。与组合梁设计相对应，当组合梁采用弹性设计时，抗剪连接件可按弹性设计；当组合梁采用塑性设计时，抗剪连接件采用塑性设计。

3.3.1　弹性设计

当组合梁采用弹性设计法,即换算截面法时,抗剪连接件承担全部剪力,假定抗剪连接件在钢梁表面均匀分布,钢梁与混凝土之间不产生滑移,即组合梁为完全交互作用。如图 3-12 所示,第 i 个连接件处,外荷载产生的竖向剪力为 V_i,其对应的连接件间距为 p_i。由图 3-13(图中 σ 为混凝土单元正应力($\mathrm{N/mm^2}$), V_N 为混凝土单元交界面剪力(N), v_N 为混凝土单元单位长度剪力(N/mm))可以算出交界面上单位长度的剪力:

$$v_{\mathrm{l}i} = \frac{V_i S}{I_0} \qquad (3\text{-}14)$$

式中　　S——混凝土翼缘换算截面对换算截面中和轴的面积矩($\mathrm{mm^3}$);

　　　　I_0——组合截面的惯性矩($\mathrm{mm^4}$)。

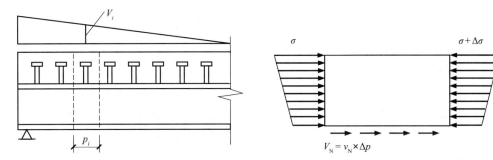

图 3-12　抗剪连接件所受剪力计算　　　　图 3-13　纵向剪力与正应力间的关系

因为 S/I_0 为常量,所以单位长度的纵向剪力 $v_{\mathrm{l}i}$ 与该处竖向剪力 V_i 成正比。又该处连接件间距为 p_i,故第 i 个连接件的纵向剪力(图 3-14):

$$V_{\mathrm{l}i} = v_{\mathrm{l}i} \times p_i = \frac{V_i S p_i}{I_0} \leqslant n_\mathrm{c} N_\mathrm{v}^\mathrm{c} \qquad (3\text{-}15)$$

式中　　N_v^c——单个连接件的抗剪承载力设计值(N);

　　　　n_c——一排抗剪连接件的数量。

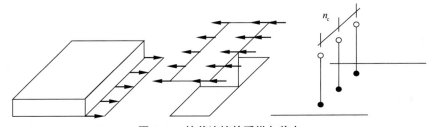

图 3-14　抗剪连接件受纵向剪力

连接件的抗剪强度按弹性设计,对于永久荷载和准永久荷载引起的剪力,应该采用徐变后换算截面特征;对于可变荷载的短期作用引起的剪力,应该采用弹性换算截面特征。一般情况下可能遇到两种情况。

(1)已知在第 i 个连接件处,永久荷载及准永久荷载设计值引起的剪力 V_G、可变荷载的短期作用引起的剪力 V_Q、连接件间距 p_i、弹性换算截面的几何特征 S 和 I_0、徐变后换算截面的几何特征 S' 和 I_0'，使连接件设计强度满足要求，则

$$V_{1i} = \frac{V_G S' p_i}{I_0'} + \frac{V_Q S p_i}{I_0} \leqslant n_c N_v^c \qquad (3\text{-}16)$$

（2）已知在第 i 个连接件处，剪力 V_G、V_Q，截面的几何特征 S 和 I_0、S' 和 I_0'，连接件抗剪承载力设计值 N_v^c，求连接件的间距 p_i，则

由 V_G 所求连接件的间距 p_{Gi}

$$p_{Gi} = \frac{n_c N_v^c I_0'}{V_G S'} \qquad (3\text{-}17)$$

由 V_Q 所求连接件的间距 p_{Qi}

$$p_{Qi} = \frac{n_c N_v^c I_0}{V_Q S} \qquad (3\text{-}18)$$

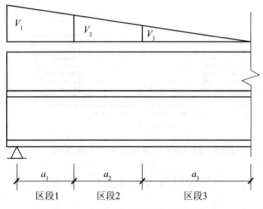

图 3-15 分段均匀布置抗剪连接件

由以下关系确定连接件的间距 p_i

$$\frac{1}{p_i} = \frac{1}{p_{Gi}} + \frac{1}{p_{Qi}} \qquad (3\text{-}19)$$

由于 V_i 为变量，p_i 也为变量，当抗剪连接件为不等间距布置时，会使施工困难，实际使用中常将其分为 3 段布置，每段内连接件均匀布置，如图 3-15 所示，但要求第一段的长度不小于 $0.1l$（l 为梁跨）。每一段连接件的剪力由该段最大剪力确定。

$$n_1 = \frac{a_1}{p_1} n_c \qquad (3\text{-}20)$$

$$n_2 = \frac{a_2}{p_2} n_c \qquad (3\text{-}21)$$

$$n_3 = \frac{a_3}{p_3} n_c \qquad (3\text{-}22)$$

式中 n_1、n_2、n_3 —— 相应区段内连接件的数量；

a_1、a_2、a_3 —— 相应区段内的梁长（mm）；

p_1、p_2、p_3 —— 相应区段内连接件的间距（mm）。

3.3.2 塑性设计

连接件在组合梁中的工作并非绝对刚性，当达到其极限荷载的 90% 时，连接件会产生一定的弹性变形，组合梁交接面就会产生相对滑移，因而连接件之间便产生内力重分布，在极限状态下，连接件的受力几乎相等，与连接件所在的位置无关，不必按照剪力图来布置连接件，可以分段均匀布置，组合梁连接件的塑性设计应按极限平衡的概念来考虑。

当采用柔性抗剪连接件时，抗剪连接件的计算应以弯矩绝对值最大点及支座为界限，划

分为若干个区段(图 3-16),逐段进行布置。每个剪跨区段内钢梁与混凝土翼板交界面的纵向剪力 V_s 应按下述方法确定。

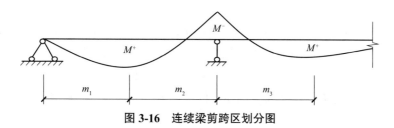

图 3-16　连续梁剪跨区划分图

正弯矩最大点到边支座区段,即 m_1 区段,V_s 取 Af 和 $b_e h_{c1} f_c$ 中的较小者,其中 A 为钢梁截面面积(mm^2),f 为钢梁抗拉强度设计值(N/mm^2),b_e 为混凝土翼板有效宽度(mm),h_{c1} 为混凝土翼板高度(mm)。

正弯矩最大点到中支座(负弯矩最大点)区段,即 m_2 和 m_3 区段:

$$V_s = \min\{Af, b_e h_{c1} f_c\} + A_{st} f_{st} \tag{3-23}$$

式中　A_{st}—— 负弯矩区混凝土翼板有效宽度范围内的纵向钢筋截面面积(mm^2);

　　　f_{st}—— 钢筋抗拉强度设计值(N/mm^2)。

按完全抗剪连接设计时,每个剪跨区段内需要的连接件总数 n_f,按下式计算:

$$n_f = V_s / N_v^c \tag{3-24}$$

部分抗剪连接组合梁,其连接件的实配个数不得少于 n_f 的 50%。按式(3-24)算得的连接件数量,可在对应的剪跨区段内均匀布置。当在此剪跨区段内有较大集中荷载作用时,应将连接件个数 n_f 按剪力图面积比例分配后再各自均匀布置,如图 3-17 所示,图中:

$$n_1 = \frac{A_1}{A_1 + A_2} n_f \tag{3-25}$$

$$n_2 = \frac{A_2}{A_1 + A_2} n_f \tag{3-26}$$

式中　A_1、A_2—— 剪力图面积;

　　　n_1、n_2—— 相应剪力图内的连接件数量。

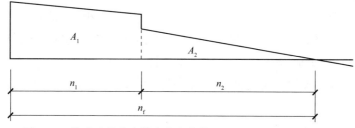

图 3-17　剪跨区段内有较大集中荷载作用时抗剪连接件的分配

3.4　抗剪连接件的构造要求

抗剪连接件是保证钢梁和混凝土组合作用的关键部件。为了充分发挥连接件的作用，除保证强度以外，应合理地选择连接件的形式、规格以及连接件的设置位置等。以下为《钢结构设计标准》(GB 50017—2017)规定的抗剪连接件的构造要求。

（1）栓钉连接件钉头下表面或槽钢连接件上翼缘下表面与翼板底部钢筋顶面的距离 h_{e0} 不宜小于 30 mm。

（2）连接件沿梁跨度方向的最大间距不应大于混凝土翼板(包括板托)厚度的 3 倍，且不大于 300 mm。

（3）连接件的外侧边缘与钢梁翼缘边缘之间的距离不应小于 20 mm。

（4）连接件的外侧边缘至混凝土翼板边缘间的距离不应小于 100 mm。

（5）连接件顶面的混凝土保护层厚度不应小于 15 mm。

对栓钉连接件除应满足上述要求外，尚应符合下列规定。

（1）当焊钉位置不正对钢梁腹板时，如钢梁上翼缘承受拉力，则焊钉钉杆直径不应大于钢梁上翼缘厚度的 1.5 倍；如钢梁上翼缘不承受拉力，则焊钉钉杆直径不应大于钢梁上翼缘厚度的 2.5 倍。

（2）焊钉长度不应小于其杆径的 4 倍。

（3）焊钉沿梁轴线方向的间距不应小于杆径的 6 倍，垂直于梁轴线方向的间距不应小于杆径的 4 倍。

（4）用压型钢板作底模的组合梁，焊钉钉杆直径不宜大于 19 mm，混凝土凸肋宽度不应小于焊钉钉杆直径的 2.5 倍；焊钉高度 h_d 应符合 $h_d \geq h_e + 30$ 的要求(图 3-5)。

对槽钢连接件一般采用 Q235 钢，截面不宜大于[12.6。

弯筋连接件除应符合连接件的一般构造要求外，尚应满足以下规定。

（1）弯筋连接件宜采用直径不小于 12 mm 的钢筋成对布置，用两条长度不小于 4 倍(HPB235 钢筋)或 5 倍(HRB335 钢筋)钢筋直径的侧焊缝焊接于钢梁翼缘上，其弯起角度一般为 45°，弯折方向应与混凝土翼板对钢梁的水平剪力方向相同。

（2）弯筋连接件沿梁长度方向的间距不宜小于混凝土翼板(包括板托)厚度的 70%。

（3）弯筋连接件的长度不小于其直径的 30 倍，从弯起点算起的钢筋长度不宜小于其直径的 25 倍(HPB235 钢筋另加弯钩)，其中水平段长度不宜小于其直径的 10 倍。

（4）在梁跨中纵向水平剪力方向变化的区段必须在两个方向均设置弯起钢筋。

【思考题】

1. 刚性抗剪连接件与柔性抗剪连接件的性能有什么区别？

2. 如何提高栓钉连接件的承载能力？

3. 为何栓钉连接件的应用最广泛？

4. 按弹性设计和按塑性设计抗剪连接件时有何不同？

5. 为什么规定栓钉连接件长度不应小于其杆径的 4 倍?

【参考文献】

[1]　SLUTTER R G , DRISCOLL G C. Flexural strength of steel -concrete composite beams[J]. Journal of the structural division, 1965, 91(ST2)：71-99.

[2]　EUROPEAN COMMITTEE FOR STANDARDIZATION. Eurocode 4：design of composite steel and concrete structures—Part 1.1：general rules and rules for buildings[S]. Brussels：Belgium, 2004.

[3]　OEHLERS D J, BRADFORD M A. Composite steel and concrete structural members：fundamental behaviour [M]. Kidlington：Elsevier, 2013.

[4]　中华人民共和国住房和城乡建设部. 钢结构设计标准：GB 50017—2017[S]. 北京：中国建筑工业出版社, 2017.

[5]　XUE W C, DING M, WANG H, et al. Static behavior and theoretical model of stud shear connectors[J]. Journal of bridge engineering, 2008, 13(6)：623-634.

[6]　OLLGAARD J G, SLUTTER R G, FISHER J W. Shear strength of stud connectors in lightweight and normal-weight concrete[J]. AISC engineering journal, 1971, 8(2)：55-64.

[7]　LORENC W, KUBICA E. Behavior of composite beams prestressed with external tendons：experimental study[J]. Journal of constructional steel research, 2006, 62(12)：1353-1366.

[8]　AN L, CEDERWALL K. Push-out tests on studs in high strength and normal strength concrete[J]. Journal of constructional steel research, 1996, 36(1)：15-29.

[9]　VIEST I M. Full-scale tests of channel shear connectors and composite T-beams[R]. University of Illinois at Urbana Champaign, College of Engineering. Engineering Experiment Station, 1951.

[10]　聂建国, 孙国良. 钢 - 混凝土组合梁槽钢剪力连接件的研究 [J]. 工业建筑, 1990(10)：8-13.

[11]　YAN J B, LIEW J Y R, SOHEL K M A, et al. Push-out tests on J-hook connectors in steel–concrete–steel sandwich structure[J]. Materials and structures, 2014, 47(10)：1693-1714.

第4章 钢-混凝土组合梁

4.1 概述

4.1.1 组合梁的分类

如果仅把混凝土板放置到两端简支的钢梁上,两者之间没有设置任何的连接,忽略两者交界面处的摩擦,在弯矩作用下,由于钢梁和混凝土板变形不同,在钢梁和混凝土板交界面处将出现相对滑移。钢梁和混凝土板的变形相互独立,各自有其中和轴。此时,组合结构的受弯承载力等于钢梁和混凝土板两者受弯承载力的简单叠加,二者称为非组合梁。如果在钢梁上翼缘和混凝土板交界面设置一定数量的抗剪连接件,使得在受弯作用时两构件之间不发生相对滑移,两者的弯曲变形相协调,即钢梁和混凝土板形成一整体共同受力,则组合结构整体受弯,只有一个中和轴,其受弯承载力相较于非组合梁显著提高,这样的构件称为组合梁。

组合梁主要分为两种:一种是通过在钢梁上翼缘和混凝土板的交界面处设置抗剪连接件将钢梁和混凝土板组合成一个整体形成的组合梁,钢梁和混凝土板之间主要靠抗剪连接件传递纵向力;另一种是将型钢构件(如工字钢)或焊接钢骨架嵌入钢筋混凝土中而形成复合钢构件或复合混凝土构件,主要靠型钢构件与混凝土之间的黏结作用协同工作,这样的梁称为型钢混凝土梁(或外包混凝土组合梁),如图4-1和图4-2所示。

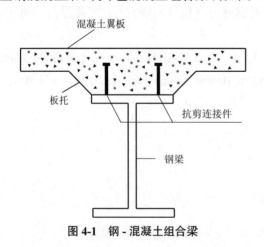

图 4-1 钢-混凝土组合梁

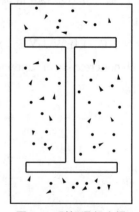

图 4-2 型钢混凝土梁

当钢梁与混凝土板之间的抗剪连接件数量较少时,即受剪承载力不足时,组合梁在弯矩作用下,受力状态处于非组合梁和组合梁之间,则钢梁上翼缘和混凝土板两者之间交界面处将会产生相对滑移,这种组合构件称为部分抗剪连接组合梁。部分抗剪连接组合梁的承载力和刚度介于非组合梁和完全抗剪连接组合梁之间,一般用于跨度不超过 20 m,以承受静力荷载为主且没有太大集中荷载的等截面组合梁。

组合梁按照截面形式可以分为型钢混凝土组合梁(外包混凝土组合梁)和 T 形钢 - 混凝土组合梁。T 形钢 - 混凝土组合梁按照混凝土板的构造不同可以分为钢 - 现浇混凝土翼板组合梁、钢 - 预制混凝土翼板组合梁、钢 - 混凝土组合梁以及压型钢板 - 混凝土组合梁等。

4.1.2　组合梁的组成

组合梁一般由钢梁、混凝土翼板、托座和抗剪连接件组成。

1. 钢梁

组合梁常采用的钢梁形式有工字形(轧制工字钢、H 型钢和焊接组合的工字形钢)、箱形、钢桁架、蜂窝形钢梁等,如图 4-3 所示。

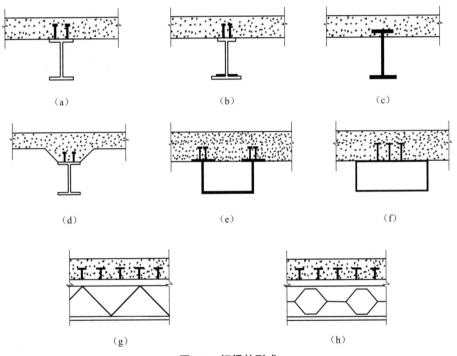

图 4-3　钢梁的形式
(a)小型工字钢梁　(b)加焊不对称工字钢梁　(c)焊接不对称工字钢梁
(d)带混凝土板托组合梁　(e)开口箱梁　(f)闭口箱梁　(g)钢桁架梁　(h)蜂窝形梁

工字钢梁,一般适用于跨度、荷载都较小的组合梁中,当组合梁所承受的荷载比较大时,可在工字钢的翼缘焊接一块钢板增加受拉翼缘的面积,形成不对称的工字形截面。也可按类似型钢混凝土组合梁的做法将钢梁的上翼缘直接埋入混凝土翼板中,型钢被混凝土包裹可以提高结构的防火性能,同时混凝土外壳还有助于抵抗型钢的局部和整体屈曲,并能够抵抗收缩应力。

箱形钢梁分为开口截面和闭合截面两种。开口截面的优点是减轻结构自重,节约钢材,缺点是在施工阶段结构的抗扭刚度较小;闭口截面的优点是在施工阶段结构的抗扭刚度较大,整体性好,缺点是正弯矩作用时,钢梁上翼缘没有充分发挥材料性能,相比较于开口截面用钢量较多。

钢桁架梁在结构跨度较大时具有一定的优越性,在施工阶段钢桁架梁的刚度较大,可以分段运输和现场拼装,适用于桥梁结构与建筑中的大跨连体和连廊结构。

蜂窝形钢梁通常由轧制工字钢或 H 型钢沿腹板纵向切割成锯齿形后再错位焊接相连而成,有时也可以直接在钢梁腹板挖孔而形成,具有可方便布置管道、节约钢材等优点。

2. 混凝土翼板

混凝土翼板一般可采用现浇混凝土翼板、预制混凝土翼板、压型钢板 - 混凝土组合板或钢筋桁架板等,如图 4-4 所示。

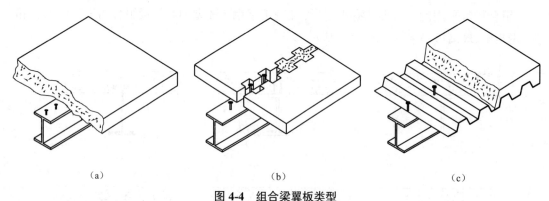

（a）　　　　　　　　　　　（b）　　　　　　　　　　　（c）

图 4-4　组合梁翼板类型

（a）现浇混凝土翼板　（b）预制混凝土翼板　（c）压型钢板 - 混凝土组合板

3. 托座

托座是混凝土翼板和钢梁上翼缘之间的混凝土局部加宽部分,一般可设置也可不设置。组合梁带托座的目的是增大组合结构截面惯性矩,以得到更大的刚度和承载力,但托座部分的施工和构造较为复杂。

4. 抗剪连接件

组合梁中钢梁和混凝土板之间的结合对两者的复合作用至关重要,可以通过在两者之间设置抗剪连接件实现。抗剪连接件种类繁多,形状、大小和连接方法各不相同。但是,它们都有以下相同的作用:它们都是埋入混凝土介质中的钢销,使得钢梁和混凝土形成整体协同工作;它们是被设计用来传递纵向剪切力的组件,抵抗两者之间的相对滑移;它们是被设计用于抵抗法向拉力并因此防止在钢梁和混凝土交界面处分离的组件,以确保钢梁和混凝土翼板的协同作用,并且它们都具有高度集中的特性。

抗剪连接件按照其变形能力可以分为刚性连接件和柔性连接件两大类。其中刚性连接件通常用于不考虑剪力重分布的结构(如桥梁结构),而柔性连接件比刚性连接件的刚度小,且变形能力较大,广泛应用于一般房屋建筑中。

两类连接件除刚度有明显的区别之外,破坏形态也不一样。刚性连接件容易在周围的混凝土内引起较高的应力集中,导致混凝土发生压碎或剪切破坏,甚至在连接件与钢梁间的焊接处发生破坏。而柔性连接件的刚度较小,作用在接触面上的剪力会使其发生变形,当混凝土板与钢梁之间产生一定的滑移时,其抗剪承载力不会降低。利用这一点可以使组合梁内的剪力发生重分布,减少抗剪连接件的使用数量,使抗剪连接件分段均匀布置,有利于设计和施工。

4.1.3　组合梁的特点

钢 - 混凝土组合梁主要具有以下优点。

（1）组合梁承受正弯矩时,混凝土板处于受压区和受压状态,钢梁处于受拉区和受拉状态,可以充分发挥材料性能,节约材料,而且上部的混凝土板还有良好的隔音和防火性能。

（2）组合梁具有截面高度相对小、自重轻、延性好等优点,一般情况下,钢 - 混凝土简支组合梁的高跨比为 1/20 ~ 1/16,连续组合梁的高跨比为 1/35 ~ 1/25。

（3）通过抗剪连接件将钢梁和混凝土板组合成一个整体协同工作,与非组合梁相比,组合梁的刚度和承载力均明显提高;同混凝土梁相比,组合梁可以有效降低结构的高度和自重,同时现场的湿作业也较少,可以有效缩短施工周期;与钢梁相比,组合梁同样可以减小结构高度,增强刚度、整体稳定性和局部稳定性;当组合梁应用于吊车梁和桥梁等结构时,耐久性提高,抗疲劳性能和抗冲击韧性均有改善。

（4）组合梁中的混凝土构件一般可以采用压型钢板等,以有效减少现场施工的支模工序,缩短施工周期。

4.2　钢 - 混凝土组合梁的受弯性能

4.2.1　组合梁的破坏特征

国内外的诸多学者已经对钢 - 混凝土组合梁作了大量试验研究,对其力学特征有了一定的了解。下面以天津大学的一组钢 - 混凝土（超高性能混凝土）简支组合梁的试验研究来说明组合梁截面的受力性能和破坏特征。试验的加载装置如图 4-5 所示,采用四点弯曲,利用分配梁在组合梁中间段形成纯弯段。

试验结果表明,由于剪跨比(λ)、截面的有效宽度(b_e)、抗剪连接程度、混凝土板的横向配筋率不同,梁的破坏形态也不相同,具体有以下三种。

1. 弯曲破坏

弯曲破坏的主要特征（图 4-6（a））为钢梁跨中控制截面下翼缘首先受拉屈服,最后混凝土翼板达到极限压应变值,混凝土被压碎,构件宣告失效。在初始加载阶段,荷载较小,由于抗剪连接件的存在,钢梁和混凝土翼板表现出良好的协同作用,组合梁的荷载 - 应变曲线大致呈直线形。随着荷载逐渐增大,组合梁的弯曲变形增加,钢梁和混凝土翼板之间的纵向剪力也逐渐增大,钢梁和混凝土翼板之间逐渐出现微小滑移。当钢梁下翼缘的应力达到抗拉屈服强度后,在很小的荷载增量下组合梁就产生很大的变形,随着荷载继续加大,组合截面中和轴上移,受压区截面面积逐渐减小。当混凝土板下翼缘的拉应力超过混凝土的抗拉强度时开始出现裂缝,受拉区混凝土逐渐退出工作,受压区混凝土中的压应力进一步加大。随着荷载进一步增加,混凝土板中裂缝的宽度和高度进一步发展、延伸,钢梁和混凝土翼板之间的相对滑移加大,混凝土翼板上部的混凝土达到极限压应变值,混凝土被压碎,结构达到极限状态。

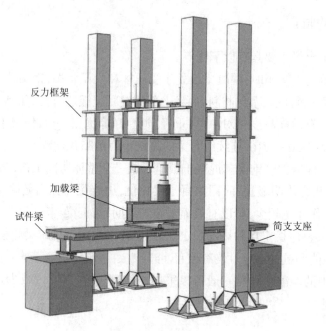

图 4-5 试验加载装置

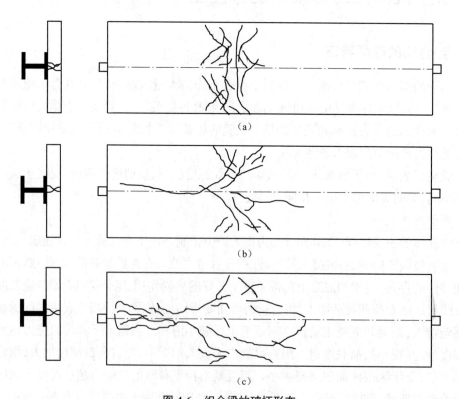

（a）

（b）

（c）

图 4-6 组合梁的破坏形态
（a）弯曲破坏 （b）弯剪破坏 （c）纵向剪切破坏

2. 弯剪破坏

弯剪破坏的主要特征(图 4-6(b))为跨中混凝土翼板顶部纤维混凝土被压碎,剪跨区段混凝土出现纵向剪切裂缝,钢梁出现较大的剪切变形,梁的腹板可能出现局部屈曲。在加载的初始阶段,组合梁表现出良好的协同作用,组合梁的荷载 - 应变曲线大致呈直线形。随着荷载逐渐加大,钢梁和混凝土翼板之间逐渐出现微小滑移,中和轴上移,受压区截面面积逐渐减小。随着荷载进一步加大,混凝土翼板的下翼缘部分开始出现弯曲裂缝,随着组合梁变形的增加,裂缝逐渐增多并进一步延伸发展,受压区混凝土中的应变逐渐增大达到极限压应变,混凝土被压碎,同时混凝土翼板侧边出现斜向裂缝并向支座延伸,钢梁的腹板有局部鼓曲并发生局部失稳,在支座附近钢梁出现较大的剪切变形。

3. 剪切破坏

剪切破坏的主要特征(图 4-6(c))是混凝土翼板出现斜向剪切裂缝,剪切裂缝始于加载板,终于组合梁支座处,同时在钢梁腹板观察到较大的剪切变形,钢梁腹板出现较大的对角局部屈曲。在加载的初始阶段,组合梁同样表现出良好的协同作用,组合梁的荷载 - 应变曲线大致呈直线形。随着荷载继续增加,在组合梁的支座附近开始出现竖向剪切裂缝,并向加载板处延伸。随着荷载进一步加大,混凝土翼板下翼缘逐渐出现弯曲裂缝,并进一步延伸。极限状态时,裂缝相互贯通,钢梁腹板垂直于主压应力的方向出现较大对角局部屈曲。

从上述试验现象可以看出,组合梁在试验过程中有以下共同特征:钢梁和混凝土翼板在试验过程中能够协同工作;以上三种破坏形式,混凝土翼板在试验过程中均出现弯曲裂缝,在达到组合梁极限承载力之前,钢梁下翼缘已经开始屈服,但因组合梁的抗剪连接程度及横向配筋的差异,在试验过程中其受力特点及混凝土翼板的裂缝形态等不尽相同。

4.2.2　组合梁的荷载 - 挠度曲线

综合以上试验结果,组合梁的荷载 - 挠度曲线可近似分为以下几个阶段。

(1)弹性工作阶段(线性工作阶段)。初始加载到图 4-7 中的 A 点,组合梁中钢梁和混凝土翼板之间连接良好,两者变形相协调,由于施加的荷载比较小,钢梁和混凝土受力均匀,均处于弹性阶段,组合梁的荷载挠度曲线大致呈直线。

(2)弹塑性工作阶段(非线性工作阶段)。随着荷载逐渐增大直至超过组合梁的弹性极限(图 4-7 中的 A 点)时,混凝土截面中的应力增大,逐渐达到非线性阶段之前,钢梁底部受拉翼缘也逐渐达到屈服强度,组合梁进入弹塑性工作阶段。由于钢梁和混凝土材料的非线性,在钢梁屈服后,组合梁变形增加速率加快;中和轴上移,混凝土板出现弯曲裂缝,受拉区混凝土逐渐退出工作导致截面内力重分布,截面挠度不再线性增加,此时组合梁界面的荷载 - 挠度曲线呈现明显的非线性。

(3)破坏阶段(下降段)。在达到极限荷载(图 4-7 中 AB 段)之后,组合梁混凝土翼板顶部最外侧混凝土被压碎,组合梁构件进入破坏阶段。随着荷载不断增大,混凝土翼板中的裂缝不断扩展,并不断向受压侧混凝土部分延伸,混凝土翼板中的应力进一步增加导致变形加剧;钢梁截面的塑性不断发展,导致钢梁的变形增大。组合梁构件挠度急剧增大,表现出良好的延性,但由于混凝土翼板破坏程度不断增大和钢梁截面塑性加剧,组合梁构件的承载力下降。组合梁的破坏模式不同,曲线下降段的趋势也不同,曲线下降的速度与组合梁混凝土翼板的横向配筋率、抗剪连接程度成反比。

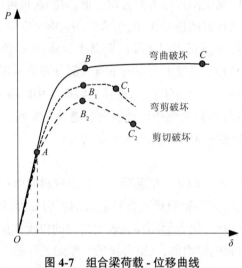

图 4-7　组合梁荷载 - 位移曲线

4.3　钢 - 混凝土组合梁的一般规定

1. 组合梁的材料

为了使钢梁和混凝土板的变形相协调,充分发挥材料的性能,《钢结构设计标准》(GB 50017—2017)、《混凝土结构设计规范(2015 年版)》(GB 50010—2010)中对钢和混凝土材料的规定如下:组合梁翼缘板中混凝土强度等级不宜低于 C20,当采用强度等级为 400 MPa 及以上的钢筋时,混凝土强度等级不应低于 C25;钢梁可采用 Q235、Q355、Q390、Q420、Q460 和 Q355GJ 钢。

当采用栓钉抗剪连接件时,其质量等级应符合《钢结构设计标准》(GB 50017—2017)附录 B 的质量等级要求;组合梁中的受力钢筋可采用 Ⅰ 级钢、Ⅱ 级钢,分布钢筋可采用 Ⅰ 级钢;混凝土、钢材和钢筋的力学性能指标应分别按《钢结构设计标准》(GB 50017—2017)、《混凝土结构设计规范(2005 年版)》(GB 50010—2010)确定。其质量应分别符合现行国家标准《碳素结构钢》(GB/T 700—2006)、《低合金高强度结构钢》(GB/T 1591—2018)和《建筑结构用钢板》(GB/T 19879—2015)的规定。

2. 组合梁截面尺寸的一般规定

(1)组合梁的截面尺寸应满足竖向荷载作用下的刚度要求。

(2)对于承重简支组合梁,一般可取高跨比为 1/20 ~ 1/15;对于连续组合梁,一般可取高跨比为 1/25 ~ 1/20;对于非承重组合梁,截面的高度可以适当降低。

(3)为避免某些特殊情况,使得钢梁抗剪承载力不足而发生破坏,组合梁的截面总高度不宜超过钢梁截面高度的 2.5 倍。

当组合梁设置板托时,除上述规定外还应满足以下要求。

（1）混凝土板托的高度不宜超过翼板厚度的 1.5 倍。

（2）混凝土板托的顶面宽度不宜小于高度的 1.5 倍。

（3）边跨组合梁混凝土翼板的构造应满足图 4-8 中的要求。

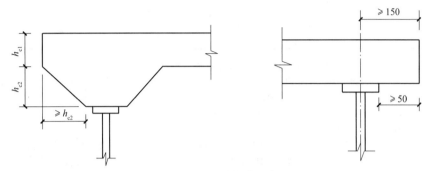

图 4-8　板托的构造要求

当设置板托时，翼板的伸出长度不应小于板托的高度；当不设置板托时，翼板伸出钢梁主轴轴线不应小于 150 mm，伸出钢梁翼缘边缘的距离不应小于 50 mm。

3. 横向钢筋的构造要求

（1）横向钢筋的间距不应大于 $4h_{e0}$（h_{e0} 为圆柱头焊钉连接件钉头下表面或槽钢连接件上翼缘下表面与翼缘底部钢筋顶面的距离），且不应大于 200 mm。

（2）板托中应配 U 形横向钢筋加强板托中横向钢筋的下部水平段应该设置在距钢梁上翼缘 50 mm 以内。

4. 抗剪连接件的一般构造要求

详见第 3 章。

5. 钢梁稳定性的要求

按照弹性理论来计算组合梁的抗弯承载力时，需要限制钢梁翼缘和腹板的宽厚比，防止在达到极限承载力前构件发生局部失稳。钢梁截面的翼缘和腹板应符合《钢结构设计标准》(GB 50017—2017)的规定。

当 $h_0/t_w \leqslant 170\varepsilon_k$（$h_0$ 为腹板净高度，t_w 为腹板厚度，ε_k 为修正系数）时，对有局部压应力的梁，宜按构造配置横向加劲肋；当局部压应力较小或者无局部压应力时，可以不配置加劲肋。

对于直接承受动力荷载的吊车梁及类似构件，当 $h_0/t_w > 80\varepsilon_k$ 时，应配置横向加劲肋；当受压翼缘受到约束且 $h_0/t_w > 170\varepsilon_k$、受压翼缘扭转未受到约束且 $h_0/t_w > 150\varepsilon_k$，或按计算需要时，应在弯曲应力较大区格的受压区增加配置纵向加劲肋。局部压应力很大的梁，必要时宜在受压区配置短加劲肋。

不考虑腹板屈曲后强度时，当 $h_0/t_w > 80\varepsilon_k$ 时，宜配置横向加劲肋，并按照规定计算。

h_0/t_w 不宜超过 250。

当考虑全截面塑性发展来计算组合梁的抗弯承载力时，需要对钢梁的翼缘和腹板严格限制，防止在组合梁形成塑性铰或在结构整体失稳前因构件的局部失稳而降低或丧失承载力。《钢结构设计标准》(GB 50017—2017)中对密实截面板件的宽厚比的规定见表 4-1。

表 4-1　受弯构件的截面板件宽厚比等级及限值

构件	截面板件宽厚比等级		S1	S2	S3	S4	S5
受弯构件（梁）	工字形截面	翼缘 b/t	$9\varepsilon_k$	$11\varepsilon_k$	$13\varepsilon_k$	$15\varepsilon_k$	20
		腹板 h_0/t_w	$65\varepsilon_k$	$72\varepsilon_k$	$(40+0.5\lambda)\varepsilon_k$	$124\varepsilon_k$	250
	箱形截面	壁板（腹板）间翼缘 b_0/t	$25\varepsilon_k$	$32\varepsilon_k$	$37\varepsilon_k$	$42\varepsilon_k$	—

注：1. ε_k 为钢号修正系数，其值为 235 与钢材牌号中屈服点数值的比值的平方根。

　　2. b 为工字形、H 形截面的翼缘外伸宽度，t、h_0、t_w 分别是翼缘厚度、腹板净高和腹板厚度。对轧制型截面，腹板净高不包括翼缘腹板过渡处圆弧段；对于箱形截面，b_0、t 分别为壁板间的距离和壁板厚度；λ 为构件在弯矩平面内的长细比。

　　3. 箱形截面梁及单向受弯的箱形截面柱，其腹板限值可根据 H 形截面腹板采用。

　　4. 腹板的宽厚比可通过设置加劲肋减小。

　　5. 当按国家标准《建筑抗震设计规范（2016 年版）》（GB 50011—2010）第 9.2.14 条第 2 款的规定设计，S5 级截面的板件宽厚比小于 S4 级经 ε_σ 修正的板件宽厚比时，可归属为 S4 级截面。ε_σ 为应力修正因子，$\varepsilon_\sigma = \sqrt{f_y / \sigma_{max}}$（$f_y$ 为板材屈服强度设计值（N/mm²），σ_{max} 为腹板计算边缘的最大压应力（N/mm²））。

对于中间支座的负弯矩区，钢梁的下翼缘受压，可能出现横向弯曲扭转失稳。理论计算比较复杂，为了更好地反映实际情况，一般通过增加受压翼缘的宽度和厚度，在支座处和负弯矩区段每隔一定间距增设横向加劲肋以及加隅撑等措施来提高抗扭刚度以抵抗横向弯曲扭转失稳。组合梁的抗扭刚度主要由混凝土翼板的抗弯刚度和钢截面变形刚度组成，其计算公式如下：

$$C_0 = \frac{1}{C_b} + \frac{1}{C_s} \tag{4-1}$$

式中　C_0——组合梁的抗扭刚度；

　　　C_b——组合梁中混凝土翼板的抗弯刚度；

　　　C_s——组合梁中钢截面变形刚度；

在组合梁的分析中，同样需要考虑施工阶段对组合梁受力状态的影响。在施工过程中，由于浇筑混凝土的原因，钢梁的顶部翼缘在正弯矩区域内承受压力，可能会发生横向扭转屈曲而失稳，如图 4-9（a）所示，也可能由于腹板的侧向抗扭刚度相比较于上翼缘和混凝土板很小，腹板在翼缘发生失稳之前先出现侧向扭转失稳，如图 4-9（b）所示。当钢梁的每个横截面位移和扭转为刚体时，就会发生横向扭转屈曲；对于硬化后组合梁负弯矩区域的钢梁，可能会发生横向屈曲，因为钢梁上翼缘和混凝土翼板之间的抗剪连接件防止了该构件在屈曲期间的扭曲。可以通过设置如图 4-10 所示的交叉支撑或支撑来解决这些问题。

当跨度小于 7 m 时，每跨内可设 1 或 2 个临时支撑；当跨度大于 7 m 时，每跨内的支撑数量一般不少于 3 个，对于施工阶段设置临时支撑的组合梁，可以不进行施工阶段的验算。

当施工阶段未设临时支撑时，在混凝土硬化前，钢梁、混凝土板自重和施工期间的活荷载均由钢梁来承担，等到混凝土有足够的强度后，使用期间的活荷载和恒载由组合梁截面来承担。应按照《钢结构设计标准》（CB 50017—2017）中的规定计算钢梁的应力、挠度和稳定性等。此时钢梁挠度不宜超过 25 mm，以免钢梁下凹过大而增加混凝土用量和自重。当混凝土强度达到设计要求以后，续加的恒载和活荷载产生的挠度和应力应该分别计算，并与第一阶段的挠度和应力相叠加。当组合梁跨度较大且施工过程中钢梁下仅设置 1 或 2 个临时支撑时,也同样应该按照两个阶段考虑。施工阶段的临时支撑作为钢梁的跨中支座;当混凝土的强度达到设计要求后,除了续加的恒载和可变荷载,还要考虑拆除临时支撑时引起的组合梁的内力和变形。

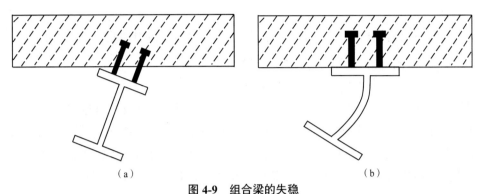

（a） （b）

图 4-9 组合梁的失稳

（a）钢梁侧向扭转失稳 （b）组合梁腹板扭转失稳

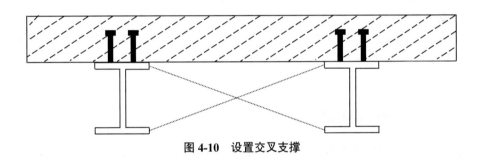

图 4-10 设置交叉支撑

4.4 钢 - 混凝土组合梁的分析方法

影响组合梁的内力分布和承载力的因素有很多,求出其精确解一般都要花费大量的精力和计算资源,或者需借助复杂的数值分析方法或有关数值分析的软件。对于实际工程情况,一般采用简化计算的方法,既可以节省大量的人力、物力和计算资源,又可以得到不错的精度,满足工程实际要求。组合梁的简化分析方法可以分为弹性理论的分析方法和塑性方法。对组合梁的承载能力极限状态,可以采用弹性理论分析方法或者塑性分析方法,但对其正常使用极限状态,通常采用弹性理论分析方法。

对于不直接承受动力荷载的组合梁,承载能力极限状态的设计表达式为

$$S \leqslant R \tag{4-2}$$

式中 S —— 荷载效应设计值,包括弯矩、剪力等,对于简支梁可以根据静定条件来计算组合梁的内力设计值,对于多跨连续的组合梁和框架梁,可以为考虑塑性内力重分布后的内力设计值;

R —— 结构的抗力设计值,通常指结构的极限承载力,与组合截面的几何特征、材料

的性能和计算分析方法等有关。

对于直接承受动力荷载的组合梁,包括桥梁结构、工业厂房中的吊车梁等,其承载能力极限状态应按照弹性理论分析方法来确定,不考虑组合梁截面的塑性发展对承载力的提高,其承载能力极限状态的设计表达式为

$$\sigma \leqslant f \tag{4-3}$$

式中 σ —— 按弹性分析方法计算得到的荷载效应设计值在构件截面中产生的应力,包括

法向应力和剪应力等(N/mm^2);

f —— 构件材料的强度设计值(N/mm^2)。

对于组合梁的正常使用极限状态,应采用弹性分析方法,荷载采用标准组合,并考虑长期作用的影响。当组合梁采用塑性方法设计时,应保证在组合结构达到屈服形成塑性铰转动之前,组合结构的构件不会因局部的刚度不足而发生局部屈曲导致构件的承载能力降低或基本丧失承载力,钢梁截面的宽厚比限值应符合上节中的一般规定。

4.5   钢 - 混凝土组合梁的弹性设计方法

对于直接承受动力荷载的组合梁(例如厂房吊车梁、桥梁结构等),或者钢梁的板件尺寸不满足塑性方法的设计要求时,应采用弹性方法来设计,而且组合梁的正常使用极限状态验算也应按弹性方法分析。

4.5.1   混凝土翼板有效宽度

分析组合梁时,通常忽略混凝土板中的抗剪连接件部分,将混凝土板视为组合梁顶部凸缘的一部分。在荷载作用下,混凝土板中的纵向剪切会在其平面内产生剪切应变,混凝土板中的应力沿其宽度方向的分布并不均匀,在钢梁附近处的应力大,远离钢梁处的应力小,复合 T 形梁的垂直横截面不再保持平面。如图 4-11 所示,在横截面上,贯穿混凝土板厚度的平均正应力在整个混凝土板宽度上变化。

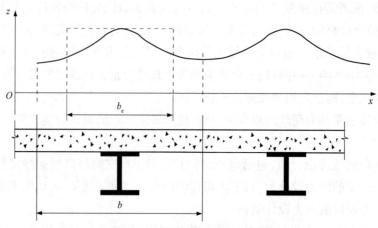

图 4-11   混凝土翼板中的正应力在宽度方向上的分布

假设在混凝土翼板中,在宽度为 b_e 范围内,板中的正应力大小沿着宽度方向(x 方向)不变,且恒等于钢梁轴线上方翼缘中应力的大小,并假设 b_e 宽度范围内 z 向正应力的合力等于实际总宽度为 b 的翼板中 z 向的合力,则称 b_e 为混凝土翼板中的有效宽度。根据图 4-11 混凝土翼板中的正应力在宽度方向上的分布情况,可以按下式来计算有效宽度 b_e:

$$b_e = \frac{\int_{-h_c/2}^{h_c/2} \int_{-b/2}^{b/2} \sigma_z \mathrm{d}x \mathrm{d}y}{\int_{-h_c/2}^{h_c/2} |\sigma_z|_{x=0} \mathrm{d}y} \tag{4-4}$$

或者

$$b_e = \frac{2\int_0^{b/2} \sigma_z \mathrm{d}x}{|\sigma_z|_{x=0}} \tag{4-5}$$

对于实际工程,积分方法复杂且不实用,而且需要已知组合梁混凝土翼板中的应力分布情况才能求解。基于大量试验和工程经验,《钢结构设计标准》(GB 50017—2017)中给出了实用计算公式。组合梁中的有效宽度 b_e (图 4-12)可按下式计算:

$$b_e = b_0 + b_1 + b_2 \tag{4-6}$$

式中　b_0——钢梁上翼缘或板托顶部宽度(mm)(当板托倾角 $\alpha < 45°$ 时,应按 $\alpha = 45°$ 计算板托顶部宽度;当没有板托时,则取钢梁上翼缘的宽度,当混凝土板和钢梁不直接接触时(比如带有压型钢板的混凝土板),取抗剪连接件(螺栓)之间的横向间距,当且仅当有一排螺栓时取值为 0);

　　　　b_1、b_2——梁外侧和内侧翼缘板的计算宽度(mm)(当塑性中和轴位于混凝土板内时,各取梁等效跨径 l_e 的 1/6,此外, b_1 尚不应超出翼缘板实际外伸宽度 S_1, b_1 不应超过相邻梁板托净距 S_0 的 1/2)。

等效跨径 l_e (mm)对于简支组合梁,取简支组合梁的跨度;对于连续组合梁,中间跨正弯矩区为 $0.6l$,边跨正弯矩区取 $0.8l$, l 为组合梁跨度,支座负弯矩区取相邻两跨跨度之和的 20%。

4.5.2　基本假定

在组合梁的弹性分析中,通常采用如下假定:

(1)组合梁中的钢梁和混凝土均为理想的线弹性材料;

(2)钢梁的上翼缘和混凝土翼板连接可靠,钢梁和混凝土翼板变形协调,没有相对滑移,组合梁截面变形前后符合平截面假定;

(3)考虑受拉区混凝土的贡献,但不考虑板托和压型钢板板肋内的混凝土的影响;

(4)由于钢梁和混凝土均处于弹性状态,应力和应变都很小,因此翼板中的钢筋对承载力的贡献很小,可以忽略不计。

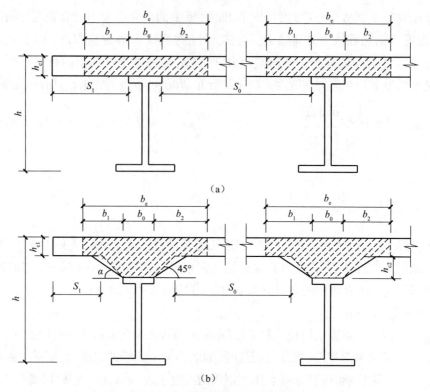

图 4-12　组合梁翼缘板的有效宽度
（a）不设板托的组合梁　（b）设板托的组合梁

4.5.3　组合梁换算截面

当采用弹性理论分析组合梁的强度和变形时,可以采用材料力学中的公式进行计算。但不同点是,组合梁一般由两种材料（钢梁和混凝土翼板）构成,而材料力学公式适用于单一均质的线弹性材料。因此,在对组合梁进行分析前,需要将组合截面转换成同一材料截面,通常是将混凝土材料截面转换成钢材料截面。

设组合梁中混凝土翼板单元有效宽度内的面积为 A_c,采用静力等效原则将混凝土翼板等效成与钢梁等价的换算截面面积 A_s'。

由合力大小相等条件,可得

$$A_c \sigma_c = A_s' \sigma_s \tag{4-7}$$

则

$$A_s' = A_c \frac{\sigma_c}{\sigma_s} \tag{4-8}$$

由变形协调条件,可得

$$\frac{\sigma_c}{E_c} = \frac{\sigma_s}{E_s} \tag{4-9}$$

则

$$\sigma_c = \frac{E_c}{E_s}\sigma_s = \frac{1}{\alpha_E}\sigma_s \qquad (4\text{-}10)$$

联立可得

$$A'_s = \frac{1}{\alpha_E}A_c \qquad (4\text{-}11)$$

式中　　σ_s、σ_c —— 钢梁和混凝土的应力（ N/mm^2 ）；

　　　　E_s、E_c —— 钢梁和混凝土的弹性模量（ N/mm^2 ）；

　　　　α_E —— 钢梁和混凝土弹性模量的比值，

$$\alpha_E = \frac{E_s}{E_c}\text{。}$$

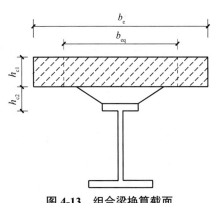

　　根据静力等效原则，保证等效后的合力作用点的位置不变，为方便计算，在静力等效时混凝土翼板的厚度保持不变，仅改变其宽度。如图 4-13 所示，b_e 为原组合截面混凝土翼板的等效宽度，b_{eq} 为混凝土翼板的换算宽度，则

$$b_{eq} = \frac{b_e}{\alpha_E} \qquad (4\text{-}12)$$

图 4-13　组合梁换算截面

4.5.4　组合梁截面应力计算

　　基于 4.5.2 节的基本假定，即钢梁和混凝土翼板之间有足够的连接，不考虑钢梁和混凝土翼板之间的滑移，可以按照换算后的截面根据材料力学一般公式计算截面各点的应力。组合梁截面的正应力分布如图 4-14 所示。

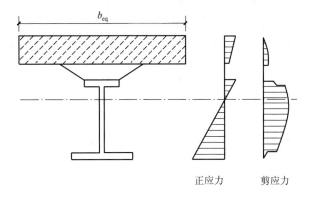

正应力　　　剪应力

图 4-14　组合梁界面正应力和剪应力分布

　　对于组合梁的钢梁部分

$$\sigma_s = \frac{My}{I} \qquad (4\text{-}13)$$

　　对于组合梁的混凝土翼板部分

$$\sigma_c = \frac{My}{\alpha_E I} \qquad (4\text{-}14)$$

式中　M —— 组合截面弯矩的设计值（N·mm）；

　　　　I —— 换算截面的惯性矩（mm⁴）；

　　　　y —— 截面上某点对换算截面形心轴的坐标，向下为正（mm）；

　　　　σ_s、σ_c —— 钢梁和混凝土翼板的应力，以受拉为正（N/mm²）。

对于组合梁的剪应力，同样可以按照换算后的截面根据材料力学的一般公式来计算。组合梁截面的剪应力分布按下式进行计算。

对于组合截面的钢梁部分，剪应力为

$$\tau_s = \frac{VS}{It} \tag{4-15}$$

对于组合截面的混凝土翼板部分，剪应力为

$$\tau_c = \frac{VS}{\alpha_E It} \tag{4-16}$$

式中　V —— 组合截面竖向剪力设计值（N/mm）；

　　　　S —— 剪应力计算点以上换算截面对总换算截面中和轴的面积矩（mm³）；

　　　　I —— 换算截面的惯性矩（mm⁴）；

　　　　t —— 换算截面腹板的厚度，在混凝土翼板区，等于该处混凝土的换算宽度，在钢梁区，等于钢梁腹板的厚度（mm）。

对于剪应力计算点的位置，当换算截面的中和轴位于钢梁的腹板内时，钢梁剪应力计算点位置取到中和轴处，混凝土翼缘板剪应力计算点取混凝土翼板和钢梁上翼缘连接处（组合梁不设置板托时）或混凝土翼板和板托上表面的连接处（组合梁设有板托时）；当换算截面的中和轴位于钢梁之上时，钢梁中的剪应力计算点取钢梁腹板上边缘和翼缘的交界处，混凝土翼板中的剪应力计算点取换算截面中和轴处。

对组合梁的弹性分析应综合考虑施工和正常使用两个阶段，将两个阶段弹性计算的剪应力进行叠加，得到整个截面剪应力的分布和最不利位置。

当钢梁截面某个位置的正应力和剪应力都较大时，该位置可能为最不利位置，应验算其折算应力 σ_{eq} 是否满足规范要求，σ_{eq} 的计算公式为

$$\sigma_{eq} = \sqrt{\sigma^2 + 3\tau^2} \tag{4-17}$$

4.6　钢 - 混凝土组合梁的塑性设计方法

4.6.1　一般规定

对于上节中所提到的弹性设计方法，是以混凝土板和钢梁截面上的最外层纤维达到极限状态为标志的，没有考虑截面的塑性储备，计算所得到的构件的极限承载力要比实际小；本节中所介绍的塑性设计方法，允许截面塑性变形的充分发展，计算所得到的构件的极限承载力与实际比较接近，但是受到的限制也较多。

对于不直接承受动力荷载的结构和构件，在满足以下条件时，可按照简单塑性理论进行

分析。

（1）超静定梁。

（2）由实腹构件组成的单层框架结构。

（3）水平荷载作为主导可变荷载的荷载组合不控制构件截面设计的 2 ~ 6 层框架结构。

（4）结构下部 1/3 楼层的框架部分承担的水平力不大于该层总水平力的 20% 或者支撑（剪力墙）系统能承担所有水平力的框架 - 支撑（剪力墙、核心筒）结构中的框架部分。

为保证在组合梁截面塑性完全发展、达到极限承载力之前，发生局部失稳和保证塑性铰的转动能力，组合梁截面板件宽厚比等级应符合以下规定。

（1）形成塑性铰并发生塑性转动的截面，其截面板件宽厚比等级应采用 S1 级。

（2）最后形成塑性铰的截面，其截面板件宽厚比等级不应低于 S2 级。

（3）其他截面板件宽厚比等级不应低于 S3 级。

4.6.2　组合梁截面受弯设计

1. 完全抗剪连接

按塑性设计方法计算简支组合梁的承载力时，通常基于以下假定。

（1）混凝土翼板和钢梁之间连接可靠，在承载能力极限状态时，两者界面之间的剪力依然可以依靠抗剪连接件有效传递。

（2）混凝土翼板和钢梁之间没有相对滑移，组合梁截面变形前后符合平截面假定。

（3）不考虑混凝土的抗拉作用，也不考虑板托贡献。

（4）混凝土和钢梁的本构关系应按实际的应力 - 应变关系曲线。

极限状态时，对于正弯矩区段的组合梁，由于组合截面的塑性中和轴位置不同，即塑性中和轴位于混凝土翼板内或塑性中和轴位于钢梁内，组合梁截面可能的应力分布有两种情况。

（1）塑性中和轴位于混凝土翼板内（图 4-15），即 $Af \leqslant b_{\mathrm{e}} h_{\mathrm{c1}} f_{\mathrm{c}}$ 时：

$$M \leqslant b_{\mathrm{e}} x f_{\mathrm{c}} y \tag{4-18}$$

$$x = \frac{Af}{b_{\mathrm{e}} f_{\mathrm{c}}} \tag{4-19}$$

式中　M —— 组合截面的正弯矩设计值（ N·mm ）；

　　　x —— 混凝土翼板受压区高度（ mm ）；

　　　f_{c} —— 混凝土抗压强度设计值（ N/mm² ）；

　　　y —— 钢梁截面应力合力至混凝土受压区截面应力合力的距离（ mm ）；

　　　A —— 钢梁的截面面积（ mm² ）；

　　　f —— 钢梁的屈服强度值（ N/mm² ）。

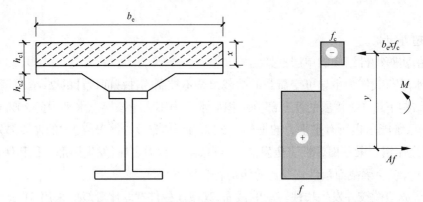

图 4-15　塑性中和轴在混凝土翼板内时的组合梁界面及应力图形

（2）塑性中和轴在钢梁截面内（图 4-16），即 $Af > b_e h_{c1} f_c$ 时

$$M \leqslant b_e h_{c1} f_c y_1 + A_c f y_2 \tag{4-20}$$

$$A_c = 0.5\left(A - \frac{b_e h_{c1}}{f}\right) \tag{4-21}$$

式中　y_1——钢梁受拉区截面形心至混凝土翼板受压区截面形心的距离（mm）；

　　　　A_c——钢梁受压区截面面积（mm²）；

　　　　y_2——钢梁受拉区截面形心至钢梁受压区截面形心的距离（mm）。

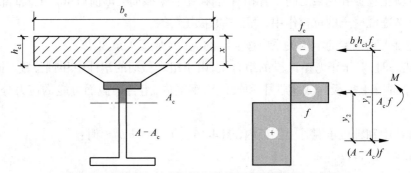

图 4-16　塑性中和轴在钢梁内时的组合梁界面及应力图形

对于负弯矩区段（图 4-17）：

$$M' = M_s + A_{st} f_{st}(y_3 + 0.5 y_4) \tag{4-22}$$

$$M_s = (S_1 + S_2)f \tag{4-23}$$

$$A_{st} f_{st} + f(A - A_c) = f A_c \tag{4-24}$$

式中　M'——组合截面的负弯矩设计值（N·mm）；

　　　　A_{st}——负弯矩区混凝土翼板有效宽度范围内的纵向钢筋截面面积（mm²）；

　　　　f_{st}——钢筋抗拉强度设计值（N/mm²）；

　　　　y_3——纵向钢筋截面形心至组合梁塑性中和轴的距离，依据截面轴力平衡式求出钢梁受压区面积 A_c，取钢梁拉压区交界处位置为组合梁塑性中和轴位置（mm）；

　　　　y_4——组合梁塑性中和轴至钢梁塑性中和轴的距离（mm），当组合梁塑性中和轴在钢梁腹板内时,取 $y_4 = A_{st}f_{st}/(2t_w f)$($t_w$ 为钢梁腹板厚度),当该中和轴在钢梁翼缘内时,可取 y_4 等于钢梁塑性中和轴至腹板上边缘的距离;

S_1、S_2 —— 钢梁塑性中和轴(平分钢梁截面面积的轴线)以上和以下截面对该轴的面积矩(mm^3)。

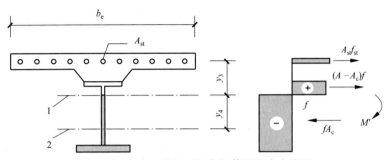

图 4-17 负弯矩作用时组合梁截面及应力图形

1—组合梁截面塑性中和轴;2—钢梁截面塑性中和轴

2. 部分抗剪连接

在满足承载力和变形要求的前提下,有时没有必要完全发挥组合梁的强度,或者受到施工条件的影响无法布置足够数量的抗剪连接件,钢梁和混凝土翼板截面处的抗剪连接件不足以承担纵向水平剪力时,可采用部分抗剪连接设计方法。

按塑性设计方法计算部分连接组合梁的承载力时,通常基于以下假定。

(1)抗剪连接件可以充分发挥其塑性变形能力。

(2)组合梁截面的应力呈矩形分布,钢和混凝土材料性能充分发挥,混凝土翼板中的压应力达到其抗压强度 f_c,钢梁中的拉应力和压应力也达到了其屈服强度 f。

(3)混凝土翼板中的压应力等于抗剪连接件所传递的纵向剪力之和。

(4)不考虑混凝土的抗拉作用。

部分抗剪连接组合梁(图 4-18)在正弯矩区段的受弯承载力可以用下式计算:

$$x = \frac{n^r N_V^c}{b_e f_c} \tag{4-25}$$

$$A_c = \frac{Af - n^r N_V^c}{2f} \tag{4-26}$$

$$M_{u,r} = n^r N_V^c y_1 + 0.5(Af - n^r N_V^c) y_2 \tag{4-27}$$

式中 n^r —— 部分抗剪连接时最大正弯矩验算截面与最近零弯矩点之间的抗剪连接件的数目;

N_V^c —— 每个抗剪连接件的纵向受剪承载力(N);

$M_{u,r}$ —— 部分抗剪连接时组合梁截面正弯矩受弯承载力(N·mm);

y_1 —— 钢梁受拉区截面应力合力至混凝土翼板截面应力合力的距离(mm);

y_2 —— 钢梁受拉区截面应力合力至钢梁受压区截面应力合力的距离(mm)。

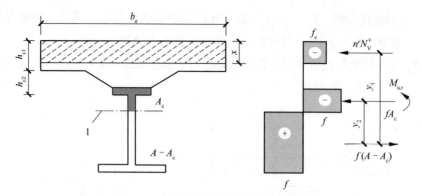

图 4-18　部分抗剪连接组合梁计算简图

1—组合梁塑性中和轴

计算部分抗剪连接组合梁在负弯矩区段的受弯承载力时,仍应该按照完全抗剪连接的公式计算,但 $A_{st}f_{st}$ 应取 $n^r N_v^c$ 和 $A_{st}f_{st}$ 两者中的较小值, n^r 取最大负弯矩验算截面到零弯矩点之间的抗剪连接件的数目。

对于连续组合梁结构,组合梁截面同时承受弯矩和剪力的共同作用,结构设计采用弯矩调幅方法来计算组合梁的强度时,应按下列规定来考虑弯矩和剪力的相互影响。

(1)受正弯矩的组合梁截面不考虑弯矩和剪力的相互影响。

(2)对于受负弯矩的组合梁截面,当剪力设计值 V 满足 $V \leqslant 0.5h_w t_w f_v$(h_w 为腹板净高度, t_w 为腹板厚度, f_v 为钢材的抗剪强度设计值)时,可不对验算负弯矩受弯承载力所用的腹板钢材强度设计值进行折减;当 $V > 0.5h_w t_w f_v$ 时,验算负弯矩受弯承载力所用的腹板强度设计值 f 应乘以 $1-\rho$,折减系数

$$\rho = \left(\frac{2V}{h_w t_w f_v} - 1 \right)^2 \tag{4-28}$$

4.6.3　组合梁竖向抗剪的塑性设计方法

当采用塑性设计方法来计算组合梁的竖向受剪承载力时,其极限状态为钢梁的腹板截面均匀受剪,达到钢材的抗剪设计强度,不考虑混凝土翼板和板托对组合构件抗剪承载力的贡献,将其作为安全储备。按照《钢结构设计标准》(GB 50017—2017)中的规定,组合梁的受剪强度计算公式如下:

$$V \leqslant h_w t_w f_v \tag{4-29}$$

式中　V——构件的剪力设计值(N);

　　　h_w、t_w——钢梁腹板的高度和厚度(mm);

　　　f_v——钢材的抗剪强度设计值(N/mm²)。

【例 4-1】　简支梁如图 4-19 所示。组合梁的计算跨度为 9 m,钢梁为热轧窄翼缘型钢 HN454 × 200 × 9 × 14,采用 Q235 钢,翼板混凝土强度等级为 C30。

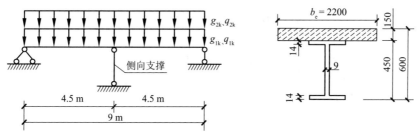

图 4-19　简支梁计算简图及截面示意图

组合梁连接可靠,施工阶段在组合梁中央位置设置一临时支撑,组合梁的有效宽度 b_e = 2.2 m。在施工阶段承受的恒载标准值 g_{1k} = 18 kN,活载标准值 q_{1k} = 6 kN;在试用阶段承受的恒载标准值 g_{2k} = 20 kN,活载标准值 q_{2k} = 8 kN。根据已知条件分别验算施工阶段和使用阶段的强度是否满足要求。

【解】　由题可知,钢梁的截面参数为 f_y = 215 N/mm², f_v = 125 N/mm², A = 97.41 cm², I_x = 33 700 cm⁴, i_y = 4.38 cm, W_x = 1 500 cm³, S_x = 810.75 cm³, E_s = 2.06 × 10⁵ N/mm²;混凝土翼板的截面参数为 E_c = 3.0 × 10⁴ N/mm², f_c = 14.3 N/mm², b_e = 2 200 mm。

1. 施工阶段的强度验算

1)施工阶段的内力计算

施工阶段的荷载设计值:

$$q = 1.3 \times 18 + 1.5 \times 6 = 32.4 \text{ kN/m}$$

梁跨中弯矩

$$M = \frac{1}{8}qL^2 = \frac{1}{8} \times 32.4 \times 4.5^2 = 82.01 \text{ kN·m}$$

支座截面剪力

$$Q = \frac{1}{2} \times (1.3 \times 18 + 1.5 \times 6) \times 4.5 = 72.90 \text{ kN}$$

抗弯强度

$$\sigma = \frac{M_x}{\gamma_x W_x} = \frac{82.01 \times 10^6}{1.05 \times 1\,500 \times 10^3} = 52.07 < f_y = 215 \text{ N/mm}^2 \quad (满足)$$

式中　γ_x —— 塑性发展系数。

2)竖向抗剪强度

$$\tau = \frac{VS_x}{t_w I_x} = \frac{72.90 \times 10^3 \times 810.75 \times 10^3}{9 \times 33\,700 \times 10^4} = 19.49 < f_v = 125 \text{ N/mm}^2 \quad (满足)$$

3)整体稳定

组合梁的净跨度 l_n 本题取跨度的一半,即 4 500 mm。

$$\frac{l_n}{b} = \frac{4\,500}{200} = 22.5 > 10.5 \quad (不满足)$$

因此需要验算钢梁的整体稳定性,钢梁的整体稳定系数

$$\varphi_b = \beta_b \frac{4\,320}{\lambda_y^2} \frac{Ak}{W_x} \sqrt{1 + \left(\frac{\lambda_y + t_1^2}{4.4h}\right)}$$

由 $\beta_b = 1.15$，$\lambda_y = \dfrac{l_n}{i_y} = \dfrac{4\,500}{43.8} = 102.74$ 得

$$\varphi_b = 1.15 \times \frac{4\,320}{102.74^2} \times \frac{97.41 \times 10^2 \times 450}{1\,500 \times 10^3} \times \sqrt{1 + \left(\frac{102.74 \times 9}{4.4 \times 450}\right)^2}$$

$$= 1.52 > 0.6$$

所以

$$\varphi_b' = 1.07 - \frac{0.282}{4b}$$

$$= 0.88$$

$$\sigma = \frac{M}{\varphi_b W_x} = \frac{82.01 \times 10^6}{0.88 \times 1\,500 \times 10^3} = 62.13 < f = 215 \ \text{N/mm}^2 \quad (\text{满足})$$

4）局部稳定

翼缘：

$$\frac{b}{t} = \frac{(200-9)/2}{14} = 6.82 < 9$$

显然满足要求。

2. 使用阶段的强度验算

采用塑性分析方法来验算使用阶段组合梁的强度。

1）使用阶段的内力计算

梁跨中弯矩

$$M = \frac{1}{8} \times (1.3 \times 20 + 1.5 \times 8) \times 9^2 = 384.75 \ \text{kN} \cdot \text{m}$$

支座截面剪力

$$Q = \frac{1}{2} \times (1.3 \times 20 + 1.5 \times 8) \times 9 = 171 \ \text{kN}$$

2）组合梁的抗弯强度

$$Af_y = 97.41 \times 10^2 \times 215 = 2\,094.32 \ \text{kN} < b_e h_{c1} f_c = 2\,200 \times 150 \times 14.3 = 4\,719 \ \text{kN}$$

因此，塑性中和轴在混凝土翼板内。

混凝土的受压区高度

$$x = \frac{Af_y}{b_e f_c} = \frac{2\,094.32 \times 10^3}{2\,200 \times 14.3} = 66.57 \ \text{mm}$$

钢梁截面应力合力点至混凝土受压区应力合力作用点的距离

$$y = 600 - 450/2 - 66.57/2 = 341.72 \ \text{mm}$$

组合梁截面的极限弯矩

$$M_u = b_e f_c y = 2\,200 \times 66.57 \times 14.3 \times 341.72$$

$$= 715.66 \ \text{kN} \cdot \text{m} > 384.75 \ \text{kN} \cdot \text{m} \quad (\text{满足})$$

3）竖向抗剪强度

$$V_u = t_w h_w f_v = 9 \times (450 - 14 \times 2) \times 125 = 474.75 \ \text{kN} > 171 \ \text{kN} \quad (\text{满足})$$

4.7　钢 - 混凝土组合梁的纵向抗剪设计

4.7.1　组合梁纵向剪切破坏机理

　　根据组合梁共同作用的机理,钢梁上翼缘和混凝土翼板交界面处的剪力依靠抗剪连接件来传递。所有埋入混凝土翼板中的抗剪连接件都可以看成简单的钢销钉(图 4-20),正是通过抗剪连接件的这种销钉作用将交界面处的剪力传递给混凝土翼板。当组合梁承担的荷载较大时,抗剪连接件向混凝土翼板中传递的剪力也较大,当所承受的荷载超过混凝土材料的抗拉强度时,在组合梁混凝土侧面会出现剪切裂纹。随着荷载的不断增大,混凝土翼板中的纵向剪切裂缝不断发展直至完全贯通,导致组合梁的极限抗弯承载力和延性降低。

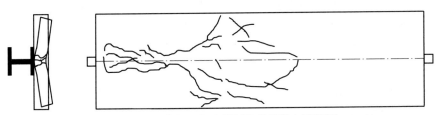

图 4-20　组合梁混凝土翼板的典型纵向裂缝图

4.7.2　组合梁的纵向抗剪计算

　　按照《钢结构设计标准》(GB 50017—2017)中的规定,组合梁板托及翼板纵向受剪承载力验算时,应分别验算 a—a、b—b、c—c、d—d 四个纵向受剪界面,如图 4-21 所示。

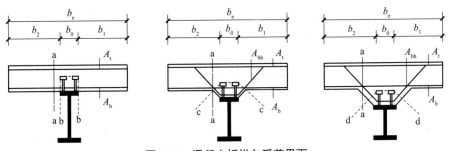

图 4-21　混凝土板纵向受剪界面

　　图 4-21 中,A_t 为混凝土板顶部附近单位长度内钢筋面积的总和,包括混凝土翼板内的抗弯和构造钢筋;A_b、A_{bh} 分别为混凝土板底部、承托底部单位长度内钢筋面积的总和。

　　单位纵向长度内受剪界面上的纵向剪力设计值应按下列公式计算。

　　(1)单位纵向长度上 a-a 受剪界面的计算纵向剪力

$$v_{l,1} = \max\left[\frac{V_s}{m_i} \times \frac{b_1}{b_e}, \frac{V_s}{m_i} \times \frac{b_2}{b_e}\right]b \tag{4-30}$$

　　(2)单位纵向长度上 b—b、c—c 及 d—d 受剪界面的计算纵向剪力

$$v_{1,1} = \frac{V_s}{m_i} \qquad\qquad (4\text{-}31)$$

式中　$v_{1,1}$ —— 单位纵向长度内受剪界面上的纵向剪力设计值（N/mm²）；

　　　V_s —— 每个剪跨区段内钢梁与混凝土翼板交界面的纵向剪力（N）；

　　　m_i —— 剪跨区段长度（mm）；

　　　b_1、b_2 —— 混凝土翼板右、左两侧挑出的宽度（mm）；

　　　b_e —— 混凝土翼板有效宽度，应按对应跨的跨中有效宽度取值（mm）。

4.7.3　混凝土翼缘及板托纵向抗剪验算

为满足正常使用的要求，并保证组合梁不会因为混凝土翼板的纵向开裂而导致其极限抗弯承载力降低，应配置适当的横向钢筋以控制纵向裂缝的发展，使混凝土翼板在出现纵向裂缝后不会继续发展，从而保证组合梁在达到极限抗弯承载力之前不会发生纵向剪切破坏。因此，对组合梁还应验算混凝土翼板的纵向抗剪承载力。

组合梁承托及翼缘板界面纵向受剪承载力的计算应符合下列公式：

$$v_{1,1} \leqslant v_{1u,1} \qquad\qquad (4\text{-}32)$$

$$v_{1u,1} = 0.7 f_t b_f + 0.8 A_e f_r \qquad\qquad (4\text{-}33)$$

$$v_{1u,1} = 0.25 b_f f_c \qquad\qquad (4\text{-}34)$$

式中　$v_{1u,1}$ —— 单位纵向长度内界面受剪承载力（N/mm），取式（4-33）和式（4-34）结果之中的较小值；

　　　f_t —— 混凝土抗拉强度设计值（N/mm²）；

　　　b_f —— 受剪界面的横向长度（mm），按图 4-21 所示的 a—a、b—b、c—c 及 d—d 连线在抗剪连接件以外的最短长度取值；

　　　A_e —— 单位长度上横向钢筋的截面面积（mm²），按图 4-21 和表 4-2 取值；

　　　f_r —— 横向钢筋的强度设计值（N/mm²）。

表 4-2　单位长度上横向钢筋的截面面积

剪切面	a—a	b—b	c—c	d—d
A_e	$A_b + A_t$	$2A_b$	$2(A_b + A_{bh})$	$2A_{bh}$

考虑到荷载的长期作用和混凝土收缩、徐变等因素的影响，横向钢筋除满足锚固的要求外，其最小配筋率应满足下式要求：

$$\frac{A_e f_r}{b_f} > 0.75\ \text{N/mm}^2 \qquad\qquad (4\text{-}35)$$

4.8　钢 - 混凝土组合梁的挠度及裂缝计算

4.8.1　组合梁挠度计算

组合梁的挠度应分别按荷载的标准组合和准永久组合进行计算,以其中的较大值作为依据,且不应超过规范所规定的挠度容许值 [v]。

$$\max(v_s, v_1) \leqslant [v] \tag{4-36}$$

式中　v_s—— 按荷载的标准组合计算的组合梁的挠度;

　　　v_1—— 按荷载的准永久组合计算的组合梁的挠度。

挠度也可按结构力学方法进行计算,但结构力学的研究对象为均质弹性材料,即材料的本构关系为规则的直线。对于钢 - 混凝土组合梁,可以按 4.4.5 节所提到的组合梁的转换截面方法,将组合梁中的混凝土部分构件转换成钢材截面来计算。

试验研究表明,对于采用柔性抗剪连接件(例如栓钉、槽钢等)的组合梁,钢梁和混凝土板交界处的纵向剪力主要靠抗剪连接件传递,在传递纵向剪力时不仅抗剪连接件周围混凝土受到纵向剪力作用发生变形,抗剪连接件本身也会发生变形。由于混凝土和抗剪连接件的弹性模量不同,在截面处会产生相对滑移。这样就会使得在控制截面处产生附加曲率引起附加弯矩,导致在极限状态时组合截面的抗弯承载力降低。而换算截面法没有考虑组合梁在受力过程中相对滑移产生的附加弯矩因素的影响,仅仅只把初始状态下的混凝土换算成钢材进行计算,所以计算得到的组合梁的刚度比实际组合梁的刚度偏大,变形与实际值相比偏小。因此,该方法计算得到的结果是偏不安全的,在实际计算过程中有必要考虑钢梁与混凝土交界面处的相对滑移这一因素对组合梁挠度的影响。

综合以上因素和工程实际经验,《钢结构设计标准》(GB 50017—2017)建议通过对组合梁换算截面刚度进行折减来考虑组合梁截面钢梁上翼缘和混凝土翼板交界面处的滑移效应的方法来计算组合梁的挠度。对于仅受正弯矩作用的组合梁,其弯曲刚度应取考虑滑移效应的折减刚度,连续组合梁宜按变截面刚度梁进行计算。按荷载的标准组合和准永久组合进行计算时,组合梁应各取其相应的折减刚度。

组合梁考虑滑移效应的折减刚度 B 可按下式确定:

$$B = \frac{EI_{eq}}{1+\xi} \tag{4-37}$$

式中　E—— 钢梁的弹性模量(N/mm^2);

　　　I_{eq}—— 组合梁的换算截面惯性矩(mm^4)(对荷载的标准组合,可将截面中的混凝土翼板有效宽度除以 α_E (钢与混凝土弹性模量的比值)换算为钢截面宽度后,计算整个截面的惯性矩;对荷载的准永久组合,则除以 $2\alpha_E$ 进行换算;对于钢梁与压型钢板 - 混凝土组合板构成的组合梁,应取其较弱截面的换算截面进行计算,且不计压型钢板的作用);

　　　ξ—— 刚度折减系数。

刚度折减系数 ξ 宜按下列公式计算（当 $\xi \leqslant 0$ 时，取 $\xi = 0$）：

$$\xi = \eta\left[0.4 - \frac{3}{(jl)^2}\right] \tag{4-38}$$

$$\eta = \frac{36Ed_c pA_0}{n_s khl^2} \tag{4-39}$$

$$j = 0.81\sqrt{\frac{n_s N_v^c A_1}{EI_0 p}} \tag{4-40}$$

$$A_0 = \frac{A_{cf} A}{\alpha_E A + A_{cf}} \tag{4-41}$$

$$A_1 = \frac{I_0 + A_0 d_c^2}{A_0} \tag{4-42}$$

$$I_0 = I + \frac{I_{cf}}{\alpha_E} \tag{4-43}$$

式中　d_c——钢梁截面形心到混凝土翼板截面（对压型钢板 - 混凝土组合板为其较弱截面）形心的距离（mm）；

p——抗剪连接件的纵向平均间距（mm）；

n_s——抗剪连接件在一根梁上的列数；

k——抗剪连接件刚度系数，$k = N_v^c$（N/mm）；

h——组合梁截面高度（mm）；

l——组合梁截面跨度（mm）；

N_v^c——抗剪连接件的承载力设计值（N）；

A_{cf}——混凝土翼板截面面积（mm²）（对压型钢板 - 混凝土组合板的翼板，应取其较弱截面的面积，且不考虑压型钢板）；

A——钢梁截面面积（mm²）；

α_E——钢梁与混凝土弹性模量的比值；

I——钢梁截面惯性矩（mm⁴）；

I_{cf}——混凝土翼板的截面惯性矩（mm⁴）（对压型钢板 - 混凝土组合板的翼板，应取其较弱截面的惯性矩，且不考虑压型钢板）。

除组合梁截面钢梁上翼缘和混凝土翼板交界面处的滑移效应外，以下因素同样值得考虑。

（1）混凝土的徐变。在荷载的长期作用下混凝土会发生徐变，即应力保持不变的情况下，组合梁中混凝土翼板的应变会随时间的增长而增加，这样会使组合梁构件的变形增加，导致实际挠度变大。

（2）混凝土的收缩和温度效应。钢材和混凝土材料都是线性膨胀材料，它们的线性膨胀系数几乎相同，但钢材的导热系数远大于混凝土的导热系数，因此当温度变化较大时，组合梁中的钢梁和混凝土翼板的温差不同将产生内应力，引起组合梁的变形增加，影响组合梁实际挠度；混凝土在空气中凝结硬化时体积收缩，混凝土翼板收缩变形导致混凝土翼板与钢梁之间变形不协调产生内应力,引起组合梁实际挠度增加;连续组合梁负弯矩区混凝土翼板开裂会导致截面刚度降低,施工阶段和使用阶段的不同结构体系等因素影响组合梁的实际挠度。

4.8.2　组合梁裂缝计算

对于连续组合梁,在支座附近会受到负弯矩的作用,为满足正常使用阶段的要求,组合梁翼缘板部分的最大裂缝宽度不宜太大,应满足裂缝宽度容许值 w_{lim}。

$$w_{\max} \leqslant w_{\text{lim}} \tag{4-44}$$

最大裂缝限值与构件的环境类别有关。当处于一类环境时,取 $w_{\text{lim}} = 0.3$ mm;处于二、三类环境时,取 $w_{\text{lim}} = 0.2$ mm;当处于年平均湿度小于 60% 地区的一类环境时,可取 $w_{\text{lim}} = 0.4$ mm。

计算组合梁负弯矩区段混凝土在正常使用极限状态下的最大裂缝宽度时,应采用荷载标准组合或准永久组合并考虑长期作用影响。组合梁负弯矩区段混凝土翼板的受力状况和钢筋混凝土轴心受拉构件相似,可以按照《混凝土结构设计规范(2015 年版)》(GB 50010—2010)中规定的轴心受拉构件进行计算:

$$w_{\max} = 2.7\psi \frac{\sigma_{\text{sk}}}{E_{\text{s}}}\left(1.9c_{\text{s}} + 0.08\frac{d_{\text{eq}}}{\rho_{\text{te}}}\right) \tag{4-45}$$

$$\psi = 1.1 - 0.65\frac{f_{\text{tk}}}{\rho_{\text{te}}\sigma_{\text{sk}}} \tag{4-46}$$

$$d_{\text{eq}} = \frac{\sum n_i d_i^2}{\sum n_i v_i d_i} \tag{4-47}$$

$$\rho_{\text{te}} = \frac{A_{\text{s}} + A_{\text{p}}}{A_{\text{te}}} \tag{4-48}$$

式中　ψ —— 裂缝间纵向受拉钢筋应变不均匀系数(当 $\psi < 0.2$ 时,取 $\psi = 0.2$;当 $\psi > 1.0$ 时,取 $\psi = 1.0$;对于直接承受重复荷载的构件,取 $\psi = 1.0$);

　　　　σ_{sk} —— 按荷载准永久组合计算的钢筋混凝土构件纵向受拉普通钢筋应力(N/mm²);

　　　　E_{s} —— 钢筋的弹性模量(N/mm²);

　　　　c_{s} —— 最外层纵向受拉钢筋外边缘至受拉区底边的距离(mm)(当 $c_{\text{s}} < 20$ 时,取 $c_{\text{s}} = 20$;当 $c_{\text{s}} > 65$ 时,取 $c_{\text{s}} = 65$);

　　　　d_{eq} —— 受拉区纵向钢筋的等效直径(mm);

　　　　ρ_{te} —— 按有效受拉混凝土截面面积计算的纵向受拉钢筋配筋率(在最大裂缝宽度计算中,当 $\rho_{\text{te}} < 0.01$ 时,取 $\rho_{\text{te}} = 0.01$);

　　　　f_{tk} —— 混凝土抗拉强度标准值(N/mm²);

　　　　n_i —— 受拉区第 i 种纵向钢筋的根数;

　　　　d_i —— 受拉区第 i 种纵向钢筋的公称直径(mm);

　　　　v_i —— 第 i 种纵向钢筋的相对黏结特性系数(与钢筋的表面特征有关,对于带肋钢筋

$v = 1.0$,对于光圆钢筋 $v = 0.7$);

A_s —— 受拉区纵向普通钢筋截面面积(mm^2);

A_p —— 受拉区纵向预应力筋截面面积(mm^2);

A_{te} —— 有效受拉混凝土截面面积(mm^2),取混凝土翼板的截面面积;

按荷载效应的标准组合计算的组合梁开裂截面纵向受拉钢筋的应力 σ_{sk} 可按下式计算:

$$\sigma_{sk} = \frac{M_k y_s}{I_{cr}} \tag{4-49}$$

$$M_k = M_e(1 - \alpha_r) \tag{4-50}$$

式中　M_k —— 钢与混凝土形成组合截面之后,考虑了弯矩调幅的标准荷载作用下支座截面负弯矩组合值($N \cdot mm$)(对于悬臂组合梁,式(4-49)中的 M_k 应根据平衡条件计算得到);

　　　　y_s —— 钢筋截面重心至钢筋和钢梁形成的组合截面中和轴的距离(mm);

　　　　M_e —— 钢与混凝土形成组合截面之后,标准荷载作用下按未开裂模型进行弹性计算得到的连续组合梁中支座负弯矩值($N \cdot mm$);

　　　　I_{cr} —— 由纵向普通钢筋与钢梁形成的组合截面的惯性矩(mm^4);

　　　　α_r —— 正常使用极限状态下连续组合梁中支座负弯矩调幅系数,其取值不宜超过15%。

【思考题】

1. 组合梁设计计算时通常采用的两种设计方法分别适用于什么情况?

2. 影响混凝土翼板有效宽度的主要因素有哪些?

3. 混凝土翼板对组合梁竖向抗剪承载力的贡献受到哪些因素的影响? 如何控制混凝土翼板中裂缝的开展和延伸?

4. 连续组合梁的设计计算应使用哪种计算方法? 应注意什么问题?

5. 均布荷载作用下,考虑滑移效应时简支组合梁的跨中挠度如何计算?

【参考文献】

[1]　聂建国. 钢 - 混凝土组合结构原理与实例 [M]. 北京:科学出版社,2009.

[2]　刘坚. 钢与混凝土组合结构设计原理 [M]. 北京:科学出版社, 2005.

[3]　薛建阳. 组合结构设计原理 [M]. 北京:中国建筑工业出版社,2010.

[4]　薛建阳. 钢与混凝土组合结构设计原理 [M]. 北京:科学出版社,2010.

[5]　中华人民共和国住房和城乡建设部. 混凝土结构设计规范(2015 年版): GB 50010—2010[S]. 北京:中国建筑工业出版社,2015.

[6]　中华人民共和国住房和城乡建设部. 钢结构设计标准: GB 50017—2017[S]. 北京:中国建筑工业出版社,2017.

[7]　中华人民共和国住房和城乡建设部. 建筑抗震设计规范(2016 年版): GB 50011—2010[S]. 北京:中国建筑工业出版社,2016.

[8] 国家市场监督管理总局,中国国家标准化管理委员会. 低合金高强度结构钢: GB/T 1591—2018[S]. 北京:中国标准出版社,2018.

[9] 中华人民共和国国家质量监督检验检疫总局,中国国家标准化管理委员会. 碳素结构 钢:GB/T 700—2006[S]. 北京:中国标准出版社,2007.

[10] 中华人民共和国国家质量监督检验检疫总局,中国国家标准化管理委员会. 建筑结构 用钢板:GB/T 19879—2015[S]. 北京:中国标准出版社,2016.

[11] Eurocode4(EC4): Design of composite steel and concrete structures Part1-1: General rules and rules for building:EN 1994-1-1:2004 [S].Brussels:CEN,2004.

[12] ZHU J S, WANG Y G, YAN J B, et al.Shear behaviour of steel-UHPC composite beams in waffle bridge deck[J].Composite structures,2020,234:111678.

[13] OEHLERS D J, BRADFORD M A. Composite steel and concrete structural members: fundamental behaviour [M]. Kidlington:Elsevier, 2013.

[14] JOHNSON R P, BUCKBY R J.Composite structures of steel and concrete[M].London: Crosby Lockwood Staples,1975.

第5章 压型钢板-混凝土组合板

本章的前两节介绍压型钢板-混凝土组合板的概念和构造要求,后三节介绍压型钢板-混凝土组合板的一般设计原则、设计阶段的设计原则和使用阶段的设计原则,并通过工程实例使读者对压型钢板有更直观的认识和理解。

5.1 概述

本节旨在介绍压型钢板-混凝土组合板的基本概念,将重点围绕压型钢板-混凝土组合板的发展应用、定义、截面特性、分类、优缺点等对压型钢板-混凝土组合板的概念展开讨论。

5.1.1 压型钢板-混凝土组合板的发展与应用

压型钢板-混凝土组合板是一种新型的组合结构,因其充分发挥了钢材与混凝土两种材料的优良性能而被广泛应用到高层建筑、工业厂房、大跨度结构等诸多领域中,有着广阔的发展前景。其发展与应用参见本书1.2.3节。

5.1.2 定义及截面特性

1. 定义

压型钢板-混凝土组合板是指在压型钢板上浇筑混凝土,并通过将两者进行组合,形成一种共同受力、变形协调的受弯板件,简称组合板。

压型钢板-混凝土组合板中的压型钢板在早期主要是作为浇筑混凝土板的永久性模板和施工平台,后经研究发展,压型钢板不仅可以在压型钢板-混凝土组合板中起到永久性模板和施工平台的作用,而且通过加强压型钢板与混凝土之间的构造要求,压型钢板与混凝土能够黏结成整体共同工作,从而有效提高压型钢板-混凝土组合板的强度及刚度,同时压型钢板可以部分甚至全部代替混凝土板中底部纵向受力钢筋,从而减小纵向受力钢筋用量且减少钢筋制作及安装费用。压型钢板-混凝土组合板主要应用于多、高层建筑及工业厂房中,目前压型钢板-混凝土组合板在城市及公路桥梁中也得到了一定应用。

压型钢板-混凝土组合板构造示意图如图5-1所示。

2. 压型钢板的材料

压型钢板质量应符合现行国家标准《建筑用压型钢板》(GB/T 12755—2008)的要求,用于冷弯压型钢板的基板应选用热浸镀锌钢板,不宜选用镀铝锌板。镀锌层应符合现行国家标准《连续热镀锌和锌合金镀层钢板及钢带》(GB/T 2518—2019)的规定。钢板强度标准值应具有不小于95%的保证率,压型钢板材质应按下列规定选用:现行国家标准《连续热镀锌和锌合金镀层钢板及钢带》(GB/T 2518—2019)中规定的 S250(S250GD + Z、S550GD + ZF)、S350(S350GD+Z、S350GD+ZF)、S550(S550GD+Z、S550GD+ZF)牌号的结构用钢；压型钢板 - 混凝土组合板用的压型钢板,其钢材牌号可采用现行国家标准《碳素结构钢》(GB/T 700—2006)和《低合金高强度结构钢》(GB/T 1591—2018)中规定的 Q235、Q355 钢材。

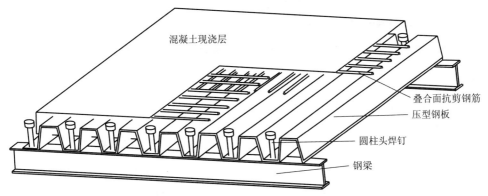

图 5-1　压型钢板 - 组合板构造示意图

压型钢板强度设计值见表 5-1。

表 5-1　压型钢板强度设计值　　　　　　单位:N/mm²

牌号	S250	S350	S550	Q235	Q355
f	205	290	395	205	300
f_v	120	170	230	120	175

注:f—抗拉、抗压、抗弯强度设计值;
　　f_v—抗剪强度设计值。

钢板的弹性模量见表 5-2。

表 5-2　钢板的弹性模量　　　　　　单位:× 10⁵ N/mm²

钢材类型	冷轧钢板	热轧钢板
E_s	1.90	2.06

3. 压型钢板的截面尺寸要求

如图 5-2 所示,压型钢板的截面特性随着受压翼缘宽厚比的不同而变化,当宽厚比大于极限宽厚比时,截面特征按有效截面计算;当宽厚比小于极限宽厚比时,截面特征按全截面进行计算。压型钢板腹板与翼缘水平板之间的夹角 θ 不宜小于 45°,用于压型钢板 - 混凝土组合板的压型钢板净厚度(不含镀锌或饰面层厚度)应为 0.75 ~ 1.6 mm,一般宜取 1 mm 或 1.2 mm,主要防止压型钢板刚度太小。

为便于浇筑混凝土,压型钢板上口槽宽 b_w 不应小于 50 mm。

压型钢板的受压翼缘和腹板的宽(高)厚比应符合下式要求:

$$b_t/t \leqslant [b_t/t] \tag{5-1a}$$

或

$$h_p/t \leqslant [h_p/t] \tag{5-1b}$$

式中　b_t —— 压型钢板受压翼缘的实际宽度(mm);

　　　t —— 压型钢板的基板厚度(mm);

　　　h_p —— 压型钢板的腹板高度(mm);

　　　$[b_t/t]$ ($[h_t/t]$) —— 压型钢板的容许最大宽(高)厚比,见表 5-3。

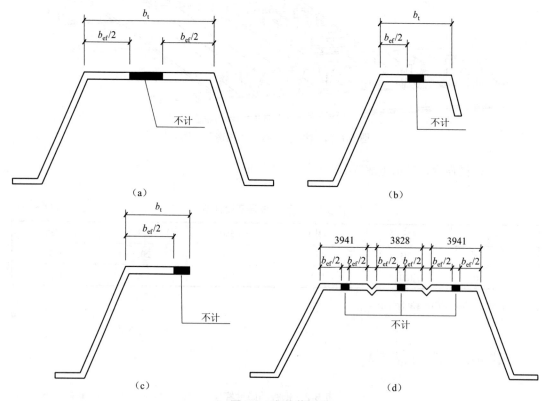

图 5-2　有效截面

(a)中间无加劲肋的两边支承板件　(b)一边支承、一边卷边的板件

(c)一边支承、一边自由的板件　(d)两边支承、中间有加劲肋的板件

表 5-3　压型钢板的容许最大宽(高)厚比　　　　单位:mm

压型钢板		最大宽(高)厚比
板件	支承条件	
受压翼缘板	两边支承(有中间加劲肋时含加劲肋)	500
	一边支承,一边卷边	60
	一边支承,一边自由	60
腹板	无加劲肋	200

在一般情况下,压型钢板 - 混凝土组合板中的压型钢板形状简单,加劲肋一般不超过两个。在实际使用中,采用 $b_{ef} = 50t$(b_{ef} 为压型钢板有效板宽,t 为压型钢板板厚)。

压型钢板受压翼缘板的纵向有加劲肋时,其惯性矩计算应按下列公式设计。

(1)边缘有卷边加劲肋:

$$I_{es} \geqslant 1.83t^4 \sqrt{(b_t/t)^2 27\,600/f_y} \tag{5-2}$$

且

$$I_{es} \geqslant 9.2t^4 \tag{5-3}$$

式中　b_t —— 受压翼缘的实际宽度(mm);

　　　I_{es} —— 边缘有卷边加劲肋截面对加劲肋受压翼缘截面形心轴的惯性矩(mm⁴);

　　　f_y —— 钢材屈服强度(MPa)。

(2)中间有加劲肋的压型钢板:

$$I_{if} \geqslant 3.66t^4 \sqrt{(b_t/t)^2 27\,600/f_y} \tag{5-4}$$

且

$$I_{if} \geqslant 18.4t^4 \tag{5-5}$$

式中　I_{if} —— 压型钢板中间有加劲肋对加劲肋受压翼缘截面形心轴的惯性矩(mm⁴)。

有关压型钢板有效板宽 b_{ef} 的计算有以下几种情况。

(1)当两边支承、中间无加劲肋(图 5-2(a)),且 $b_t/t \leqslant 1.2\sqrt{E/\sigma_c}$($\sigma_c$ 为按有效截面计算时,受压翼缘板支承边缘处的实际应力(N/mm²),E 为钢材的弹性模量(N/mm²))时,则取

$$b_{ef} = b_t \tag{5-6}$$

(2)当两边支承、上下翼缘不相等,且 $b_t/t > 160$ 时,则取

$$b_{ef} = b_t \tag{5-7}$$

(3)当一边支承、一边卷边(图 5-2(b)),且 $1.2\sqrt{E/\sigma_c} < b_t/t \leqslant 60$ 时,则取

$$b_{ef} = 1.77\sqrt{E/\sigma_c}\left(1 - \frac{0.387}{b_t/t}\sqrt{E/\sigma_c}\right)t \tag{5-8}$$

(4)当一边支承、一边卷边,且 $b_t/t > 60$ 时,则取

$$b_{ef} = b_t - 0.1(b_t/t - 60)t \tag{5-9}$$

其中,b_{ef} 按式(5-8)计算。

(5)当一边支承、一边自由(图 5-2(c)),且 $b_t/t \leqslant 0.29\sqrt{E/\sigma_c}$ 时,则取

$$b_{ef} = b_t \tag{5-10}$$

(6)当 $0.29\sqrt{E/\sigma_c} < b_t/t \leqslant 1.26\sqrt{E/\sigma_c}$ 时,则取

$$b_{ef} = 0.58\sqrt{E/\sigma_c}\left(1 - \frac{0.126}{b_t/t}\sqrt{E/\sigma_c}\right)t \tag{5-11}$$

(7)当 $1.26\sqrt{E/\sigma_c} < b_t/t \leqslant 60$ 时,则取

$$b_{ef} = 1.02t\sqrt{E/\sigma_c} - 0.396 \tag{5-12}$$

(8)当两边支承、中间加劲肋多于两个时,则加劲肋只算靠近两边支承处的有效加劲肋

（图 5-2（d）），且

① 当 $b_t/t \leqslant 1.2\sqrt{E/\sigma_c}$ 时，则

$$b_{ef} = b_t \qquad\qquad (5\text{-}13)$$

② 当 $b_t/t > 1.2\sqrt{E/\sigma_c}$ 时，则

$$b_{ef} = 1.77\sqrt{E/\sigma_c}\left(1 - \frac{0.387}{b/t}\sqrt{E/\sigma_c}\right)t \qquad\qquad (5\text{-}14)$$

式中　σ_c —— 按有效截面计算时受压翼缘板支承边缘处的实际压应力（N/mm^2）；

　　　b'_{ef} —— 压型钢板折减后的有效板宽（mm）。

4. 国内常见压型钢板板型

国内常见压型钢板板型如图 5-3 所示。

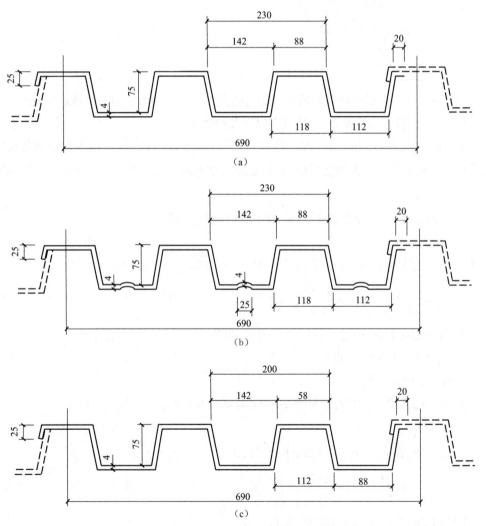

图 5-3　国内常见压型钢板

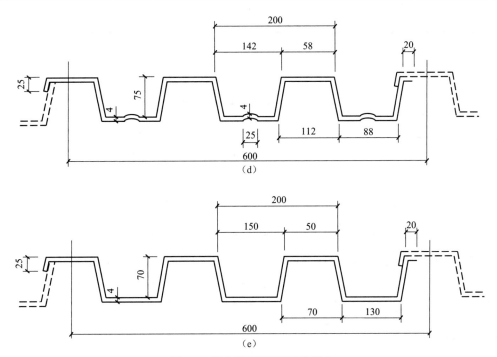

图 5-3　国内常见压型钢板（续）

（a）YX 75-230-690（Ⅰ）　（b）YX 75-230-690（Ⅱ）　（c）YX 75-200-600（Ⅰ）　（d）YX 75-200-600（Ⅱ）　（e）YX 70-200-600

5. 压型钢板的型号及截面特性

部分国产压型钢板的规格与参数见表 5-4。

表 5-4　部分国产压型钢板的规格与参数

板型	板厚（mm）	质量（kg/m）		截面性能（1 m 宽）			
				全截面		有效截面	
		未镀锌	镀锌	惯性矩 I（cm⁴/m）	截面系数 W（cm³/m）	惯性矩 I_e（cm⁴/m）	截面系数 W_e（cm³/m）
YX-75-230-690（Ⅰ）	0.8	10.0	10.6	117	29.3	82	18.8
	1.0	12.4	13.0	145	36.3	110	26.2
	1.2	14.9	15.5	173	43.2	140	34.5
	1.6	19.7	20.3	226	56.4	204	54.1
	2.3	28.1	28.7	316	79.1	316	79.1
YX-75-230-690（Ⅱ）	0.8	10.0	10.6	117	29.3	82	18.8
	1.0	12.4	13.0	146	36.5	110	26.2
	1.2	14.8	15.4	174	43.4	140	34.5
	1.6	19.7	20.3	226	57.0	204	54.1
	2.3	28.0	28.6	318	79.5	318	79.5
YX-75-200-600（Ⅰ）	1.2	15.7	16.3	168	38.4	137	35.9
	1.6	20.8	21.3	220	50.2	200	48.9
	2.3	29.5	30.2	306	70.1	306	70.1

续表

板型	板厚 （mm）	质量（kg/m）		截面性能（1 m 宽）			
		未镀锌	镀锌	全截面		有效截面	
				惯性矩 I （cm^4/m）	截面系数 W （cm^3/m）	惯性矩 I_e （cm^4/m）	截面系数 W_e （cm^3/m）
YX-75-200-600（Ⅱ）	1.2	15.6	16.3	169	38.7	137	35.9
	1.6	20.8	21.3	220	50.7	200	48.9
	2.3	29.6	30.2	309	70.7	309	70.6
YX-70-200-600	0.8	10.5	11.1	110	26.6	77	20.5
	1.0	13.1	13.6	137	33.3	96	25.5
	1.2	15.7	16.2	164	40.0	115	30.6
	1.6	20.9	21.3	219	53.3	153	40.8

当压型钢板受压翼缘的宽厚比 $[b_t/t]$ 满足要求时,截面特性可按实际全截面进行计算;当压型钢板受压翼缘的宽厚比不能满足要求时,其截面特性应按其有效截面进行计算。压型钢板的有效截面主要取决于压型钢板受压翼缘的有效宽度 b_{ef}。

5.1.3　分类

1. 压型钢板的形式

压型钢板与混凝土之间的共同工作性能是压型钢板 - 混凝土组合板受力性能的关键,为加强压型钢板与混凝土之间的共同工作性能,通常在压型钢板表面形式、压型钢板截面形状或者压型钢板端部进行一定的构造处理从而更好实现界面之间的纵向剪力传递,按照压型钢板的纵向剪力传递机制,可以将压型钢板分为四种形式,如图 5-4 所示。

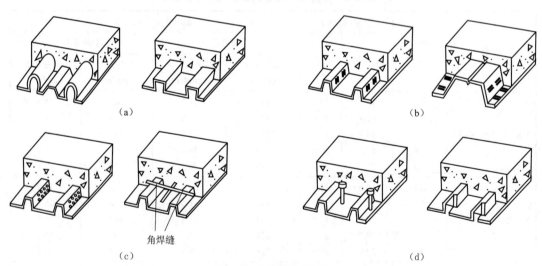

（a）

（b）

角焊缝

（c）

（d）

图 5-4　压型钢板分类

（a）特殊截面形式的压型钢板　（b）带有压痕（轧制凹凸槽痕）或加劲肋的压型钢板
（c）上翼缘焊接横向钢筋或在压型钢板表面冲孔的压型钢板　（d）端部设置栓钉或者进行特殊构造处理的压型钢板

2. 压型钢板 - 混凝土组合板与压型钢板 - 混凝土非组合板

压型钢板与混凝土组成的板,根据构造措施及施工工艺可以分为压型钢板 - 混凝土组

合板和压型钢板 - 混凝土非组合板两大类。这两类板的主要区别如下。

（1）在使用阶段，压型钢板 - 混凝土非组合板的压型钢板不代替混凝土板的受拉钢筋，属于非受力钢板，可按普通混凝土板计算其承载力；而压型钢板 - 混凝土组合板的压型钢板代替混凝土板的受拉钢筋，属于受力钢板，可以减少钢筋的用量和安装工作量。

（2）压型钢板 - 混凝土非组合板的压型钢板不起混凝土板内受拉钢筋的作用，可以不喷涂防火涂料，但宜采用具有防锈功能的镀锌板；压型钢板 - 混凝土组合板中的压型钢板起受力钢筋的作用，宜采用镀锌量不多的压型钢板，并在板底喷涂防火涂料。

（3）压型钢板 - 混凝土非组合板的压型钢板与混凝土之间的叠合面可放松要求，不要求采用带有特殊波槽、压痕的压型钢板或采取其他措施；而压型钢板 - 混凝土组合板的压型钢板在使用阶段作为受拉钢筋使用，为了传递压型钢板与混凝土叠合面之间的纵向剪力，需采用圆柱头焊钉或齿槽以传递压型钢板与混凝土叠合面之间的剪力。

3. 性能特点

压型钢板 - 混凝土组合板的性能特点参见本书 1.2.3 节。

5.2　压型钢板 - 混凝土组合板的构造要求

压型钢板 - 混凝土组合板在设计过程中应遵循以下构造要求。

5.2.1　压型钢板 - 混凝土组合板的混凝土要求

（1）混凝土的强度等级不宜低于 C20。

（2）压型钢板 - 混凝土组合板中的集料尺寸不应大于 $0.4h_c$（ h_c 为压型钢板顶面以上的混凝土计算厚度）、$b_c/3$（ b_c 为压型钢板浇筑混凝土凹槽的平均宽度）和 30 mm 中的最小值。

（3）对处于室内正常环境的压型钢板 - 混凝土组合板，要求板面负弯矩位置处的混凝土裂缝宽度不应超过 0.3 mm；对处于室外露天或高湿环境下的压型钢板 - 混凝土组合板，则不应超过 0.2 mm。

5.2.2　压型钢板 - 混凝土组合板的压型钢板要求

（1）压型钢板 - 混凝土组合板用的压型钢板净厚度（不包括镀锌保护层等面层）不应小于 0.75 mm，但仅供施工作为模板用的压型钢板除外。

（2）压型钢板外露表面应有保护层，以防止施工、使用过程中被大气侵蚀。

当采用镀锌压型钢板时，其镀锌层两面总计为 275 g/m²，一般适用于非侵蚀环境的室内楼板，当镀锌层超过 275 g/m² 时，应保证加工操作协调。所有镀锌层都应进行铬酸盐处理，以减少潮湿引起的白锈，并减小混凝土与锌之间的化学反应。

（3）用于压型钢板 - 混凝土组合板的压型钢板净厚度不应小于 0.75 mm，亦不应大于 2 mm，浇筑混凝土的槽宽 b_w 不应小于 50 mm。当在槽内设置栓钉连接件时，压型钢板总高（包括压痕）h_s 不应超过 80 mm。

5.2.3　压型钢板 - 混凝土组合板中钢筋的要求

（1）压型钢板 - 混凝土组合板中应设置分布钢筋网,以承受收缩和温度应力,提高火灾时的安全性,并起到分布集中荷载的作用。分布钢筋两个方向的配筋率（$\rho_s = A_s / b_t h_c$, A_s 为受拉或受压区纵向钢筋的截面面积（mm^2）, b_t 为压型钢板受压翼缘的实际宽度（mm）, h_c 为压型钢板顶面以上的混凝土计算厚度（mm））均不宜小于 0.002。

（2）在有较大集中荷载区段和开洞周围应配置附加钢筋。当防火等级较高时,可配置附加纵向受拉钢筋。

5.2.4　压型钢板 - 混凝土组合板支承长度的要求

（1）压型钢板 - 混凝土组合板支承在钢梁上时,压型钢板 - 混凝土组合板的支承长度不应小于 75 mm,其中压型钢板的搁置长度不应小于 50 mm,如图 5-5（a）和 5-5（b）所示。

（2）压型钢板 - 混凝土组合板支承在混凝土梁或墙上时,压型钢板 - 混凝土组合板的支承长度不应小于 100 mm,其中压型钢板的支承长度不应小于 75 mm,如图 5-5（d）和 5-5（e）所示。

（3）连续板或搭接在钢梁或混凝土梁（墙）上的支承长度,应分别不小于 75 mm 或 100 mm,如图 5-5（c）和 5-5（f）所示。

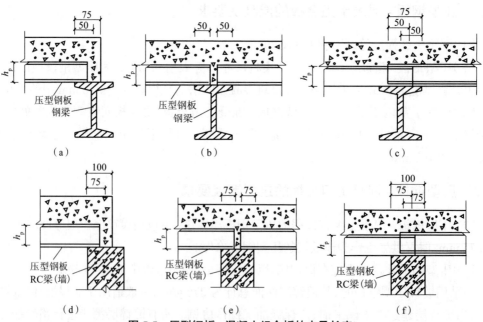

图 5-5　压型钢板 - 混凝土组合板的支承长度
（a）支承在钢梁边　（b）支承在钢梁中间　（c）连续板或搭接板支承在钢梁中间　（d）支承在 RC 梁（墙）边
（e）支承在 RC 梁（墙）　（f）连续板或搭接板支承在 RC 梁（墙）中间

5.2.5　压型钢板 - 混凝土组合板的截面尺寸要求

（1）压型钢板 - 混凝土组合板的总厚度 h 不应小于 90 mm,压型钢板上翼缘顶面以上

的混凝土厚度 h_c 不应小于 50 mm，如图 5-6 所示。

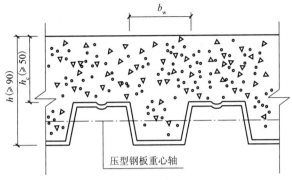

图 5-6　压型钢板 - 混凝土组合板截面尺寸

（2）压型钢板作为混凝土板底部受力钢筋时，需要进行防火保护，此时，压型钢板 - 混凝土组合板的厚度及防火保护层的厚度应符合表 5-5 中的要求。

表 5-5　压型钢板 - 混凝土组合板的厚度及防火保护层的厚度

类别	无防火保护层的楼板		有防火保护层的楼板	
图例				
楼板（mm）	≥80	≥110	≥50	—
防火保护层（mm）	—	—	≥15	—

（3）压型钢板 - 混凝土组合板外带悬挑端时，其悬挑端包边板的厚度 t 和板的悬挑长度 l_0 之间的关系应符合表 5-6 中的要求。

表 5-6　带悬挑端时压型钢板 - 混凝土组合板的厚度及防火保护层的厚度　　　　单位：mm

悬挑长度 l_0	包边板厚度 t	悬挑长度 l_0	包边板厚度 t
0～5	1.2	125～180	2.0
75～125	1.5	180～250	2.6

5.2.6　压型钢板 - 混凝土组合板的端部锚固要求

抗剪连接件的作用是抵抗水平剪力和竖向掀起力。设置抗剪连接件的一般要求是：连接件的抗掀起力作用面（如栓钉头部的底面）高出翼缘板底部钢筋顶面不小于 30 mm；当设置板托时，板托中横向钢筋距离连接件顶面位置应不小于 40 mm。连接件上部混凝土保护层厚度不小于 15 mm；连接件的纵向间距不应大于 600 mm 或混凝土翼缘板（包括板托）厚度的 4 倍；连接件外侧边缘至钢梁翼缘边缘的距离不应小于 20 mm，当有托座时不应小于 40 mm。

各种抗剪连接件的构造要求如下。

1. 栓钉连接件

栓钉连接件采用自动栓钉焊接机焊接于钢梁翼缘上,各个方向具有相同的强度和刚度,不影响混凝土板中钢筋的布置。焊接时使用配件瓷环,在自动拉弧焊接的过程中能隔气保温,挡光,防止熔液飞溅。

栓钉连接件的公称直径有 8 mm、10 mm、13 mm、16 mm、19 mm 及 22 mm,常用的为后四种。栓钉沿梁轴线方向的间距不应小于焊杆直径的 6 倍;垂直于轴线方向的间距不应小于焊杆直径的 4 倍,如图 5-7 所示。

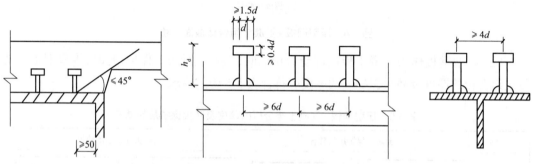

图 5-7　栓钉连接件的布置要求

采用压型钢板的组合楼盖中,栓钉直径不宜大于 19 mm,混凝土凸肋宽度 b_0 不小于焊杆直径的 2.5 倍(如图 5-8 所示,h_s 为混凝土凸肋高度),以保证栓钉焊穿压型钢板(板厚度在 1.6 mm 以下),安装后栓钉高度 h_d 应符合 $h_s+30 \leqslant h_d \leqslant h_s+75$ 的要求。

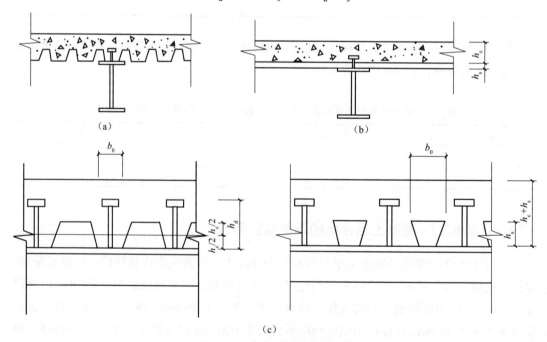

图 5-8　采用压型钢板的组合梁

(a)压型钢板肋平行于钢梁　(b)压型钢板肋垂直于钢梁　(c)凸肋的高度与宽度

试验研究表明,当栓钉直径与栓钉焊接的钢板或钢梁翼缘的厚度之比 $d/t < 2.7$ 时,栓钉可发挥最大的强度。《钢结构设计标准》(GB 50017—2017)规定,当栓钉位置不正对钢梁腹板时,若钢梁上翼缘不承受拉力,应使 $d/t < 2.5$,当栓钉位于钢梁腹板的下方时不受此限制。当组合梁直接承受动力荷载作用或栓钉根部位于受拉区时,宜取 $d/t < 1.5$。

2. 槽钢连接件

当栓钉的抗剪能力不满足要求或者不具备栓钉焊接设备时,可采用槽钢连接件(图 5-9)。槽钢连接件一般采用 Q235 钢轧制的[8、[10、[12 等小型槽钢,其长度不能超过钢梁翼缘宽度减去 50 mm。槽钢连接件翼缘肢尖方向应与混凝土板中水平剪应力的方向一致,并仅在槽钢下翼缘根部和趾部(即垂直于钢梁的方向)与钢梁焊接,角焊缝尺寸根据计算确定,但不小于 5 mm。为减小钢梁上翼缘的焊接变形,垂直于钢梁的方向不需施焊。

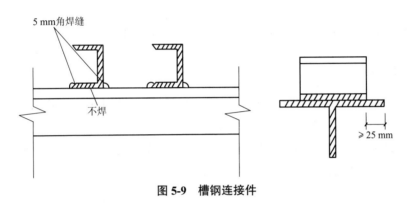

图 5-9　槽钢连接件

3. 弯筋连接件

弯筋连接件一般采用直径不小于 12 mm 的 HPB235 级钢筋,弯起角度宜为 45°,弯折方向应与板中纵向水平剪应力的方向一致,并应成对设置。沿梁轴线方向的间距不小于 $0.7h_{c1}$ (h_{c1} 为混凝土板厚度),且不大于板厚的 2 倍;弯钢筋连接件的长度不小于其直径的 30 倍,从弯起点算起的长度不小于其直径的 25 倍,其中水平段的长度不小于其直径的 10 倍(光面钢筋应加弯钩),如图 5-10 所示。弯筋连接件与钢梁连接的双侧焊缝长度为 $4d$ (HRB335 级钢筋)或 $5d$ (HPB235 级钢筋)。

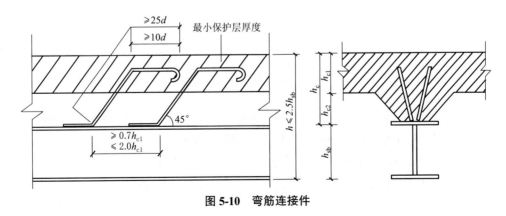

图 5-10　弯筋连接件

5.3　压型钢板 - 混凝土组合板的一般设计原则

5.3.1　施工阶段

在施工阶段混凝土达到设计强度之前,由于压型钢板与混凝土之间不能共同作用,楼板上的荷载(包括施工荷载),均由作为浇筑混凝土底模的压型钢板承担,故应验算压型钢板的强度和变形。

施工阶段,压型钢板作为模板,应计算以下荷载。

(1)永久荷载:压型钢板、钢筋及混凝土自重。

(2)可变荷载:施工荷载(应以施工实际荷载为依据)。

施工阶段,压型钢板应沿强边(顺肋方向)按照单向板计算。

5.3.2　使用阶段

在使用阶段,混凝土已经硬结,达到设计强度,荷载由混凝土和压型钢板共同承担,根据压型钢板与混凝土共同工作的特点应验算其正截面抗弯承载力、斜截面抗剪承载力、纵向抗剪承载力、局部荷载作用下的抗冲切承载力。同时,还需对使用阶段的压型钢板 - 混凝土组合板进行变形与裂缝验算。使用阶段的压型钢板 - 混凝土组合板正截面承载力一般按照塑性方法进行计算,压型钢板 - 混凝土组合板截面上的受压区混凝土、压型钢板以及钢筋均应达到其强度设计值。

1. 单向板

当压型钢板肋顶以上混凝土厚度为 50～100 mm 时,压型钢板 - 混凝土组合板可沿强边(顺肋)方向按单向板计算。

当压型钢板以上混凝土厚度 $h_c>100$ mm 时,应根据有效边长比 λ_e 按照下列规定计算。

(1)$\lambda_e<0.5$ 时,按强边(顺肋)方向单向板进行计算。

(2)$\lambda_e>2.0$ 时,按弱边(垂直肋)方向单向板进行计算。

有效边长比 λ_e 定义如下:

$$\lambda_e = \mu \frac{l_x}{l_y} \tag{5-15}$$

式中　μ —— 板的各向异性系数,$\mu = \sqrt[4]{\dfrac{I_x}{I_y}}$,其中 I_x 为压型钢板 - 混凝土组合板强边方向的惯性矩(mm^4),I_y 为压型钢板 - 混凝土组合板弱边方向的惯性矩(mm^4)(计算 I_y 时,仅考虑压型钢板肋顶以上的混凝土厚度 h_c);

　　　　l_x —— 压型钢板 - 混凝土组合板强边(顺肋)方向的跨度(mm);

　　　　l_y —— 压型钢板 - 混凝土组合板弱边(垂直肋)方向的跨度(mm)。

2. 双向板周边支承条件

双向板周边支承条件,可按以下情况确定。

(1)当宽度大致相等,且相邻跨连续时,楼板周边可简化为固定边。

(2)当压型钢板 - 混凝土组合板相邻跨度相差比较大,或压型钢板以上的混凝土不连续时,应将楼板周边简化为简支边。

1)正交异性双向板

当压型钢板以上混凝土厚度 $h_c > 100$ mm 时,且 $0.5 \leqslant \lambda_e \leqslant 2.0$ 时,按照正交异性双向板进行计算。

对于异性双向板的弯矩,可将板形状按有效边长比 λ_e 加以修正后,等效成各向同性板进行计算。

(1)计算强边方向弯矩 M_x 时,弱边方向等效边长可取 μl_y,按各向同性板计算 M_x,如图 5-11(a)所示。

(2)计算弱边方向弯矩 M_y 时,强边方向等效边长可取 l_x/μ,按各向同性板计算 M_y,如图 5-11(b)所示。

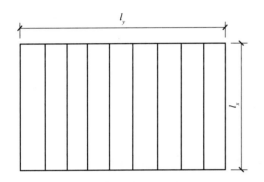
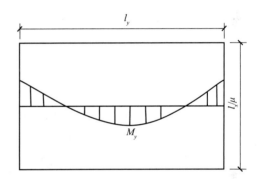

(a)

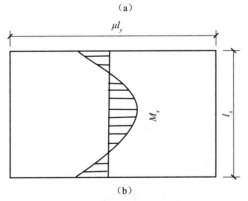

(b)

图 5-11　正交异性双向板计算边长

(a)计算强边方向弯矩 M_x　(b)计算弱边方向弯矩 M_y

2)四边支承双向板

(1)强边方向,可按压型钢板 - 混凝土组合板设计。

（2）弱边方向，仅取压型钢板上翼缘以上的混凝土板，按照一般的钢筋混凝土板设计。

3. 局部荷载作用下压型钢板 - 混凝土组合板有效工作宽度 b_{em}

在局部集中（线）荷载作用下可假设荷载沿 45° 的锥体（图 5-12）从面板向底板传递，压型钢板 - 混凝土组合板的分布宽度 b_m 可按下式进行计算：

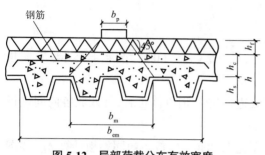

图 5-12　局部荷载分布有效宽度

$$b_m = b_p + 2(h_c + h_f) \quad (5-16)$$

式中　b_p —— 荷载分布宽度（mm）；

　　　h_c —— 压型钢板肋顶以上混凝土板的厚度（mm）；

　　　h_f —— 顶面饰面厚度（mm）。

此时，压型钢板 - 混凝土组合板的有效工作宽度 b_{em} 可按下列公式计算。

1）受弯计算时

对简支板：

$$b_{em} = b_m + 2l_p \left(1 - \frac{l_p}{l}\right) \quad (5-17)$$

对连续板：

$$b_{em} = b_m + \frac{4}{3} l_p \left(1 - \frac{l_p}{l}\right) \quad (5-18)$$

式中　b_m —— 集中荷载在压型钢板 - 混凝土组合板上的分布宽度（mm）；

　　　l —— 压型钢板 - 混凝土组合板的跨度（mm）；

　　　l_p —— 荷载作用点至压型钢板 - 混凝土组合板支座的较近距离（mm），当跨内有多个集中荷载作用时，l_p 应取产生较小 b_{em} 的相应荷载作用点至较近支承点的距离。

2）受剪计算时

$$b_{em} = b_m + l_p \left(1 - \frac{l_p}{l}\right) \quad (5-19)$$

5.4　压型钢板 - 混凝土非组合板的计算

在施工阶段，由于压型钢板与混凝土之间不能共同作用，此时压型钢板的作用可视为模板，其分析计算同压型钢板 - 混凝土非组合板。本节将围绕压型钢板 - 混凝土非组合板的具体计算进行介绍。

5.4.1　压型钢板 - 混凝土组合板的计算方法介绍

压型钢板 - 混凝土组合板的计算方法有弹性理论方法和考虑截面塑性变形发展的塑性理论方法。

弹性理论方法就是工程力学方法,适用于组合梁、组合板构件的施工阶段计算,组合板承载力计算,直接承受动力荷载的组合梁承载力计算及变形验算。计算时,采用换算截面,即根据应变协调和总内力不变的原则,将混凝土面积 A_c 除以 α_E(钢材与混凝土弹性模量之比)换算成等效钢材截面面积。当考虑混凝土徐变、收缩等荷载长期作用时,混凝土面积 A_c 应除以 $2\alpha_E$ 来换算成其等效钢材截面面积。

塑性理论方法适用于计算承受静力荷载或间接动力荷载组合梁的承载力,计算时考虑结构的内力重分布和构件截面上的应力重分布。所谓承受间接动力荷载就是不直接承受动力荷载,主要指不以动力荷载为主者。如吊车梁以承受动力荷载为主,静力荷载(自重)仅占一小部分,所以其为直接承受动力荷载的部件。

压型钢板 - 混凝土非组合板的设计计算分为施工阶段和使用阶段。施工阶段压型钢板承受施工阶段的施工荷载和混凝土自重,需要进行受弯承载力的计算和变形验算。在使用阶段,压型钢板失去结构功能,楼板按照钢筋混凝土密肋楼板进行设计。下面对施工阶段的压型钢板 - 混凝土非组合板进行讨论。

5.4.2 荷载

压型钢板 - 混凝土非组合板施工阶段考虑以下荷载。

1)永久荷载

永久荷载:压型钢板、混凝土自重。

2)可变荷载

施工阶段活荷载:工人、施工设备等的重力。

附加荷载:当有混凝土堆放、附加管线、混凝土泵等以及过量冲击效应时,应适当增加荷载。

3)额外荷载

当压型钢板跨中挠度 δ 大于 20 mm 时,应考虑"坑凹"效应,在计算混凝土自重时,应将全部的混凝土厚度增加 0.7δ。

5.4.3 计算简图

计算简图按实际跨数及尺寸来确定,考虑到下料的不利情况,也可以取两跨连梁或单跨简支板。

5.4.4 计算原则

压型钢板 - 混凝土非组合板在施工阶段按照如下原则进行计算。

(1)在施工阶段要求压型钢板处于弹性阶段,不能产生塑性变形,所以压型钢板的强度计算和挠度验算均采用弹性方法。

(2)进行承载力及变形计算时,可按强边方向的单向板进行计算,弱边方向不计算,也不进行压型钢板抗剪等其他运算。

(3)压型钢板的计算简图应按实际支承跨数及跨度尺寸确定,但考虑到实际施工时的下料情况,一般按照简支单跨板或两跨连续板进行验算。

（4）经验算后,压型钢板的强度和变形不能满足要求时,可增设临时支撑以减小压型钢板的跨度使其满足要求。此时,计算跨度可取临时支撑之间的距离。

5.4.5　承载力验算

压型钢板 - 混凝土非组合板在施工阶段需要进行承载力验算。

1. 截面抵抗矩

压型钢板的截面抵抗矩 W_s 取其受压区 W_{sc} 和受拉区 W_{st} 两者中的较小值。其中,W_{sc} 和 W_{st} 的计算公式如下:

$$W_{sc} = I_s / x_c \tag{5-20}$$

$$W_{st} = I_s / h_p - x_c \tag{5-21}$$

式中　I_s——单位板宽压型钢板对其截面形心轴的惯性矩（mm^4）,计算时,受压翼缘有效计算宽度 b_{ef} 的取值应满足 $b_{ef} \leqslant 50t$（t 为压型钢板基板的厚度）;

　　　　x_c——压型钢板受压翼缘的外缘到中和轴的距离（mm）;

　　　　h_p——压型钢板的总高度（mm）。

2. 受弯承载力

压型钢板的正截面受弯承载力应按下式进行验算:

$$M \leqslant W_s f \tag{5-22}$$

式中　M——压型钢板沿顺肋方向一个波宽的弯矩设计值（N·mm）,在均布荷载作用下,连续板边跨跨中截面弯矩可近似取 $ql^2/11$（l 为压型钢板的计算跨度（mm）,q 为施工阶段作用在压型钢板计算宽度上的均布荷载标准值（N/mm））,内支座截面取 $ql^2/9$,内跨跨中截面取 $ql^2/14$;

　　　　W_s——压型钢板的截面惯性矩（mm^3）,按式（5-20）和式（5-21）计算,取两者中的较小值;

　　　　f——压型钢板的抗拉、抗压强度设计值（N/mm^2）。

5.4.6　挠度验算

压型钢板 - 混凝土非组合板在施工阶段需要进行挠度验算。压型钢板在均布荷载作用下,可按下列式子进行验算。

简支板:

$$\delta = \frac{5}{384} \frac{q_k l^4}{EI_s} \leqslant [\delta] \tag{5-23}$$

两跨连续板:

$$\delta = \frac{1}{185} \frac{q_k l^4}{EI_s} \leqslant [\delta] \tag{5-24}$$

式中　q_k——荷载短期效应组合的代表值（N/mm）;

　　　　E——压型钢板的弹性模量（N/mm^2）;

l —— 压型钢板的计算跨度（mm）；

$[\delta]$ —— 挠度限值，可取 $l/180$ 和 20 mm 两者中的较小值。

在计算压型钢板截面特征时，考虑到可能出现的局部屈曲，近似取受压翼缘有效宽度 $b_{ef} = 50t$，其中 t 为压型钢板的厚度（mm）。

5.5 压型钢板 - 混凝土组合板的计算

压型钢板 - 混凝土组合板的设计计算分为施工阶段和使用阶段。在使用阶段，混凝土已经硬结，压型钢板与混凝土组合在一起，共同承担永久荷载和使用活荷载。根据压型钢板与混凝土共同工作的特点，在使用阶段对压型钢板 - 混凝土组合板进行正截面受弯承载力、斜截面受剪承载力、交界面剪切黏结承载力、局部荷载作用下的受冲切承载力计算，对连续压型钢板 - 混凝土组合板还应进行负弯矩区段的挠度和裂缝宽度验算、自振频率验算等。所有建筑物均会因着火而受到破坏，因此也要考虑耐火能力（此部分非本节重点，请读者自行查阅规范，本节不展开讨论）。

5.5.1 压型钢板 - 混凝土组合板正截面受弯承载力计算

正截面受弯承载力按塑性设计方法计算，假定截面受压区和受拉区的材料均达到设计值。

根据极限状态时截面上塑性中和轴位置的不同，将压型钢板 - 混凝土组合板的应力分布分为两种情况：①塑性中和轴在压型钢板上部翼缘以上混凝土内；②塑性中和轴在压型钢板腹板内。

1. 塑性中和轴在压型钢板上部翼缘以上混凝土内

当 $A_s f_y + A_a f_a \leqslant \alpha_1 b h_c f_c$ 时，塑性中和轴在压型钢板上部翼缘以上混凝土内，此时压型钢板全部受拉，中和轴以上混凝土受压，中和轴以下混凝土受拉（不考虑其作用）。截面的应力分布如图 5-13（a）所示，由截面的内力平衡，得下列公式：

$$\alpha_1 b x f_c = A_a f_a + A_s f_y \tag{5-25}$$

$$M \leqslant M_u = \alpha_1 f_c b \left(h_0 - x/2 \right) \tag{5-26}$$

或

$$M \leqslant M_u = (f_a A_a + f_y A_s)\left(h_0 - x/2 \right) \tag{5-27}$$

此时，混凝土受压区高度 $x = (A_a f_a + A_s f_y)/(\alpha_1 b f_c)$ 应满足：

$$x \leqslant h_c \tag{5-28}$$

且

$$x \leqslant \xi_b h_0 \tag{5-29}$$

当 $x > \xi_b h_0$ 时，取 $x = \xi_b h_0$。其中，相对界限受压区高度 ξ_b 应按下列公式计算。

对有屈服点的钢材：

$$\xi_b = \frac{\beta_1}{1 + \dfrac{f_a}{E_a \varepsilon_{cu}}} \tag{5-30}$$

对无屈服点的钢材：

$$\xi_b = \frac{\beta_1}{1 + \dfrac{0.002}{\varepsilon_{cu}} + \dfrac{f_a}{E_a \varepsilon_{cu}}} \qquad (5\text{-}31)$$

式中　x —— 混凝土材料应力 - 应变曲线系数。

　　　E_a —— 钢材弹性模量（N/mm^2）。

　　　M —— 压型钢板 - 混凝土组合板的弯矩设计值（$N \cdot mm$）；

　　　M_u —— 压型钢板 - 混凝土组合板所能承受的极限弯矩值（$N \cdot mm$）；

　　　b —— 压型钢板 - 混凝土组合板截面的计算宽度，可取一个波宽宽度或取 1 m 进行计算（mm）；

　　　x —— 压型钢板 - 混凝土组合板截面的计算受压区高度（mm）；

　　　A_a —— 计算宽度内压型钢板截面面积（mm^2）；

　　　A_s —— 计算宽度内板受拉钢筋截面面积（mm^2）；

　　　f_a —— 压型钢板的抗拉强度设计值（MPa）；

　　　f_y —— 钢筋的抗拉强度设计值（MPa）；

　　　f_c —— 混凝土的抗压强度设计值（MPa）；

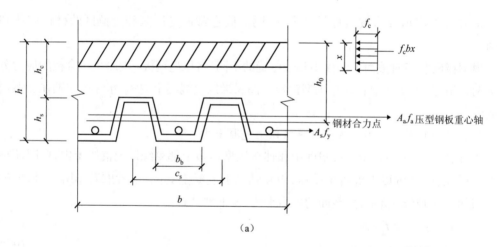

（a）

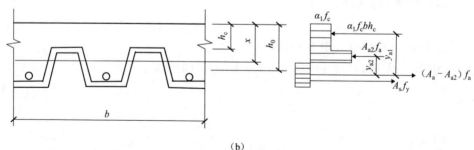

（b）

图 5-13　截面应力分布图

（a）塑性中和轴在压型钢板上部翼缘以上混凝土内时，压型钢板 - 混凝土组合板正截面受弯承载力计算应力分布图形

（b）塑性中和轴在压型钢板腹板内时，压型钢板 - 混凝土组合板正截面受弯承载力计算应力分布图形

h_0—— 压型钢板 - 混凝土组合板的有效高度,即从压型钢板的形心轴至混凝土受压
区边缘的距离(mm);

ε_{cu}—— 受压区混凝土极限压应变,取 0.003 3;

ξ_b—— 相对界限受压区高度;

β_1—— 受压区混凝土应力图形影响系数。

当在截面受拉区配置钢筋时,相对界限受压区高度 ξ_b 计算公式中的 f_a 应分别用钢筋的
抗拉强度设计值 f_y 和压型钢板的抗拉强度设计值 f_a 代入计算,其较小值为相对界限受压区
高度 ξ_b。

2. 塑性中和轴在压型钢板腹板内

当 $A_s f_y + A_a f_a > \alpha_1 bh_c f_c$ 时,塑性中和轴在压型钢板腹板内,混凝土有两部分受压,但一般
只考虑压型钢板顶面以上部分混凝土的受压作用,而不考虑中和轴和压型钢板顶面之间部
分混凝土的受压作用,同样忽略混凝土的受拉作用。截面应力分布如图 5-13(b)所示,根据
截面内力平衡,得下列公式:

$$\alpha_1 bh_c f_c + A_{a2} f_a = (A_a - A_{a2}) f_a + A_s f_y \tag{5-32}$$

$$M \leqslant M_u = \alpha_1 f_c bh_c y_{a1} + f_a A_{a2} y_{a2} \tag{5-33}$$

式中　A_{a2}—— 塑性中和轴以上计算宽度内压型钢板的截面面积(mm^2);

y_{a1}—— 压型钢板受拉区截面应力及受拉钢筋应力合力作用点至受压区混凝土合力
作用点的距离(mm);

y_{a2}—— 压型钢板受拉区截面应力及受拉钢筋应力合力作用点至压型钢板截面压应
力合力作用点的距离(mm);

h_c—— 压型钢板上翼缘以上混凝土的厚度(mm)。

由式(5-32)可得

$$A_{a2} = \frac{A_a f_a - \alpha_1 bh_c f_c + A_s f_y}{2f_a} \tag{5-34}$$

在求得 A_{a2} 之后,参数 y_{a1}、y_{a2} 也随之被确定。

根据《组合结构设计规范》(JGJ 138—2016),当 $x > h_c$ 时,表明压型钢板板肋以上混凝土受
压面积不够,还需部分压型钢板内的混凝土连同该部分压型钢板受压,这种情况出现在压型
钢板截面面积很大时,此时精确计算受弯承载力极其烦琐,故可以重新选择压型钢板使得 $x \leqslant h_c$。

在进行集中荷载作用下的压型钢板 - 混凝土组合板受弯承载力计算时,考虑集中荷载
有一定的分布宽度,在利用上述各公式进行计算时,应将截面的计算宽度 b 改为有效分布宽
度 b_{em}。

5.5.2　压型钢板 - 混凝土组合板斜截面受剪承载力计算

在对使用阶段的压型钢板 - 混凝土组合板进行斜截面承载力计算时,一般仅考虑混凝
土部分的抗剪作用而忽略压型钢板的抗剪作用,即按混凝土板计算压型钢板 - 混凝土组合
板斜截面的抗剪承载力。

1. 均布荷载作用下

在均布荷载作用下，压型钢板 - 混凝土组合板的斜截面受剪承载力按下式进行计算：

$$V \leqslant 0.7 f_t b h_0 \qquad (5-35)$$

式中　V——压型钢板 - 混凝土组合板在计算宽度 b 内的剪力设计值（N）；

　　　f_t——混凝土轴心抗拉强度设计值（MPa）；

　　　b——压型钢板 - 混凝土组合板的计算宽度（mm）；

　　　h_0——压型钢板 - 混凝土组合板的有效高度（mm）。

2. 集中荷载作用下

在集中荷载作用下，或在集中荷载和均布荷载共同作用下，由集中荷载引起的支座截面或节点边缘截面剪力值占总剪力的 75% 以上时，压型钢板 - 混凝土组合板的斜截面承载力应按下列公式计算：

$$V \leqslant 0.44 f_t b_{em} h_0 \qquad (5-36)$$

式中　V——压型钢板 - 混凝土组合板的剪力设计值（N）；

　　　b_{em}——截面的有效分布宽度（mm）。

5.5.3　压型钢板 - 混凝土组合板纵向剪切黏结承载力计算

压型钢板 - 混凝土组合板的主要设计要求在于钢板和混凝土交界面上的黏结应力应不致引起二者的相对滑移。在荷载作用下，交界面的破坏形态还可能是纵向剪切和黏结破坏的结合，故称剪切黏结破坏。因此，压型钢板 - 混凝土组合板纵向受剪承载力也称交界面剪切黏结承载力。

剪切黏结破坏如图 5-14 所示。试验研究表明，在加载点附近形成的主斜裂缝使附近的黏结力丧失，形成交界面水平裂缝并很快向板端发展，最终导致整个剪跨段长度上的黏结破坏，从而引起钢板与混凝土之间的滑移。

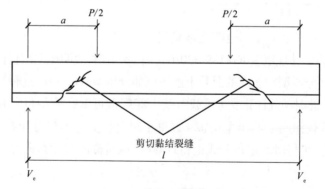

图 5-14　剪切黏结破坏

压型钢板 - 混凝土组合板纵向受剪承载力与其剪跨 a、平均肋宽 b_{bm}（图 5-15）、截面有效高度 h_0（钢板形心轴到受压边缘的距离）、压型钢板厚度 t 有关，可按下列公式计算：

$$V_1 \leqslant V_{lu} = \alpha_0 - \alpha_1 \alpha + \alpha_2 b_{2m} h_0 + \alpha_3 t \qquad (5-37)$$

式中　V_1——纵向剪力设计值（N）；

V_{lu}—— 纵向受剪承载力（N）；

a—— 压型钢板 - 混凝土组合板剪跨（mm），$a = M/V$，其中 M 为与剪力设计值 V 相对应的弯矩，均布荷载简支板取 $a = l/4$；

b_{bm}—— 压型钢板 - 混凝土组合板平均肋宽（mm）；

t—— 压型钢板厚度（mm）；

α_0、α_1、α_2、α_3—— 剪力黏结系数，应由试验研究确定，采用国产压型钢板时，可取 $\alpha_0 = 78.142$、$\alpha_1 = 0.098\ 1$、$\alpha_2 = 0.003\ 6$、$\alpha_3 = 38.625$。

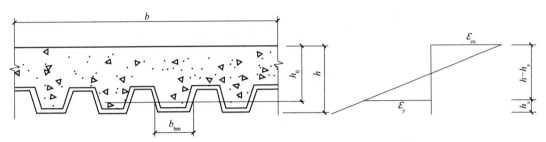

图 5-15　压型钢板 - 混凝土组合板的相对界限受压区高度

5.5.4　局部荷载作用下的受冲切承载力

在局部荷载作用下，当板比较薄、荷载作用范围小而又较大时，压型钢板 - 混凝土组合板容易发生冲切破坏。冲切破坏的实质是在受拉主应力作用下形成一个 45° 斜面的冲切锥体（图 5-16）。在计算时，仅考虑压型钢板 - 混凝土组合板中混凝土的抗冲切作用，不考虑压型钢板的抗冲切作用，因此可按钢筋混凝土板的抗冲切理论进行计算。当压型钢板 - 混凝土组合板上作用集中荷载时，应按下式验算其抗冲切承载力：

$$V_p \leqslant 0.6 u_{cr} h_c f_t \tag{5-38}$$

式中　V_p—— 集中荷载作用下压型钢板 - 混凝土组合板的抗冲切设计值（N）；

u_{cr}—— 冲切面的临界周边长度（mm），如图 5-16 所示；

h_c—— 压型钢板顶面以上的混凝土计算厚度（mm）；

f_t—— 混凝土的抗拉强度设计值（MPa）。

其中，冲切面的临界周边长度 u_{cr} 按下式计算：

$$u_{cr} = 2\pi h_c + 2(h_0 + a_c + 2h_c) + 2b_c + 8h_f \tag{5-39}$$

式中　h_0—— 压型钢板 - 混凝土组合板的有效计算高度（mm）；

a_c、b_c—— 集中荷载作用面的长和宽（mm）；

h_f—— 垫板厚度（mm）。

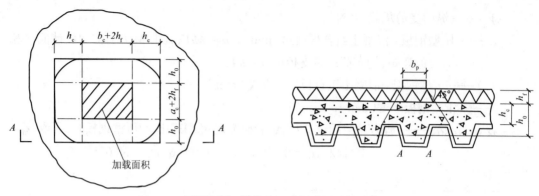

图 5-16　压型钢板 - 混凝土组合板冲切破坏计算模型

5.5.5　压型钢板 - 混凝土组合板的挠度、裂缝宽度验算

压型钢板 - 混凝土组合板的挠度、裂缝宽度按弹性理论计算。

1. 挠度验算

计算压型钢板 - 混凝土组合板挠度时,不管其支撑情况如何,均按简支单向板计算沿强边(顺肋)方向的变形,且应分别按荷载短期效应组合和荷载长期效应组合进行计算。

(1)荷载短期效应组合下的挠度计算。

均布荷载简支板:

$$\delta_s = \frac{5}{384} \frac{q_k l^4}{B_s} \tag{5-40}$$

集中荷载简支板:

$$\delta_s = \frac{1}{48} \frac{S_s l^3}{B_s} \tag{5-41}$$

均布荷载双向简支板:

$$\delta_s = \frac{1}{185} \frac{S_s l^4}{B_s} \tag{5-42}$$

式中　δ_s——荷载短期效应组合下的压型钢板 - 混凝土组合板挠度(mm);

　　　　q_k——均布可变荷载标准值(N/mm);

　　　　l——压型钢板 - 混凝土组合板的计算跨度(mm);

　　　　B_s——对应荷载短期效应组合的换算截面抗弯刚度,此时,压型钢板截面应乘以 α_E 换算成混凝土截面,或将混凝土截面除以 α_E 换算成钢截面,其中 α_E 为压型钢板弹性模量 E 与混凝土弹性模量 E_c 的比值,即 $\alpha_E = E/E_c$;

　　　　S_s——荷载短期效应组合的标准值(N)。

(2)荷载长期效应组合下的挠度计算。

均布荷载简支板:

$$\delta_l = \frac{5}{384} \frac{S_l l^4}{B_l} \tag{5-43}$$

集中荷载简支板：

$$\delta_{\mathrm{l}} = \frac{1}{48} \frac{S_{\mathrm{l}} l^3}{B_{\mathrm{l}}} \tag{5-44}$$

均布荷载双向简支板：

$$\delta_{\mathrm{l}} = \frac{1}{185} \frac{S_{\mathrm{l}} l^4}{B_{\mathrm{l}}} \tag{5-45}$$

式中　δ_{l}——荷载长期效应组合下的压型钢板 - 混凝土组合板挠度（mm）；

　　　S_{l}——荷载长期效应组合的标准值（N）；

　　　B_{l}——对应荷载长期效应组合的换算截面抗弯刚度，此时，压型钢板截面应乘以 $2\alpha_{\mathrm{E}}$ 换算成混凝土截面，或将混凝土截面除以 $2\alpha_{\mathrm{E}}$ 换算成钢截面（mm²）。

（3）按荷载短期效应组合，并考虑永久荷载的长期作用影响，且承受均布荷载的简支压型钢板 - 混凝土组合板可按下列公式进行计算：

$$\delta = \frac{5}{384} \left(\frac{q_{\mathrm{k}} l^4}{EI_0} + \frac{g_{\mathrm{k}} l^4}{EI_0'} \right) \leqslant \frac{l}{360} \tag{5-46}$$

$$I_0 = \frac{1}{\alpha_{\mathrm{E}}} [I_{\mathrm{c}} + A_{\mathrm{c}}(x_{\mathrm{n}}' - h_{\mathrm{c}}')^2] + I_{\mathrm{p}} + A_{\mathrm{p}}(h_0 - x_{\mathrm{n}}')^2 \tag{5-47}$$

$$I_0' = \frac{1}{2\alpha_{\mathrm{E}}} [I_{\mathrm{c}} + A_{\mathrm{c}}(x_{\mathrm{n}}' - h_{\mathrm{c}}')^2] + I_{\mathrm{p}} + A_{\mathrm{p}}(h_0 - x_{\mathrm{n}}')^2 \tag{5-48}$$

$$x_{\mathrm{n}}' = \frac{A_{\mathrm{c}} h_{\mathrm{c}} + \alpha_{\mathrm{E}} A_{\mathrm{p}} h_0}{A_{\mathrm{c}} + \alpha_{\mathrm{E}} A_{\mathrm{p}}} \tag{5-49}$$

式中　δ——荷载长期效应组合下的压型钢板 - 混凝土组合板挠度（mm）；

　　　q_{k}——均布可变荷载标准值（N/mm）；

　　　l——压型钢板 - 混凝土组合板的计算跨度（mm）；

　　　E——压型钢板弹性模量（MPa）；

　　　I_0——将压型钢板 - 混凝土组合板换算成钢截面的截面惯性矩（mm⁴）；

　　　g_{k}——永久荷载标准值（N/mm）；

　　　I_0'——考虑永久荷载长期作用影响的组合截面惯性矩（mm⁴）；

　　　I_{c}——混凝土对压型钢板 - 混凝土组合板中和轴的惯性矩（mm⁴）；

　　　A_{c}——混凝土的截面面积（mm²）；

　　　x_{n}'——全截面有效压型钢板 - 混凝土组合板中和轴至受压区边缘的距离（mm）；

　　　I_{p}——压型钢板对压型钢板 - 混凝土组合板中和轴的惯性矩（mm⁴）；

　　　A_{p}——压型钢板的截面面积（mm²）；

　　　h_0——压型钢板 - 混凝土组合板截面有效高度（mm）；

　　　h_{c}'——压型钢板 - 混凝土组合板受压边缘至混凝土截面重心的距离（mm）。

2. 裂缝宽度计算

对压型钢板 - 混凝土组合板裂缝宽度进行验算，可忽略压型钢板的作用，主要是按照《混凝土结构设计规范（2015 年版）》（GB 50010—2010）规定的裂缝宽度限值验算连续压型

钢板 - 混凝土组合板负弯矩区的最大裂缝宽度是否满足要求。

最大裂缝宽度按荷载短期效应组合并考虑长期效应的影响进行计算。最大裂缝宽度按下式进行计算：

$$w_{max} = 2.1\psi v(54 + 10d)\frac{\sigma_{ss}}{E_s} \le w_{lim} \tag{5-50}$$

$$\psi = 1.1 - 65\frac{f_{tk}}{\sigma_{ss}} \tag{5-51}$$

$$\sigma_{ss} = \frac{M_s}{0.87h_0'A_s} \tag{5-52}$$

式中　w_{max} —— 最大裂缝宽度（mm）；

　　　ψ —— 裂缝之间纵向受拉钢筋应变不均匀系数；

　　　v —— 纵向受拉钢筋的表面特征系数，对光面钢筋取 1.0，对变形钢筋取 0.7；

　　　d —— 压型钢板 - 混凝土组合板负弯矩段纵向受拉钢筋直径（mm）；

　　　σ_{ss} —— 按荷载短期效应组合计算的纵向受拉钢筋应力（MPa）；

　　　E_s —— 压型钢板 - 混凝土组合板负弯矩段纵向受拉钢筋的弹性模量（MPa）；

　　　w_{lim} —— 裂缝宽度限值，按《混凝土结构设计规范（2015 年版）》（GB 50010—2010）规定取值，对一类环境 w_{lim} 取 0.3 mm，对二类环境 w_{lim} 取 0.2 mm；

　　　f_{tk} —— 混凝土轴心抗拉强度标准值（MPa）；

　　　M_s —— 荷载短期效应组合时压型钢板 - 混凝土组合板的负弯矩设计值（N·mm）；

　　　h_0' —— 压型钢板 - 混凝土组合板上翼缘以上混凝土截面的有效高度（mm），$h_0' = h_c - 20$，其中 h_c 为压型钢板顶面以上的混凝土计算厚度（mm）；

　　　A_s —— 压型钢板 - 混凝土组合板负弯矩段纵向受拉钢筋截面面积（mm²）。

5.5.6　压型钢板 - 混凝土组合板的自振频率计算

为保证压型钢板 - 混凝土组合板在外力干扰下不产生较大震动而影响结构的正常使用，应进行压型钢板 - 混凝土组合板的自振频率验算。压型钢板 - 混凝土组合板的自振频率在 15 Hz 以上时让人感觉最舒适。采用日本的经验公式计算压型钢板 - 混凝土组合板的一阶自振频率满足下列公式：

$$f_q = \frac{1}{k\sqrt{\delta}} \tag{5-53}$$

式中　f_q —— 压型钢板 - 混凝土组合板的自振频率（Hz）；

　　　k —— 压型钢板 - 混凝土组合板的支承条件系数，与支承条件有关，简支板取 0.178，一端简支、一端固定取 0.177，两端固定取 0.175；

　　　δ —— 仅考虑永久荷载时压型钢板 - 混凝土组合板的挠度（cm），其中，压型钢板 - 混凝土组合板的刚度按荷载作用下的标准组合进行计算。

5.5.7　压型钢板 - 混凝土组合板例题

【例 5-1】　某建筑楼板采用型号为 YX-75-200-600（Ⅱ）的压型钢板，其计算跨度为 2.2
m，钢型号为 Q235，f_y = 205 N/mm²。板厚度 t = 1.6 mm，每米宽度压型钢板 - 混凝土组合板
的截面面积 A_s = 2 650 mm²/m（重量为 0.355 kN/m²），截面惯性矩 I_s = 0.96 × 10⁶ mm⁴/m，其剖
面构造如图 5-17 所示。按顺肋简支单向板考虑，压型钢板上浇筑 70 mm 厚的 C25 混凝土，
上铺 3 mm 厚面砖（重度为 30 kN/m³）。验算该压型钢板 - 混凝土组合板在施工阶段和使用
阶段的承载力及挠度。

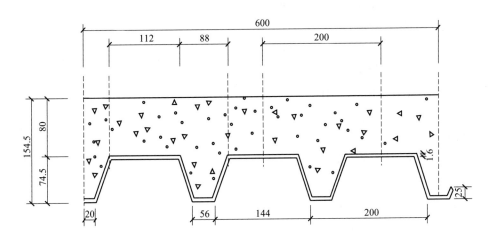

图 5-17　压型钢板 - 混凝土组合板剖面

【解】　1. 施工阶段压型钢板 - 混凝土组合板验算

1）荷载计算

取 b = 1 000 mm 作为计算单元。

（1）施工荷载：

$$p_k = 1.0 \times 1.0 = 1.00 \text{ kN/m}$$

$$p_1 = 1.4 \times 1.0 = 1.40 \text{ kN/m}$$

（2）混凝土和压型钢板自重：

混凝土取平均厚度 107 mm。

$$g_k = (0.107 \times 25 + 0.335) \times 1.0 = 3.01 \text{ kN/m}$$

$$g_1 = 1.2 \times 3.01 = 3.61 \text{ kN/m}$$

$$q_k = p_k + g_k = 1.0 + 3.01 = 4.01 \text{ kN/m}$$

2）内力计算

$$M = \frac{1}{8}(p_1 + g_1)l^2 = \frac{1}{8} \times (1.40 + 3.61) \times 2.2^2 = 3.03 \text{ kN·m}$$

$$V = \frac{1}{2}(p_1 + g_1)l = \frac{1}{2} \times (1.40 + 3.61) \times 2.2 = 5.51 \text{ kN}$$

3）压型钢板承载力验算

$$b_{et} = 50 \times t = 50 \times 1.6 = 80 \text{ mm} < 112 \text{ mm}$$

按有效截面计算几何特征。

查表 5-4，得

$$I = 200 \times 10^4 \text{ mm}^4/\text{m}$$

$$W_e = 48.9 \times 10^3 \text{ mm}^3/\text{m}$$

1 m 宽压型钢板的承载力设计值为

$$M_u = f \times W_e = 205 \times 48.9 \times 10^3 = 10.02 \times 10^6 \text{ N·mm/m}$$
$$= 10.02 \text{ kN·m/m} > 3.03 \text{ kN·m/m}$$

4）压型钢板的跨中挠度验算

$$\frac{5q_k l^4}{384 E_s I_s} = \frac{5 \times 4.01 \times 2\,200^4}{384 \times 206 \times 10^3 \times 0.96 \times 10^6} = 6.18 \text{ mm} < \frac{l}{200} = \frac{2\,200}{200} = 11 \text{ mm}$$

所以压型钢板满足施工阶段使用要求。

2. 使用阶段压型钢板 - 混凝土组合板验算

1）荷载计算

取 $b = 1\,000$ mm 进行计算。

（1）活荷载计算：

$$p_k = 2.0 \times 1.0 = 2.00 \text{ kN/m}$$

$$p_1 = 2.0 \times 1.4 = 2.80 \text{ kN/m}$$

（2）永久荷载计算：

混凝土取平均厚度 107 mm。

$$g_k = 0.003 \times 30 + 0.107 \times 25 + 0.355 = 3.12 \text{ kN/m}$$

$$g_2 = 1.2 \times 3.12 = 3.74 \text{ kN/m}$$

2）内力计算

$$M = \frac{1}{8}(p_1 + g_1)\,l^2 = \frac{1}{8} \times (2.80 + 3.74) \times 2.2^2 = 3.96 \text{ kN·m}$$

$$V = \frac{1}{2}(p_1 + g_1)l = \frac{1}{2} \times (2.80 + 3.74) \times 2.2 = 7.19 \text{ kN}$$

3）正截面承载力计算

$$f_y = 205 \text{ N/mm}^2 \quad E = 2.06 \times 10^5 \text{ N/mm}^2 \quad f_c = 11.9 \text{ N/mm}^2$$

$$f_t = 1.27 \text{ N/mm}^2 \quad h_0 = 154.5 - \frac{1}{2} \times 74.5 = 117.3 \text{ mm}$$

$$\xi_b = \frac{0.8}{1 + \dfrac{f}{0.003\,3 E_s}} \frac{h - h_p}{h_0} = \frac{0.8}{1 + \dfrac{205}{0.003\,3 \times 2.06 \times 10^5}} \times \frac{80}{117.5} = 0.420$$

$$x = \frac{A_s f_y}{f_c b} = \frac{265\,000 \times 205}{11.9 \times 1\,000} = 45.7 \text{ mm}$$

$$\xi = \frac{x}{h_0} = \frac{45.7}{117.5} = 0.389 < 0.420$$

$$M_u = 0.8A_s f_y \left(h_0 - \frac{1}{2} \times 45.7 \right) = 0.8 \times 2\,650 \times 205 \times \left(117.3 - \frac{1}{2} \times 45.7 \right)$$

$$= 41.0 \text{ kN·m} > M = 3.96 \text{ kN·m}$$

4）斜截面承载力计算

取一个波宽（200 mm）进行计算。

一个波承受的剪力

$$V_1 = V \times \frac{200}{1\,000} = 7.19 \times \frac{200}{1\,000} = 1.44 \text{ kN}$$

$$0.7 f_t b_{bm} h_0 = 0.7 \times 1.27 \times (56 + 88) \times \frac{1}{2} \times 117.3 = 7.5 \text{ kN} > V_1 = 1.44 \text{ kN}$$

5）变形验算

取一个波宽进行计算。

混凝土弹性模量 $E_c = 2.8 \times 10^4$ N / mm^2。

$$\alpha_E = \frac{E}{E_c} = \frac{2.06 \times 10^5}{2.8 \times 10^4} = 7.36$$

（1）荷载效应标准组合作用下的挠度（换算截面如图 5-18 所示）：

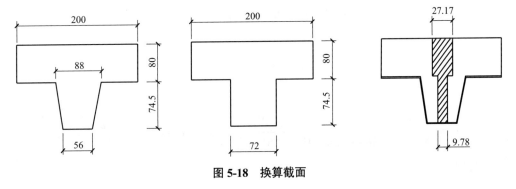

图 5-18　换算截面

$$混凝土截面上宽 = \frac{200}{\alpha_E} = \frac{200}{7.36} = 27.17 \text{ mm}$$

$$肋宽 = \frac{72}{7.36} = 9.78 \text{ mm}$$

$$y = \frac{A_1 y_1 + A_2 y_2 + A_3 y_3}{A_1 + A_2 + A_3}$$

$$= \frac{27.17 \times 80 \times \left(74.5 + \frac{80}{2} \right) + 9.78 \times (74.5 - 1.6) \times \left(\frac{74.5 - 1.6}{2} + 1.6 \right) + 2\,650 \times 0.2 \times \frac{74.5}{2}}{27.17 \times 80 + 9.78 \times (74.5 - 1.6) + 2\,650 \times 0.2}$$

$$= \frac{295\,747.9}{3\,416.6} = 86.6 \text{ mm}$$

一个波宽范围内压型钢板 - 混凝土组合板换算截面惯性矩

$$I'_{sk} = \sum_{i=1}^{n} I'_{aki} = \sum_{i=1}^{n} [I_{xi} + A_i(y - y_i)^2]$$

$$= \frac{1}{12} \times 27.17 \times 80^3 + 27.17 \times 80 \times \left(74.5 + \frac{80}{2} - 86.6\right)^2 +$$

$$\frac{1}{12} \times 9.78 \times 72.9^3 + 9.78 \times 72.9 \times \left(86.6 - 1.6 - \frac{72.9}{2}\right)^2 +$$

$$200 \times 10^4 \times 0.2 + 2\,650 \times 0.2 \times \left(86.6 - \frac{74.5}{2}\right)^2$$

$$= 6.53 \times 10^6 \text{ mm}^4$$

每米宽板的惯性矩

$$I_{sk} = 5I'_{sk} = 5 \times 6.53 \times 10^6 = 3.27 \times 10^7 \text{ mm}^4$$

$$q_k = g_k + p_k = 3.12 + 2.00 = 5.12 \text{ kN/m}$$

$$\delta = \frac{5q_k l^4}{384 E_s I_{sk}} = \frac{5 \times 5.12 \times 2\,200^4}{384 \times 2.06 \times 10^5 \times 3.27 \times 10^7} = 0.23 \text{ mm}$$

（2）荷载效应准永久组合作用下的挠度：

荷载值

$$q_q = g_k + \psi_{cq} p_k = 3.12 + 0.4 \times 2 = 3.92 \text{ kN/m}$$

截面惯性矩

$$I_{sq} = \frac{I_{sk}}{2} = \frac{3.27 \times 10^7}{2} = 1.64 \times 10^7 \text{ mm}^4$$

挠度

$$\delta_q = \frac{5q_q l^4}{384 EI_{sq}} = \frac{5 \times 3.92 \times 2\,200^4}{384 \times 2.06 \times 10^5 \times 1.64 \times 10^7} = 0.35 \text{ mm} < \frac{l}{360} = \frac{2\,200}{360} = 6.1 \text{ mm}$$

所以满足要求。

【思考题】

1. 压型钢板 - 混凝土组合板正截面承载力计算时采用哪些计算假定？
2. 什么是压型钢板受压翼缘的有效计算宽度？它是如何取值的？

【参考文献】

[1] 郭正平. 压型钢板 - 混凝土组合楼板研究综述 [J]. 四川建筑,2020,40（3）:306-308,311.

[2] 冶金工业部建筑研究总院. 钢 - 混凝土组合楼盖结构设计与施工规程：YBJ 238—1992[S]. 北京:冶金工业出版社,1992.

[3] 中华人民共和国国家质量监督检验检疫总局,中国国家标准化管理委员会. 建筑用压型钢板:GB/T 12755—2008[S]. 北京:中国标准出版社,2009.

[4] 湖北省发展计划委员会. 冷弯薄壁型钢结构技术规范: GB 50018—2002[S]. 北京:中国标准出版社,2002.

[5] 中华人民共和国国家质量监督检验检疫总局,中国国家标准化管理委员会.碳素结构钢:GB/T 700—2006[S].北京:中国标准出版社,2007.

[6] 国家市场监督管理总局,中国国家标准化管理委员会.低合金高强度结构钢:GB/T 1591—2018[S].北京:中国标准出版社,2018.

[7] 中华人民共和国住房和城乡建设部.建筑结构可靠性设计统一标准:GB 50068—2018[S].北京:中国建筑工业出版社,2018.

[8] 中华人民共和国公安部.建筑设计防火规范(2018 年版):GB 50016—2014[S].北京:中国标准出版社,2018.

[9] 中华人民共和国住房和城乡建设部.高层民用建筑钢结构技术规程:JGJ 99—2015[S].北京:中国建筑工业出版社,2016.

[10] 国家市场监督管理总局,国家标准化管理委员会.连续热镀锌和锌合金镀层钢板及钢带:GB/T 2518—2019[S].北京:中国标准出版社,2019.

[11] 张培信.钢 - 混凝土组合结构设计 [M].上海:上海科学技术出版社,2004.

[12] 马怀忠,王天贤.钢 - 混凝土组合结构 [M].北京:中国建材工业出版社,2006.

[13] 徐杰.钢与混凝土组合结构理论与应用 [M].北京:中国水利水电出版社,2020.

[14] 胡少伟.钢 - 混凝土组合结构 [M].郑州:黄河水利出版社,2005.

[15] 林宗凡.钢 - 混凝土组合结构 [M].上海:同济大学出版社,2004.

[16] 中华人民共和国住房和城乡建设部.混凝土结构设计规范(2015 年版):GB 50010—2010[S].北京:中国建筑工业出版社,2015.

第6章　钢管混凝土组合柱

钢管混凝土(Concrete Filled Steel Tube，CFST)是指在钢管中填充混凝土组合而成的构件，常应用于柱。钢管混凝土构件能够有效地发挥钢管与混凝土两者的优势，具有良好的受力性能及经济效益，得到了工程界的青睐，应用越来越广泛。

6.1　概述

6.1.1　分类

按照截面形式的不同，钢管混凝土可以分为圆钢管混凝土、方钢管混凝土、多边形钢管混凝土等，在工程中，钢管混凝土常用的截面形式如图6-1所示。

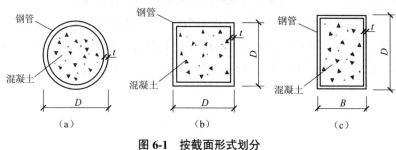

图6-1　按截面形式划分

(a)圆形　(b)方形　(c)矩形

按照内部加强件的种类，钢管混凝土可以分为普通钢管混凝土、钢管-钢筋混凝土、钢管-型钢混凝土等。

根据钢管与混凝土材料性能的不同，钢管混凝土可以分为钢管-普通混凝土、钢管-高强混凝土、钢管-超高性能混凝土等，钢管又可以分为普通钢与高强钢。

按照内部混凝土的填充程度，钢管混凝土可以分为实心钢管混凝土与空心钢管混凝土。实心钢管混凝土是指在钢管中填充满混凝土；空心钢管混凝土是指在钢管中填充一定量的混凝土，用离心机使其离心贴于钢管内壁，再进行高压蒸汽养护。

按照受力的不同，钢管混凝土可以分为三种情况，如图6-2所示。大量试验结果表明，上述不同加载方式对钢管混凝土的极限承载能力没有影响或影响不明显。

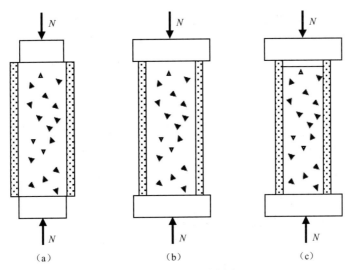

图 6-2　按受力方式划分

（a）钢管与混凝土在受荷初期共同受力　（b）外荷载仅施加在核心混凝土上,外部钢管只起约束作用
（c）钢管预先单独承受荷载,直至钢管被压缩到与核心混凝土齐平后,再与核心混凝土共同承受荷载

钢管混凝土结构按照一定的方式进行组合,可以形成格构式混凝土,一般分为双肢格构式、三肢格构式、四肢格构式等。

6.1.2　优点

柱构件的优越性与实用性大致可以通过以下几个指标衡量:承载能力、抗震性能、尺寸及自重、耐火性能、施工性能、经济性、美观性等。在建筑结构中应用的组合柱主要有钢筋混凝土柱、钢管混凝土组合柱、型钢混凝土组合柱等,与其他结构相比,钢管混凝土组合柱具有以下特点。

1. 承载力高

钢材弹性模量较高,塑性、韧性好,但受压时易局部失稳而丧失承载能力;混凝土抗压性能优越,但抗弯能力弱,塑性、韧性等远不及钢材。对于钢管混凝土组合柱构件,核心混凝土由于外部钢管的约束作用,在轴压作用下处于三向受压的围压状态,延缓了混凝土受压时的纵向开裂,从而提高了混凝土的抗压强度,即套箍效应;钢管对局部缺陷很敏感,因此临界承载力很不稳定,通常屈服强度得不到充分的利用,而混凝土的存在可以避免或延缓钢管局部屈曲的发生,保证其材料性能的充分发挥。钢管与混凝土组合而成的钢管混凝土组合构件,不仅可以弥补两种材料的不足,还可以充分发挥二者的优点,使其承载力大大提高。

研究表明,钢管混凝土组合柱的承载能力大于相应钢管与混凝土承载能力之和,产生所谓的"1 + 1 > 2"的组合效果。另外,钢管混凝土组合构件不但承载能力高,抗扭和抗剪性能也很优越。

2. 塑性和韧性良好,抗震性能优越

混凝土的脆性通常较大,对于高强与超高性能混凝土来说更是如此,其可靠性大幅度降低。但钢管内的核心混凝土由于受到钢管套箍效应的影响,不但在使用阶段提高了弹性性能,扩大了弹性工作阶段,而且破坏时还会产生很大的塑性变形,由脆性材料转变为塑性材料,混凝土的基本性能发生了质的变化。此外,试验表明,钢管混凝土结构在承受冲击和振动荷载时,具有很大的韧性,延性性能明显改善,吸收能量多,耗能能力显著提高,且刚度退化很小,展现出了优越的抗震性能。

3. 耐火性能好

在火灾作用下,由于核心混凝土能够吸收部分钢管传来的热量,使外钢管的升温滞后,所以钢管混凝土结构中钢管的强度损失要比纯钢结构小,而混凝土也会因为外钢管的保护作用不发生爆裂现象。钢管混凝土结构中外钢管与核心混凝土优势互补、协同工作、互相贡献的特点,使这种结构具有良好的耐火性能。

火灾之后,钢管混凝土结构已屈服位置的强度会产生不同程度的恢复,截面力学性能有所改善,整体性也比火灾高温作用下有提高,为结构的加固补强提供了一个较为安全的施工环境,也可以减小补强工作量,降低维修费用。相比较而言,钢筋混凝土结构火灾后破坏截面的力学性能和整体性能等都不能因温度降低而有所改善或恢复;钢结构中已发生失稳和扭曲的构件也不会恢复。

4. 施工方便,缩短工期

钢管混凝土组合柱与钢筋混凝土柱相比,外钢管兼有纵向钢筋和横向箍筋的作用,省去了钢筋下料和绑扎等一系列工艺,且外钢管本身就是耐侧压的模板,节省了支模、拆模等工序;因钢管内无钢筋,混凝土的浇筑更为方便,特别是目前采用的泵送混凝土、自密实混凝土等工艺,可加快施工进度;在浇筑混凝土之后,钢管内处于相对稳定的湿度条件下,水分不易蒸发,省去了浇水养护等工序;在钢管混凝土结构施工时,钢管可以作为劲性骨架承担施工阶段的结构重量及施工荷载,施工不受混凝土养护时间等的影响;钢管混凝土组合柱构造简单,零件少、焊缝少,因而工厂制造较简单,自重较小,运输和吊装也较为简单;与预制钢筋混凝土构件相比,钢管混凝土组合柱不需要预制场地。与普通钢柱相比,钢管混凝土组合柱一般采用在混凝土基础上预留杯口的插入式柱脚,柱脚焊缝短、零件少,构造简单,施工方便。

钢管混凝土结构在施工制造方面的一个重要方向是钢管、钢梁或钢筋混凝土梁构造节点的工厂化、标准化制造,从而使其符合现代施工技术工业化的要求,简化施工程序,节约人工费用,降低工程造价。

5. 经济效益高

大量工程实际表明,与采用钢筋混凝土构件的结构相比,采用钢管混凝土构件的结构施工中不需要模板,能够节约混凝土 50% 以上,减轻结构自重 50% 以上,而耗钢量和造价大约相等或略高;与钢结构相比,钢管混凝土结构可节约钢材 50% 左右,造价也可以降低。例如,在 1986 年建成的镇江水泥制品厂压力管车间采用的钢管混凝土组合柱与原设计的钢筋混凝土柱相比,耗钢量减少 13%,混凝土用量减少 72%,整体造价降低一半左右;在 1985 年首钢自备热电站电除尘支架柱原设计采用钢柱,最后调整为钢管混凝土组合柱后耗钢量减少 39.3%,节约造价 33.9%,结构自重也相应降低。

钢管混凝土组合结构作为一种较为合理的结构形式,能够很好地发挥钢材与混凝土两种材料的优势,协调互补、共同工作,使材料得到更加充分合理的利用。因此,钢管混凝土组合结构具有良好的经济效益。

6. 美观性好

圆钢管混凝土组合结构及其格构式组合结构,无论是用于高层建筑,还是用于拱桥、桥墩中,都具有良好的美学效果,颇受建筑师的青睐。

6.1.3　发展概况

钢管混凝土组合结构自 20 世纪 60 年代引入我国,迄今已有半个多世纪。其在我国的应用和发展大致可以分为两个阶段:应用推广阶段与提高发展阶段。在应用发展过程中,其理论研究取得了突破性的进展,相应的设计规范也不断完善,逐步形成了完整的理论体系与独立的新学科。

1. 应用推广阶段

从 20 世纪 60 年代到 80 年代中期为应用推广阶段,这个阶段钢管混凝土组合结构从应用于单层工业厂房开始逐渐推广到各种工业建筑中,例如北京地铁 1 号线工程、本溪钢铁公司铸锭模车间等。在各种工业建筑中不断应用钢管混凝土组合结构的同时,我国结合实际工程的需要,开始进行一系列基础性问题与应用过程中遇到的技术性问题的研究。

2. 提高发展阶段

从 20 世纪 80 年代中期至今为提高发展阶段,这个阶段钢管混凝土组合结构迅速推广到高层建筑与公路桥梁领域,发展十分迅速。例如福建泉州市邮电局大楼、福州环球广场、北京四川大厦、厦门阜康大厦、广州新中国大厦、深圳赛格广场大厦等。

6.1.4　应用实例

钢管混凝土组合结构由于具有优越的力学性能及良好的抗震性能,被广泛应用于多高层建筑及大跨度拱桥中,接下来介绍一些国内比较典型的钢管混凝土组合结构工程。

1. 单层、多层工业厂房

与钢筋混凝土柱相比,钢管混凝土组合柱更轻巧,承载能力更大且更小的截面面积能够提供较大的使用空间,因此已被广泛应用到各类厂房中,如上海特种基础科研所科研楼。

2. 设备构架柱

在各种平台或是构筑物中,下部支柱常为轴心受压构件,且承受荷载较大,因而采用钢管混凝土组合柱比较合理。钢管混凝土组合柱在各种支架柱、设备构架柱和栈桥柱中应用得较多。例如北京首钢自备电厂和山西太一电厂的输煤栈桥柱、黑龙江新华电厂加热器平台柱、湖北荆门热电厂锅炉架柱、江西德兴铜矿矿石储仓支架柱等。

3. 地铁站台柱

地铁站台柱要承受很大的压力,采用承载能力高的钢管混凝土组合柱能够减少柱的横截面面积,扩大使用空间。如北京地铁环线工程中的站台采用了钢管混凝土组合柱。

4. 输电、变电塔杆,微波塔

档距较大的高压输电塔杆或是微波塔,也可以采用钢管混凝土组合构件作为立柱。1980 年建成的松蚊 220 kV 线路中的终端塔首先采用了钢管混凝土组合柱,除此之外,还有葛洲坝水电站输出线路、繁昌变电所 500 kV 变电构架、北京广安门华北电管局微波塔等都采用了钢管混凝土组合结构柱。

1987 年建成的北京广安门华北电管局微波塔建立在高 40 m 的办公大楼的屋顶上,塔身高 78.3 m,由 20 根 $\phi273 \times 3$ 的钢管混凝土组合柱组成,所用钢材为 Q235,内灌 C15 混凝土,管柱沿直径为 2.6 m 的圆周等距离布置,形成了独立悬臂杆。为了提高塔身在风荷载作用下的刚度和稳定性,又采用钢绞线。钢绞线上端固定在塔身的平台架构处,下端固定在屋顶上,中部偏上处与塔身相连,形成空间双曲抛物面,不但提高了稳定性,而且造型新颖美观。

5. 高层及超高层建筑

从 20 世纪 80 年代开始,钢管混凝土组合柱开始进入高层建筑领域。经过不断发展,钢管混凝土组合柱不但实现了高承载力而且能够增加建筑面积,还可以大大提高施工速度,另外,由于科研工作的不断深入及其间取得的成就,广大工程技术人员进一步体会到钢管混凝土组合结构具有优越的抗震性能及加工方便等突出优点,因此钢管混凝土组合柱逐渐应用到高层及超高层建筑中。

钢管混凝土组合构件可应用到高层或超高层建筑中的柱结构与抗侧力体系,构件截面大多采用圆形或方形。采用钢管混凝土组合结构的主要优点有:①构件横截面面积小,可节约建筑材料,增加使用空间,减轻结构自重;②抗震性能好,可以应用于抗震设防区;③耐火性能优于钢结构,相比于钢结构可降低防火造价;④施工连接方便,接头少,焊缝少,施工简单;⑤可采用"逆作法"或"半逆作法"施工,加快施工进度,降低建造成本。

6. 公路和城市拱桥

我国进入钢管混凝土组合结构的提高发展阶段后,钢管混凝土组合结构在公路、城市拱桥等桥梁的建设中,得到了十分迅速的应用和发展。在短短几十年内,采用钢管混凝土组合结构修建的拱桥遍布全国,跨度也从几十米发展到几百米,如广州丫髻沙珠江桥、武汉江汉三桥、广西三岸邕江桥等,并建成了世界最大跨度的钢管混凝土拱桥。

6.2　钢管混凝土组合柱的性能

6.2.1　钢管混凝土统一理论

钟善桐在总结以前试验成果基础上提出的"钢管混凝土统一理论",把钢管混凝土看作一种钢管与混凝土组合而成的新型材料,视为统一的整体,即将其看作单一材料来研究其组合性能。"钢管混凝土统一理论"认为钢管混凝土在荷载状态下的受力性能随着材料的物理参数、统一体的几何参数、截面形式以及应力状态等条件的改变而改变,且其变化是连续的、相关的,计算方法是统一的。概括来说,钢管混凝土构件的工作性能具有统一性、连续性和相关性。

1. 统一性

钢管混凝土工作性能的统一性反映在统一体的组合工作性能及其指标中。对于不同的荷载情况，可以按照统一的设计公式进行设计，不用区分钢管和混凝土。因此，它的承载力是统一组合的承载力，而不是钢管与混凝土两部分承载能力的机械叠加。

2. 连续性

钢管混凝土工作性能的连续性反映在构件截面形式圆形经由多边形向方形改变时，其组合性能与组合设计指标都呈现一系列的连续性变化；或构件钢管和混凝土强度及含钢率按顺序逐渐改变时，其组合性能与组合设计指标也都是连续变化的，不可能发生突变或者不相关的改变。

3. 相关性

钢管混凝土工作性能的相关性反映为构件在两种及两种以上不同荷载作用下，各种荷载引起的构件内力在组成构件的极限承载力时是相互关联的。由此得出钢管混凝土组合构件在多种荷载共同作用时的相关设计公式，把钢管混凝土的组合性能统一到一个相关的设计公式中。

6.2.2　受压强度增强机理

钢管混凝土组合构件在外力作用下的传力路径和应力状态十分复杂，涉及加载工况等多种因素。由 6.1.1 节可知，钢管混凝土受压的情况可以分为三种，且试验结果表明，不同的加载方式对钢管混凝土的极限承载能力没有影响或影响不大。

根据弹性理论，承受轴向压力的混凝土，在平行于轴压方向的平面内，还会产生拉应力，并成为产生新微细裂缝的诱因。当轴压达到某一限值（通常为 $0.5f_c \sim 0.7f_c$，其中 f_c 为混凝土抗压强度）后，微细裂缝开始急剧发展而成为不可逆回的裂缝；当轴压达到极限强度的 70% ~ 90% 时，微细裂缝显著增加并相互贯通，将混凝土分割成若干个与轴压力大致平行的微细柱体（微柱）；当压应力达到混凝土的抗压强度时，混凝土将因微柱失稳或折断而完全破坏。形成微柱破坏后可以发现粗骨料基本完好，破坏面大体上沿粗骨料的表面发展。

如果承受轴向压力的混凝土同时还承受侧向压力，如图 6-3 所示，则微细裂缝的产生和发展就会受到限制，只有在较高压应力状态下才会产生微细裂缝，在更高压应力状态下才会发生微柱的失稳或折断。结果表现为混凝土抗压强度和承载能力的提高。当侧向压应力较小时，混凝土的破坏面仍然主要是粗骨料和水泥砂浆的结合面；当侧向压应力较大时，沿粗骨料和水泥砂浆的结合面形成的微柱始终不会失稳，那么混凝土的破坏将为粗骨料的破坏，即第二层次的破坏。

钢管混凝土受压破坏的力学行为具有三向受压混凝土（套箍混凝土）的特点，即在临近极限荷载前，混凝土的表观体积急剧增长。但钢管混凝土在外荷载作用下的应力状态与变化过程，远比一般的套箍混凝土复杂。对于钢管混凝土中钢管和混凝土的相互作用，可以通过套箍系数 θ（又称为约束效应系数）来表示。其表达式为

$$\theta = \frac{A_s f}{A_c f_c} = \alpha_{sc} \frac{f}{f_c} \tag{6-1}$$

式中　A_s——钢管的横截面面积（mm^2）；

　　　f——钢管的抗拉、抗压强度设计值（MPa）；

A_c——钢管内核心混凝土横截面面积(mm^2);

f_c——钢管内核心混凝土的抗压强度设计值(MPa);

α_{sc}——钢管混凝土截面含钢率,$\alpha_{sc} = A_s / A_c$。

对于某一特定的钢管混凝土截面,套箍系数 θ 可以反映组成钢管混凝土构件的外钢管与核心混凝土的几何特性与物理特性参数的影响。θ 越大表明钢材所占比例越大,混凝土比例越小。其对钢管混凝土性能的影响主要表现在:θ 越大,在受力过程中外钢管可对核心混凝土提供足够的约束作用,混凝土的强度和延性相对增大;反之同理。

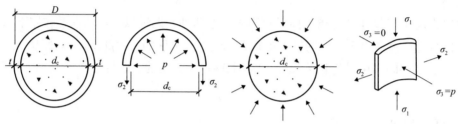

图 6-3   钢管与混凝土的受力图示

6.2.3 破坏变形特征

钢管混凝土的轴压承载力试验显示:钢管混凝土构件具有较好的延性和后期承载能力,初受荷时处于弹性阶段,当外荷载加至极限荷载的 60% ~ 70% 时,钢管壁局部开始出现剪切滑移线,这时的钢管已进入弹塑性阶段。随着外荷载继续增加,滑移线由少到多,逐渐布满管壁,随后试件开始进入破坏阶段。

对于方钢管混凝土,试件破坏时钢管表面出现若干处局部凸曲,且沿四个方向的凸曲程度基本相同。对于 θ 较大的试件,在达到极限荷载后,其荷载变形曲线基本保持水平,下降段不明显;而对于 θ 较小的试件,在达到极限荷载后,荷载变形曲线开始出现下降段。对于圆钢管混凝土,约束效应系数 θ 不同,试件的破坏形式也有很大不同,呈现腰鼓状或剪切型。

试验结果表明:钢管混凝土应力 - 应变曲线的基本形状与套箍系数 θ 有关。θ 的大小与钢管混凝土的截面形状有关,用 θ_0 表示:对于圆形截面构件,$\theta_0 \approx 1$;对于方形截面构件,$\theta_0 \approx 4.5$。图 6-4 为典型的钢管混凝土应力 - 应变曲线,其特征可以分为以下四个阶段。

1)弹性阶段(OA)

外钢管与核心混凝土一般均为单独受力,A 点相当于钢材进入弹塑性阶段的起点。

2)弹塑性阶段(AB)

核心混凝土在纵向压力作用下微裂缝不断开展,其横向变形超过钢管的横向变形,两者发生相互作用,即钢管对核心混凝土产生约束作用力,且随着纵向变形的增加,约束作用不断增大。B 点时钢材一般进入塑性强化阶段。

3)塑性强化阶段($BC(C')$)

钢管混凝土在塑性强化阶段的变化规律与套箍系数 θ 有关。当 $\theta \geqslant \theta_0$ 时,曲线强化阶段保持不断发展的趋势;当 $\theta < \theta_0$ 时,强化阶段的终点为 C',偏离 B 点不远,之后进入下

降段。

4）下降段（$C'D$）

当 $\theta < \theta_0$ 时，曲线达到峰值点 C' 后进入下降段。下降段的下降幅度与 θ 值的大小有关，θ 越小下降幅度越大，θ 越大下降幅度越小，其下降段后期的曲线一般趋于平缓。

矩形钢管混凝土具有节点构造简单、抗弯性能好、连接方便和延性高等优点，便于建筑平面的布置与空间的使用，多用于多层和高层民用建筑的受压构件。在轴心荷载作用下，钢管与混凝土之间也会产生紧箍效应，但是由于材料泊松比的不同，钢管与混凝土间的相互作用不如圆钢管混凝土强。钢管对核心混凝土约束效应的削弱，主要是由于钢管壁在轴压荷载作用下产生的局部屈曲以及直线边由于紧箍力作用产生的弯曲，在截面上形成了非均匀的切向与法向约束共存的应力场。在应力场中，钢管与混凝土承担着纵向压力、环向拉力、交

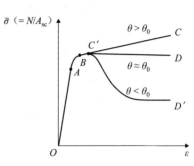

图 6-4　典型的钢管混凝土应力 - 应变
关系曲线

界面上的法向应力与切向力的复杂应力作用，因此，矩形钢管混凝土的紧箍力在直线边中部大为减小，四角部分紧箍力最大。

6.3　钢管混凝土单柱肢的承载力计算

钢管混凝土承载能力的计算方法有很多种，下面将介绍国家标准《钢管混凝土结构技术规范》（GB 50936—2014）、《组合结构设计规范》（JGJ 138—2016）与《钢 - 混凝土组合结构施工规范》（GB 50901—2013），采用极限平衡理论得出的钢管混凝土柱承载能力的计算方法。

6.3.1　受压构件承载力计算

1. 圆形钢管混凝土单柱肢受压承载力设计

钢管混凝土单柱肢的轴心受压承载力应符合下式规定：

$$N \leqslant N_u \tag{6-2}$$

式中　N——轴心压力设计值（N）；

N_u——钢管混凝土单柱肢的轴心受压承载力设计值（N）。

钢管混凝土单柱肢的轴心受压承载力设计值应按下列公式计算：

$$N_u = \varphi_e \varphi_l N_0 \tag{6-3}$$

当 $\theta \leqslant [\theta]$ 时，

$$N_0 = 0.9 A_c f_c (1 + \alpha \theta) \tag{6-4}$$

当 $\theta > [\theta]$ 时，

$$N_0 = 0.9 A_c f_c (1 + \sqrt{\theta} + \theta) \tag{6-5}$$

且在任何情况下均应满足下式条件：

$$\varphi_e \varphi_l \leqslant \varphi_0 \tag{6-6}$$

式中 φ_e——考虑偏心率影响的承载力折减系数,应按式(6-7)和式(6-9)计算;

φ_l——考虑长细比影响的承载力折减系数,应按式(6-10)至式(6-12)计算;

N_0——钢管混凝土轴心受压短柱的强度承载力设计值(N);

θ——钢管混凝土构件的套箍系数;

$[\theta]$——与混凝土强度等级有关的套箍指标界限值,$[\theta] = 1/(\alpha - 1)^2$;

A_c——混凝土截面面积(mm^2);

f_c——混凝土抗压强度设计值(N/mm^2);

α——与混凝土强度等级有关的系数,应按表6-1取值;

φ_0——应按轴心受压柱考虑的 φ_l 值。

表 6-1　系数 α 与套箍系数界限值取值

混凝土强度等级	≤C50	C55 ~ C80
α	2.00	1.80
$[\theta]$	1.00	1.56

(1)钢管混凝土组合柱考虑偏心率影响的承载力折减系数 φ_e,应按下列公式计算。

当 $e_0/r_c \leqslant 0.55$ 时,

$$\varphi_e = 1 / \left(1 + 1.85 \frac{e_0}{r_c}\right) \tag{6-7}$$

$$e_0 = M_2/N \tag{6-8}$$

当 $e_0/r_c > 0.55$ 时,

$$\varphi_e = 1 / \left(3.92 - 5.16\varphi_l + \varphi_l \frac{e_0}{0.3 r_c}\right) \tag{6-9}$$

式中 e_0——柱端轴心压力偏心距之较大者(mm);

r_c——钢管内核心混凝土横截面的半径(mm);

M_2——柱端弯矩设计值的较大者(N·mm);

N——轴心压力设计值(N)。

(2)钢管混凝土组合柱考虑长细比影响的承载力折减系数 φ_l,应按下列公式计算。

当 $L_e/D > 30$ 时,

$$\varphi_l = 1 - 0.115\sqrt{L_e/D - 4} \tag{6-10}$$

当 $4 < L_e/D \leqslant 30$ 时,

$$\varphi_l = 1 - 0.022\,6\sqrt{L_e/D - 4} \tag{6-11}$$

当 $L_e/D \leqslant 4$ 时,

$$\varphi_l = 1 \tag{6-12}$$

式中 L_e——柱的等效计算长度(mm),应按式(6-13)计算;

D——钢管的外直径(mm)。

（3）柱的等效计算长度 L_e 应按下式计算。

$$L_e = \mu k L \qquad (6\text{-}13)$$

式中　μ —— 考虑柱端约束条件的计算长度系数，应按现行国家标准《钢结构设计标准》
　　　　　　（ GB 50017—2017)8.3 条的规定计算；

　　　　k —— 考虑柱身弯矩分布梯度影响的等效长度系数，应按式（6-14）至式（6-18）计算；

　　　　L —— 柱的实际长度（mm）。

（4）钢管混凝土组合柱考虑柱身弯矩分布梯度影响的等效长度系数 k，应按下列公式
计算。

①轴心受压柱和杆件（图 6-5(a)）

$$k = 1 \qquad (6\text{-}14)$$

②无侧移框架柱（图 6-5(b)、(c)）

$$k = 0.5 + 0.3\beta + 0.2\beta^2 \qquad (6\text{-}15)$$

③有侧移框架柱（图 6-5(d)）和悬臂柱（图 6-5(e)、(f)）

当 $e_0/r_c \leqslant 0.8$ 时，

$$k = 1 - 0.625\frac{e_0}{r_c} \qquad (6\text{-}16)$$

当 $e_0/r_c > 0.8$ 时，

$$k = 0.5 \qquad (6\text{-}17)$$

当自由端有力矩 M_1 作用时，将式（6-18）与式（6-16）或（6-17）所得 k 值进行比较，取其
中较大值。

$$k = (1+\beta_1)/2 \qquad (6\text{-}18)$$

式中　β —— 柱两端弯矩设计值较小者 M_1 与较大者 M_2 的比值（ $|M_1| \leqslant |M_2|$ ），$\beta = M_1/M_2$，单
　　　　　　曲压弯时，β 为正值，双曲压弯时，β 为负值；

　　　　r_c —— 钢管内核心混凝土横截面的半径（mm）；

　　　　β_1 —— 悬臂柱自由端弯矩设计值 M_1' 与嵌固端弯矩设计值 M_2' 的比值，当 β_1 为负值
　　　　　　（ 双曲压弯)时，则按反弯点所分割成的高度为 L_2 的子悬臂柱计算（图 6-5
　　　　　　(f)）。

【例 6-1】　某建筑的钢管混凝土组合柱长 4 m，两端简支。采用 Q355 钢管
$\phi300 \times 12$ mm($f = 305$ N/mm^2)，混凝土强度等级 C50($f_c = 23.1$ N/mm^2)。（1）不考虑偏心的
影响，试求该柱的轴心受压承载力设计值；（2）若轴心力有偏心距 $e_0 = 80$ mm，试求该柱的轴
心受压承载力设计值。

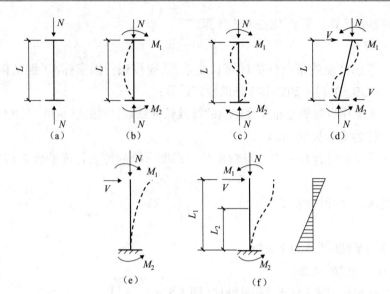

图 6-5　框架柱及悬臂柱计算简图

（a）轴心受压　（b）无侧移单曲压弯　（c）无侧移双曲压弯　（d）有侧移双曲压弯

（e）单曲压弯　（f）双曲压弯

【解】　外钢管截面面积：

$$A_s = \frac{\pi}{4} \times (300^2 - 276^2) = 10\,857.34\ \text{mm}^2$$

核心混凝土截面面积：

$$A_c = \frac{\pi}{4} \times 276^2 = 59\,828.49\ \text{mm}^2$$

套箍系数：

$$\theta = \frac{A_s f}{A_c f_c} = \frac{10\,857.34 \times 305}{59\,828.49 \times 23.1} = 2.396 > [\theta] = 1$$

相应短柱的受压承载力：

$$N_0 = 0.9 A_c f_c (1 + \sqrt{\theta} + \theta)$$
$$= 0.9 \times 59\,828.49 \times 23.1 \times (1 + \sqrt{2.396} + 2.396) = 6\,149\,395\ \text{N} = 6\,149.395\ \text{kN}$$

依据支座条件和受力状态

$$\mu = 1 \quad k = 1$$

柱等效计算长度：

$$L_e = \mu k L = 4\,000\ \text{mm}$$
$$L_e/D = 4\,000/300 = 13.33$$
$$4 < L_e/D \leqslant 30$$

所以

$$\varphi_1 = 1 - 0.022\,6\,\sqrt{L_e/D - 4} = 1 - 0.022\,6\,\sqrt{13.33 - 4} = 0.93$$

1）当 $e_0 = 0$ 时，$\varphi_e = 1$

柱的轴心受压承载力设计值

$$N_u = \varphi_e \varphi_l N_0 = 1 \times 0.93 \times 6\ 149.395 = 5\ 718.94\ \text{kN}$$

2）当 $e_0 = 80\ \text{mm}$ 时

核心混凝土截面半径

$$r_c = 276/2 = 138\ \text{mm}$$

$$\frac{e_0}{r_c} = \frac{80}{138} = 0.58 \leqslant 1.55$$

偏心影响系数

$$\varphi_e = \frac{1}{1 + 1.85\dfrac{e_0}{r_c}} = \frac{1}{1 + 1.85 \times 0.58} = 0.48$$

柱的轴心受压承载力设计值

$$\begin{aligned} N_u &= \varphi_e \varphi_l N_0 \\ &= 0.48 \times 0.93 \times 6\ 149.395 = 2\ 745.09\ \text{kN} \end{aligned}$$

2. 圆形钢管混凝土单柱肢局部受压计算

钢管混凝土构件的局部受压承载力应符合下式规定：

$$N_l \leqslant N_{ul} \tag{6-19}$$

式中　N_l——局部作用的轴心压力设计值（N）；

　　　N_{ul}——钢管混凝土柱的局部受压承载力设计值（N）。

钢管混凝土组合柱在中央部位受压时（图 6-6），局部受压承载力设计值应按下式计算：

$$N_{ul} = N_0 \sqrt{\frac{A_l}{A_c}} \tag{6-20}$$

式中　N_0——局部受压段的钢管混凝土组合短柱轴心受压承载力设计值（N）；

　　　A_l——局部受压面积（mm^2）；

　　　A_c——钢管内核心混凝土的横截面面积（mm^2）。

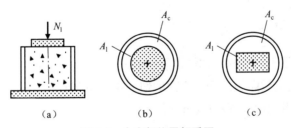

图 6-6　中央部位局部受压

（a）局压侧视图　（b）局压 1 俯视图（圆形）　（c）局压俯视图（矩形）

3. 矩形钢管混凝土单柱肢受压承载力设计

1）轴压

矩形钢管混凝土轴心受压柱的受压承载力（图 6-7）应符合下列公式的规定：

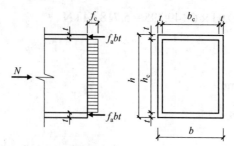

图 6-7　轴心受压柱受压承载力计算参数示意图

$$N \leqslant 0.9\varphi (\ \alpha_1 f_c b_c h_c + 2f_a bt + 2f_a h_c t\ ) \tag{6-21}$$

式中　　N —— 矩形钢管柱轴向压力设计值（N）；

　　　　φ —— 轴心受压柱稳定系数，按表 6-2 的规定取值；

　　　　α_1 —— 受压区混凝土压应力影响系数，当混凝土强度等级不超过 C50 时，α_1 取 1.0，当混凝土强度等级为 C80 时，α_1 取 0.94，其间按线性内插法确定；

　　　　f_c —— 内填混凝土抗压强度设计值（N/mm²）；

　　　　b_c —— 矩形钢管内填混凝土的截面宽度（mm）；

　　　　h_c —— 矩形钢管内填混凝土的截面高度（mm）；

　　　　f_a —— 矩形钢管抗压和抗拉强度设计值（N/mm²）；

　　　　b —— 矩形钢管截面宽度（mm）；

　　　　t —— 矩形钢管的管壁厚度（mm）。

表 6-2　钢管混凝土组合柱轴心受压稳定系数 φ

l_0/i	≤ 28	35	42	48	55	62	69	76	83	90	97	104
φ	1.00	0.98	0.95	0.92	0.87	0.81	0.75	0.70	0.65	0.60	0.5	0.52

注：l_0——构件的计算长度（mm）；

　　i——截面的最小回转半径（mm）。

$$i = \sqrt{\frac{E_c I_c + E_a I_a}{E_c A_c + E_a A_a}} \tag{6-22}$$

式中　　E_c、E_a —— 混凝土与钢材的弹性模量（MPa）；

　　　　I_c、I_a —— 混凝土截面与外钢管截面的惯性矩（mm⁴）；

　　　　A_c、A_a —— 两者的截面面积（mm²）。

2）大偏压

矩形钢管混凝土偏心受压框架柱和转换柱正截面受压承载力（图 6-8）应符合下列规定。

当 $x \leqslant \varepsilon_b h_c$ 时，

$$N \leqslant \alpha_1 f_c b_c x + 2f_a t \left(2\frac{x}{\beta_1} - h_c \right) \tag{6-23}$$

$$Ne \leqslant \alpha_1 f_c b_c x (\ h_c + 0.5t - 0.5x\ ) + f_a bt (\ h_c + t\ ) + M_{aw} \tag{6-24}$$

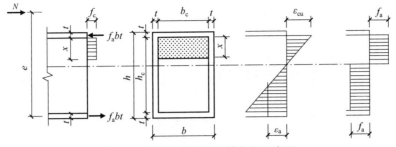

图 6-8　大偏心受压柱计算参数示意图

3）小偏压

当 $x > \varepsilon_b h_c$ 时，

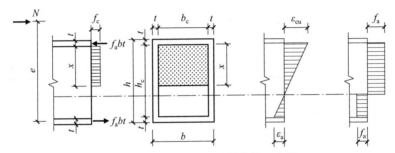

图 6-9　小偏心受压柱计算参数示意图

$$N \leqslant \alpha_1 f_c b_c x + f_a bt + 2 f_a t \frac{x}{\beta_1} - 2\sigma_a t \left(h_c - \frac{x}{\beta_1} \right) - \sigma_a bt \qquad (6\text{-}25)$$

$$N_e \leqslant \alpha_1 f_c x (h_c + 0.5t - 0.5x) + f_a bt (h_c + t) + M_{aw} \qquad (6\text{-}26)$$

式中　N —— 与弯矩设计值 M 相对应的轴向压力设计值（N）；

　　　x —— 混凝土等效受压区高度（mm）；

　　　β_1 —— 受压区混凝土应力图形影响系数，受压区应力图简化为等效的矩形应力图，其高度取按平截面假定所确定的中和轴高度乘以受压区混凝土应力图形影响系数 β_1，当混凝土强度等级不超过 C50 时，β_1 取 0.8，当混凝土强度等级为 C80 时，β_1 取 0.74，其间按线性内插法确定；

　　　σ_a —— 受拉或受压较小端钢管翼缘应力（MPa）；

　　　h_c —— 矩形钢管内填混凝土的截面高度（mm）；

　　　M_{aw} —— 钢管腹板轴向合力对受拉或受压较小端钢管翼缘钢板厚度中心的力矩（N·mm）。

4. 轴心受压稳定承载力设计值

钢管混凝土柱轴心受压稳定承载力设计值应按下列公式计算：

$$N_u = \varphi N_0 \qquad (6\text{-}27)$$

$$\varphi = \frac{1}{2\overline{\lambda}_{sc}^2} \left[\overline{\lambda}_{sc}^2 + (1 + 0.25\overline{\lambda}_{sc}) - \sqrt{\left[\overline{\lambda}_{sc}^2 + (1 + 0.25\overline{\lambda}_{sc}) \right]^2 - 4\overline{\lambda}_{sc}^2} \right] \qquad (6\text{-}28)$$

$$\overline{\lambda}_{sc} = \frac{\lambda_{sc}}{\pi} \sqrt{\frac{f_{sc}}{E_{sc}}} \approx 0.01 \lambda_{sc}(0.001 f_y + 0.781) \qquad (6\text{-}29)$$

式中　φ ——轴心受压构件稳定系数,可按表 6-3 取值;

　　　N_0 ——实心或空心钢管混凝土短柱的轴心受压强度承载力设计值(N);

　　　$\overline{\lambda}_{sc}$ ——构件正则化长细比;

　　　λ_{sc} ——各种构件的长细比,等于构件的计算长度除以回转半径。

表 6-3　轴心受压稳定系数

$\lambda_{sc}(0.001f_y+0.781)$	0	10	20	30	40	50	60	70	80
φ	1.000	0.975	0.951	0.924	0.896	0.863	0.824	0.779	0.728
$\lambda_{sc}(0.001f_y+0.781)$	90	100	110	120	130	140	150	160	170
φ	0.670	0.610	0.549	0.492	0.440	0.394	0.353	0.318	0.287
$\lambda_{sc}(0.001f_y+0.781)$	180	190	200	210	220	230	240	250	
φ	0.260	0.236	0.216	0.198	0.181	0.167	0.155	0.143	

钢管混凝土短柱的轴心受压强度承载力设计值 N_0 应按下列公式计算:

$$N_0 = A_{sc} f_{sc} \qquad (6\text{-}30)$$

$$f_{sc} = (1.212 + B\theta + C\theta^2) f_c \qquad (6\text{-}31)$$

$$\alpha_{sc} = \frac{A_s}{A_c} \qquad (6\text{-}32)$$

式中　N_0 ——钢管混凝土短柱的轴心受压强度承载力设计值(N);

　　　A_{sc} ——实心或空心钢管混凝土构件的截面面积,等于钢管和管内混凝土面积之和(mm²);

　　　f_{sc} ——实心或空心钢管混凝土抗压强度设计值(MPa);

　　　B、C ——截面形状对套箍效应的影响系数,应按表 6-4 取值;

　　　θ ——套箍系数;

　　　f_c ——钢管内核心混凝土的抗压强度设计值(MPa),对于空心构件,f_c 均应乘以 1.1;

　　　α_{sc} ——截面含钢率;

　　　A_s ——外钢管截面面积(mm²);

　　　A_c ——核心混凝土截面面积(mm²)。

表 6-4　截面形状对套箍效应的影响系数

截面形式		B	C
实心	圆形和正十六边形	$0.176f_y/213 + 0.974$	$-0.104f_c/14.4 + 0.031$
	正八边形	$0.140f_y/213 + 0.778$	$-0.070f_c/14.4 + 0.026$
	正方形	$0.131f_y/213 + 0.723$	$-0.070f_c/14.4 + 0.026$

截面形式		B	C
空心	圆形和正十六边形	$0.106f/213 + 0.584$	$-0.037f_c/14.4 + 0.011$
	正八边形	$0.056f/213 + 0.311$	$-0.011f_c/14.4 + 0.004$
	正方形	$0.039f/213 + 0.217$	$-0.006f_c/14.4 + 0.002$

注:矩形截面应换算成等效正方形截面进行计算,等效正方形的边长为矩形截面长短边边长的乘积的平方根。

6.3.2　受拉构件承载力计算

单肢钢管混凝土组合柱在轴心受拉状态下的承载力计算应当符合下列公式要求:

$$N_t \leqslant N_{ut} \tag{6-33}$$

式中　N_t——作用于构件的轴心拉力设计值(N);

　　　N_{ut}——钢管混凝土构件的轴心受拉承载力设计值(N)。

钢管混凝土轴心受拉构件的承载力只有强度问题,轴心受拉承载力设计值应按下式计算:

$$N_{ut} = C_1 A_s f \tag{6-34}$$

式中　N_{ut}——钢管混凝土构件轴心受拉承载力设计值(N);

　　　C_1——钢管受拉强度提高系数,实心截面取 1.1,空心截面取 1.0;

　　　A_s——外钢管截面面积(mm^2);

　　　f——外钢管抗拉强度设计值(N/mm^2)。

对于受拉构件,为了避免因为构件过于纤细及自重过大而产生的挠曲,以及使用过程中发生不利于节点的振动,因而规定容许长细比 $[\lambda] \leqslant 200$。

(1)圆形钢管混凝土轴心受拉柱的正截面受拉承载力应符合下列公式的规定:

$$N \leqslant f_a A_a \tag{6-35}$$

圆形钢管混凝土偏心受拉框架柱和转换柱的正截面受拉承载力应符合下列公式的规定:

$$N \leqslant 1 / \left(\frac{1}{N_{ut}} + \frac{e_0}{M_u} \right) \tag{6-36}$$

N_{ut} 和 M_u 按下列公式计算

$$N_{ut} = f_a A_s \tag{6-37}$$

$$M_u = 0.3 r_c N_0 \tag{6-38}$$

式中　N——圆形钢管混凝土柱轴向拉力设计值(N);

　　　N_{ut}——圆形钢管混凝土柱轴心受拉承载力计算值(N);

　　　M_u——圆形钢管混凝土柱正截面受弯承载力计算值(N·mm);

　　　e_0——柱端轴向压力偏心矩较大者(mm);

　　　f_a——钢管抗压和抗拉强度设计值(N/mm^2);

　　　A_s——钢管横截面面积(mm^2);

r_c——核心混凝土的横截面半径（mm）；

N_0——圆形钢管混凝土柱轴心受压短柱的承载力计算值（N）。

（2）矩形钢管混凝土轴心受拉柱的受拉承载力应符合下列公式的规定：

$$N \leqslant 2f_a bt + 2f_a h_c t \qquad (6\text{-}39)$$

矩形钢管混凝土偏心受拉框架柱和转换柱正截面受拉承载力应符合下列公式的规定。

①大偏心受拉（图 6-10）：

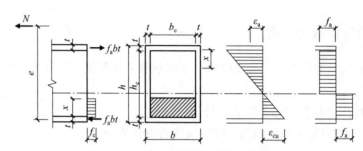

图 6-10　大偏心受拉柱计算参数示意图

$$N \leqslant 2f_a t\left(h_c - 2\frac{x}{\beta_1}\right) - \alpha_1 f_c b_c x \qquad (6\text{-}40)$$

$$Ne \leqslant \alpha_1 f_c b_c x(h_c + 0.5t - 0.5x) + f_a bt(h_c + t) + M_{aw} \qquad (6\text{-}41)$$

②小偏心受拉（图 6-11）：

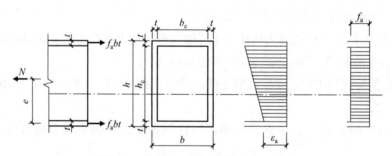

图 6-11　小偏心受拉柱计算参数示意图

$$N \leqslant 2f_a b_t t + 2f_a h_c t \qquad (6\text{-}42)$$

$$Ne \leqslant f_a b_t(h_c + t) + M_{aw} \qquad (6\text{-}43)$$

【例 6-2】　有一变电构架转角塔的 A 型柱采用钢管混凝土组合结构,其中,钢材为 Q355 钢（$f_y = 305$ MPa）,混凝土强度等级为 C30,柱子计算长度 $L = 15$ m,在横向风荷载作用下,受拉肢承受的最大计算拉力 $N = 2\,900$ kN,试设计此构件。

【解】　由式（6-34）得

$$A_s = \frac{N}{1.1 f_y} = \frac{2\,900 \times 10^3}{1.1 \times 305} = 8\,643.82 \text{ mm}^2$$

选用 $\phi 478 \times 6$,$A_s = 89$ cm²。

验算该钢管混凝土柱的轴心受拉承载力

$$N_{ut} = C_1 A_s f_y = 1.1 \times 89 \times 10^2 \times 305 \times 10^{-3} = 2\,985.95\ \text{kN}$$

构件长细比

$$\lambda = \frac{4L}{D} = 4 \times \frac{1\,500}{47.8} = 125.50 < [\lambda] = 200$$

故满足要求。

6.3.3　受弯构件承载力计算

单肢钢管混凝土组合柱在轴心受弯状态下的承载力计算应当符合下列公式要求：

$$M \le M_u \tag{6-44}$$

式中　M——作用于构件的弯矩设计值（kN·m）；

　　　M_u——钢管混凝土构件的受弯承载力设计值（kN·m）。

钢管混凝土构件的受弯承载力设计值应按下列公式计算：

$$M_u = \gamma_m W_{sc} f_{sc} \tag{6-45}$$

$$W_{sc} = \frac{\pi(r_0^4 - r_{ci}^4)}{4r_0} \tag{6-46}$$

$$\gamma_m = (1 - 0.5\Psi) \times (-0.438\theta + 1.926\sqrt{\theta}) \tag{6-47}$$

式中　γ_m——塑性发展系数，对实心圆形截面取 1.2；

　　　W_{sc}——受弯构件的截面模量（mm³）；

　　　f_{sc}——实心或空心钢管混凝土抗压强度设计值（MPa）；

　　　r_0——等效圆半径（mm），圆形截面为半径，非圆形截面按面积相等等效成圆形的半径；

　　　r_{ci}——空心半径（mm），对实心构件取 0；

　　　Ψ——空心率，对实心钢管混凝土构件取 0；

　　　θ——套箍系数。

【例 6-3】　有一圆钢管混凝土受弯构件，受到均布荷载的作用，采用 $\phi 276 \times 3$，Q355 钢材（$f = 305\ \text{N/mm}^2$），C40 混凝土（$f_c = 19.1\ \text{N/mm}^2$），当跨度为 8 m 时，试计算其能够承受的最大均布荷载是多少。

【解】　$A_s = 1\,293.6\ \text{mm}^2$　$A_c = 58\,534.9\ \text{mm}^2$　$\alpha_{sc} = \dfrac{A_s}{A_c} = \dfrac{1\,293.6}{58\,534.9} = 0.02$

套箍系数

$$\theta = \alpha_{sc}\frac{f}{f_{sc}} = 0.02 \times \frac{305}{19.1} = 0.32$$

影响系数

$$B = \frac{0.176f}{213} + 0.974 = 0.176 \times \frac{305}{213} + 0.974 = 1.23$$

$$C = -\frac{0.104f_c}{14.4} + 0.031 = -0.104 \times \frac{19.1}{14.4} + 0.031 = -0.11$$

抗压强度设计值

$$f_{sc} = (1.212 + B\theta + C\theta^2)f_c = [1.212 + 1.23 \times 0.32 + (-0.11) \times 0.32^2] \times 19.1 = 30.45 \text{ N/mm}^2$$

截面模量

$$W_{sc} = \pi \frac{(r_0^4 - r_{ci}^4)}{4r_0} = \pi \times \frac{138^4}{4 \times 138} = 2\,063\,036.52 \text{ mm}^3$$

截面塑性发展系数

$$\gamma_m = 1.2$$

所以由式（6-45）计算的钢管混凝土构件的受弯承载力

$$M_u = \gamma_m W_{sc} f_{sc} = 1.2 \times 2\,063\,036.52 \times 30.45 \times 10^{-6} = 75.38 \text{ kN·m}$$

则最大均布荷载

$$q_{max} = \frac{8M_u}{l^2} = 8 \times \frac{75.38}{8^2} = 9.42 \text{ kN/m}$$

6.3.4　受剪构件承载力计算

当钢管混凝土单柱肢的剪跨 a 小于柱子直径 D 的 2 倍时,应验算柱的横向受剪承载力,并应符合下式规定:

$$V \leqslant V_u \tag{6-48}$$

式中　V —— 横向剪力设计值（N）;

　　　V_u —— 钢管混凝土单柱肢的横向受剪承载力设计值（N）。

钢管混凝土单柱肢的横向受剪承载力设计值应按下列公式计算:

$$V_u = (V_0 + 0.1N') \times \left(1 - 0.45\sqrt{\frac{a}{D}}\right) \tag{6-49}$$

$$V_0 = 0.2A_c f_c(1 + 3\theta) \tag{6-50}$$

式中　V_0 —— 钢管混凝土单柱肢纯受剪时的承载力设计值（N）;

　　　N' —— 与横向剪力设计值 V 对应的轴心力设计值,横向剪力 V 应以压力方式作用于钢管混凝土柱（N）;

　　　a —— 剪跨（mm）,即横向集中荷载作用点至支座或节点边缘的距离;

　　　D —— 钢管混凝土柱的外径（mm）;

　　　A_c —— 钢管内核心混凝土横截面面积（mm²）;

　　　f_c —— 钢管内核心混凝土的抗压强度设计值（MPa）;

　　　θ —— 钢管混凝土构件的套箍系数。

钢管混凝土构件整体的受剪承载力设计值应按下列公式计算。

实心截面:

$$V_u = 0.71 f_{sv} A_{sc} \tag{6-51}$$

空心截面:

$$V_u = (0.736\Psi^2 - 1.094\Psi + 1) \times 0.71 f_{sv} A_{sc} \tag{6-52}$$

$$\Psi = \frac{A_h}{A_c + A_h} \tag{6-53}$$

$$f_{sv} = 1.547 f \frac{\alpha_{sc}}{\alpha_{sc}+1} \tag{6-54}$$

式中　V_u —— 实心或空心钢管混凝土构件的受剪承载力设计值（N）；

　　　f_{sv} —— 钢管混凝土受剪强度设计值（MPa）；

　　　A_{sc} —— 实心或空心钢管混凝土构件的截面面积（mm²），即钢管面积和混凝土面积之和；

　　　Ψ —— 空心率，对于实心构件取 0；

　　　A_h —— 空心部分面积（mm²）；

　　　A_c —— 混凝土面积（mm²）；

　　　α_{sc} —— 钢管混凝土构件的含钢率；

　　　f —— 钢管抗压、抗拉强度设计值（MPa）。

圆形钢管混凝土偏心受压框架柱和转换柱，当剪跨小于柱直径 D 的 2 倍时，应验算其斜截面受剪承载力。斜截面受剪承载力应符合下列公式的规定：

$$V \leqslant [0.2 f_c A_c (1+3\theta) + 0.1N] \times \left(1 - 0.45\sqrt{\frac{a}{D}}\right) \tag{6-55}$$

式中　V —— 柱剪力设计值（kN）；

　　　N —— 与剪力设计值对应的轴向力设计值（kN）；

　　　a —— 剪跨（mm）；

　　　D —— 钢管混凝土柱的外径（mm）。

6.3.5　受扭构件承载力计算

单肢钢管混凝土柱在轴心受扭状态下的承载力计算应当符合下列公式要求：

$$T \leqslant T_u \tag{6-56}$$

式中　T —— 作用于构件的扭矩设计值（kN·m）；

　　　T_u —— 钢管混凝土构件的受扭承载力设计值（kN·m）。

钢管混凝土构件的受扭承载力设计值应按下列公式计算。

实心截面：

$$T_u = W_T f_{sv} \tag{6-57}$$

空心截面：

$$T_u = 0.9 W_T f_{sv} \tag{6-58}$$

$$W_T = \frac{\pi r_0^3}{2} \tag{6-59}$$

式中　T_u —— 实心或空心钢管混凝土构件的受扭承载力设计值（N·mm）；

　　　W_T —— 对应实心钢管混凝土构件的截面受扭模量（mm³）；

　　　r_0 —— 等效圆半径（mm），圆形截面取钢管外半径，非圆形截面取按面积相等等效成圆形的外半径。

【例 6-4】　对于【例 6-2】中的 A 型柱，试计算其抗剪承载力和抗扭承载力。

【解】 混凝土截面面积

$$A_c = \frac{1}{4}\pi \times 466^2 = 170\ 553.92\ \text{mm}^2$$

截面含钢率

$$\alpha_{sc} = \frac{A_s}{A_c} = \frac{8\ 643.82}{170\ 553.92} = 0.051$$

构件截面面积

$$A_{sc} = A_s + A_c = 8\ 643.82 + 170\ 553.92 = 179\ 197.74\ \text{mm}^2$$

混凝土受剪强度设计值

$$f_{sv} = 1.547\frac{f\alpha_{sc}}{\alpha_{sc}+1} = 1.547 \times \frac{305 \times 0.049}{0.051+1} = 22.90\ \text{N/mm}^2$$

抗剪承载力

$$V_u = 0.71f_{sv}A_{sc} = 0.71 \times 22.90 \times 179\ 197.74 \times 10^{-3} = 2\ 913.58\ \text{kN}$$

截面受扭模量

$$W_T = \frac{\pi r_0^3}{2} = \frac{\pi \times 239^3}{2} = 21\ 433\ 512.83\ \text{mm}^3$$

抗扭承载力

$$T_u = W_T f_{sv} = 21\ 433\ 512.83 \times 22.90 \times 10^{-6} = 490.83\ \text{kN·m}$$

由此可知,钢管混凝土构件的抗剪和抗扭能力很强,且塑性很好,同抗压性能一样,是这种结构的优越之处。

6.3.6 复合应力状态下承载力计算

1. 承受压、弯、扭、剪共同作用

单肢钢管混凝土构件在复杂应力状态下承受压、弯、扭、剪共同作用时,构件的承载力应按下列公式计算:

当 $\dfrac{N}{N_u} \geqslant 0.255\left[1-\left(\dfrac{T}{T_u}\right)^2-\left(\dfrac{V}{V_u}\right)^2\right]$ 时,

$$\frac{N}{N_u} + \frac{\beta_m M}{1.5M_u\left(1-0.4\dfrac{N}{N_E'}\right)} + \left(\frac{T}{T_u}\right)^2 + \left(\frac{V}{V_u}\right)^2 \leqslant 1 \tag{6-60}$$

当 $\dfrac{N}{N_u} < 0.255\left[1-\left(\dfrac{T}{T_u}\right)^2-\left(\dfrac{V}{V_u}\right)^2\right]$ 时,

$$\frac{N}{2.17N_u} + \frac{\beta_m M}{M_u\left(1-0.4\dfrac{N}{N_E'}\right)} + \left(\frac{T}{T_u}\right)^2 + \left(\frac{V}{V_u}\right)^2 \leqslant 1 \tag{6-61}$$

$$N_E' = \frac{\pi^2 E_{sc}A_{sc}}{1.1\lambda^2} \approx 11.6\frac{k_E f_{sc}A_{sc}}{\lambda^2} \tag{6-62}$$

式中 N、M、T、V——作用于构件的轴心压力、弯矩、扭矩和剪力设计值（kN、kN·m、kN·m、kN）；

β_m——等效弯矩系数,应按现行国家规范《钢结构设计标准》（GB 50017—2017）的规定执行；

N_u——实心或空心钢管混凝土构件的轴压稳定承载力设计值（kN）；

M_u——实心或空心钢管混凝土构件的受弯承载力设计值（kN·m）；

T_u——实心或空心钢管混凝土构件的受扭承载力设计值（kN·m）；

V_u——实心或空心钢管混凝土构件的受剪承载力设计值（kN）；

N'_E——实心或空心钢管混凝土的欧拉临界荷载（kN）；

k_E——实心或空心钢管混凝土的轴压弹性模量换算系数,具体见表 6-5；

f_{sc}——实心或空心钢管混凝土构件的抗压强度设计值（MPa）；

A_{sc}——实心或空心钢管混凝土构件的截面面积（mm²）,即钢管面积与混凝土面积之和；

E_{sc}——实心或空心钢管混凝土构件的弹性模量（N/mm²）。

表 6-5 钢管混凝土的轴压弹性模量换算系数 k_E

钢材	Q235	Q355	Q390	Q420
k_E	918.9	719.6	657.5	626.9

2. 承受轴心压力和弯矩作用

只有轴心压力和弯矩作用时,压弯构件应按下列公式计算:

当 $\dfrac{N}{N_u} \geqslant 0.255$ 时,

$$\frac{N}{N_u} + \frac{\beta_m M}{1.5 M_u \left(1 - \dfrac{0.4N}{N'_E}\right)} \leqslant 1 \tag{6-63}$$

当 $\dfrac{N}{N_u} < 0.255$ 时,

$$-\frac{N}{2.17 N_u} + \frac{\beta_m M}{M_u \left(1 - \dfrac{0.4N}{N'_E}\right)} \leqslant 1 \tag{6-64}$$

式中 N、M——作用于构件的轴心压力和弯矩（kN、kN·m）；

β_m——等效弯矩系数。

3. 承受轴心拉力和弯矩作用

只有轴心拉力和弯矩作用时,拉弯构件应按下式计算:

$$\frac{N}{N_{ut}} + \frac{M}{M_u} \leqslant 1 \tag{6-65}$$

式中　N、M——作用于构件的轴心拉力和弯矩（kN、kN·m）；

$\quad\quad N_{ut}$——实心或空心钢管混凝土构件的受拉承载力设计值（kN）。

4. 承受轴心压力和剪力作用

矩形钢管混凝土偏心受压框架柱和转换柱的斜截面受剪承载力应符合下列公式的规定：

$$V_c \leqslant \frac{1.75}{\lambda'+1}f_t b_c h_c + \frac{1.16}{\lambda'}f_a th + 0.07N \tag{6-66}$$

式中　λ'——框架柱计算剪跨比，取上下端较大弯矩设计值 M（kN·m）与对应剪力设计值 V（kN）和柱截面高度 h 乘积的比值，即 $\lambda' < 1$，当框架结构中的框架柱反弯点在柱层高范围内时，也可采用 1/2 柱净高与柱截面高度 h 的比值，当 $\lambda' < 1$ 时，取 $\lambda' = 1$，当 $\lambda' > 3$ 时，取 $\lambda' = 3$，

$\quad\quad N$——框架柱和转换柱的轴心压力设计值（kN），当 $N > 0.3f_c b_c h_c$ 时，取 $N = 0.3f_c b_c h_c$；

$\quad\quad V_c$——实心或空心钢管混凝土构件的受剪承载力设计值（kN）；

$\quad\quad f_t$——混凝土抗拉强度（MPa）；

$\quad\quad b_c$——矩形钢管内填充混凝土的截面宽度（mm）；

$\quad\quad h_c$——矩形钢管内填充混凝土的截面高度（mm）；

$\quad\quad f_a$——钢管抗压和抗拉强度设计值（MPa）；

$\quad\quad t$——钢管壁厚（mm）；

$\quad\quad h$——矩形钢管截面高度（mm）；

$\quad\quad f_c$——混凝土抗压强度（MPa）。

5. 承受轴向拉力和剪力作用

矩形钢管混凝土偏心受拉框架柱和转换柱的斜截面受剪承载力应符合下列公式的规定：

$$V_c \leqslant \frac{1.75}{\lambda+1}f_t b_c h_c + \frac{1.16}{\lambda}f_a th - 0.2N \tag{6-67}$$

式中　N——柱轴向拉力设计值（kN）。

当 $V_c \leqslant \dfrac{1.16}{\lambda}f_a th$ 时，应取 $V_c = \dfrac{1.16}{\lambda}f_a th$。

考虑地震作用组合的框架柱和转换柱的内力设计值应按《组合结构设计规范》（JGJ 138—2016）的有关规定计算。

【例 6-5】　有一圆形钢管混凝土压弯构件，采用 $\phi526 \times 6$ 钢管，Q355 钢材（$f = 305$ N/mm²），C40 混凝土（$f_c = 19.1$ N/mm²），两端偏心距均为 320 mm，已知计算长度 $L = 12$ m，计算压力 $N = 1\ 300$ kN，试验算其整体稳定性。

【解】　$A_s = 4\ 929.20$ mm²　$A_c = 212\ 371.70$ mm²　$A_{sc} = A_s + A_c = 217\ 300.90$ mm²

$$\alpha_{sc} = \frac{A_s}{A_c} = 0.023\ 2 \quad\quad \theta = \alpha_{sc}\frac{f}{f_c} = 0.023\ 2 \times \frac{305}{19.1} = 0.37$$

影响系数

$$B = \frac{0.176f}{213} + 0.974 = 0.176 \times \frac{305}{213} + 0.974 = 1.23$$

$$C = -\frac{0.104f_c}{14.4} + 0.031 = -0.104 \times \frac{19.1}{14.4} + 0.031 = -0.11$$

抗压强度设计值

$$f_{sc} = (1.212 + B\theta + C\theta^2)f_c = (1.212 + 1.23 \times 0.37 - 0.11 \times 0.37^2) \times 19.1 = 31.55 \text{ N/mm}^2$$

截面模量

$$W_{sc} = \frac{\pi r_0^3}{4} = \frac{\pi \times 263^3}{4} = 14\,280\,285.90 \text{ mm}^3$$

截面塑性发展系数

$$\gamma_m = 1.2$$

所以由式（6-45）计算的钢管混凝土构件的受弯承载力为

$$M_u = \gamma_m W_{sc} f_{sc} = 1.2 \times 14\,280\,285.90 \times 31.55 \times 10^{-6} = 540.65 \text{ kN·m}$$

$$\lambda_{sc} = \frac{4L}{D} = 4 \times \frac{12\,000}{526} = 91.25$$

$$\lambda_{sc}(0.001f_y + 0.781) = 91.25 \times (0.001 \times 355 + 0.781) = 103.66$$

查表 6-3，由内插法得

$$\varphi = 0.59$$

$$N_u = \varphi N_0 = \varphi A_{sc} f_{sc} = 0.59 \times 217\,300.90 \times 31.55 \times 10^{-3} = 4\,044.95 \text{ kN}$$

$$\frac{N}{N_u} = \frac{1\,300}{4\,044.95} = 0.321 \geqslant 0.255$$

所以按照式（6-63）验算

$$\frac{N}{N_u} + \frac{\beta_m M}{1.5M_u\left(1 - \frac{0.4N}{N_E'}\right)} \leqslant 1$$

其中，$\beta_m = 1$，由 Q355 查表 6-5 得

$$k_E = 719.6$$

$$N_E' = \frac{\pi^2 E_{sc} A_{sc}}{1.1\lambda^2} \approx 11.6 \frac{k_E f_{sc} A_{sc}}{\lambda^2} = 11.6 \times \frac{719.6 \times 31.55 \times 217\,300.90 \times 10^{-3}}{91.25^2} = 6\,872.97 \text{ kN}$$

故 $\dfrac{1\,300}{4\,044.95} + \dfrac{1 \times 1\,300 \times 0.32}{1.5 \times 540.65 \times \left(1 - 0.4 \times \dfrac{1\,300}{6\,872.97}\right)} = 0.876 \leqslant 1$，整体承载能力满足要求。

6.4　钢管混凝土格构式柱的承载力计算

6.4.1　受压构件承载力计算

格构式钢管混凝土构件的轴压稳定承载力设计值应按下列公式计算：

$$N \leqslant N_u \qquad (6\text{-}68)$$

$$N_u \leqslant \varphi N_0 \qquad (6\text{-}69)$$

$$N_0 \leqslant \sum A_{sci} f_{sc} \qquad (6\text{-}70)$$

式中　N_u——格构式钢管混凝土构件的轴压稳定承载力设计值(N);

　　　　N_0——格构式钢管混凝土构件的轴压承载力设计值(N);

　　　　A_{sci}——各柱肢的截面面积(mm^2);

　　　　f_{sc}——各柱肢的抗压强度设计值(MPa);

　　　　φ——格构式钢管混凝土轴心受压构件稳定系数,应根据换算长细比按表6-3确定,
　　　　　　　其中换算长细比应按下列公式计算。

(1)对双肢格构柱(图6-12(a)):

当各肢截面相同且为缀板时,

$$\lambda_{oy} = \sqrt{\lambda_y^2 + 17\lambda_1^2} \qquad (6\text{-}71)$$

当各肢截面相同且为缀条时,

$$\lambda_{oy} = \sqrt{\lambda_y^2 + 67.5\frac{A_{sci}}{A_w}} \qquad (6\text{-}72)$$

当双肢缀条柱的内外肢截面不同时,

$$\lambda_{oy} = \sqrt{\lambda_y^2 + 33.75\frac{A_{sc1}+A_{sc2}}{A_w}} \qquad (6\text{-}73)$$

(2)对三肢格构柱(图6-12(b)):

当各肢截面相同且为缀条时,

$$\lambda_{oy} = \sqrt{\lambda_y^2 + 200\frac{A_{sci}}{A_w}} \qquad (6\text{-}74)$$

当各肢截面不同且为缀条时,

$$\lambda_{oy} = \sqrt{\lambda_y^2 + 67.5\sum\frac{A_{sci}}{A_w}} \qquad (6\text{-}75)$$

(3)对四肢格构柱(图6-12(c)):

当各肢截面相同且为缀条时,

$$\lambda_{oy} = \sqrt{\lambda_y^2 + 135\frac{A_{sci}}{A_w}} \qquad (6\text{-}76)$$

$$\lambda_{ox} = \sqrt{\lambda_x^2 + 135\frac{A_{sci}}{A_w}} \qquad (6\text{-}77)$$

当各肢截面不同且为缀条时,

$$\lambda_{ox} = \sqrt{\lambda_x^2 + 33.75\sum\frac{A_{sci}}{A_w}} \qquad (6\text{-}78)$$

$$\lambda_{oy} = \sqrt{\lambda_y^2 + 33.75\sum\frac{A_{sci}}{A_w}} \qquad (6\text{-}79)$$

$$\lambda_x = L_{ox} \Big/ \sqrt{\dfrac{I_x}{\sum A_{sci}}} \tag{6-80}$$

$$\lambda_y = L_{oy} \Big/ \sqrt{\dfrac{I_y}{\sum A_{sci}}} \tag{6-81}$$

$$\lambda_1 = H \Big/ \sqrt{\dfrac{I_{sc}}{A_{sc}}} \tag{6-82}$$

$$I_x = \sum (I_{sc} + b_i^2 A_{sc}) \tag{6-83}$$

$$I_y = \sum (I_{sc} + a_i^2 A_{sc}) \tag{6-84}$$

式中　λ_{oy}、λ_{ox}——格构式钢管混凝土构件对 y 轴和对 x 轴的换算长细比；

　　　　L_{ox}、L_{oy}——多柱肢在 x 轴和 y 轴的有效长度（mm）；

　　　　I_{sc}——多柱肢整体截面惯性矩（mm⁴）；

　　　　A_{sc}——钢管混凝土总截面面积（mm²）

　　　　λ_y、λ_x——整个截面对 y 轴和对 x 轴的长细比；

　　　　λ_1——单肢一个节间的长细比；

　　　　A_{sci}——各钢管混凝土柱肢的截面面积（mm²），$i = 1$、2、3、4；

　　　　A_w——腹杆（缀条或缀板）截面面积（mm²）；

　　　　I_x、I_y——单根柱肢的截面惯性矩（mm⁴）；

　　　　H——柱肢的节间距离（mm）；

　　　　a_i、b_i——柱肢中心到虚轴 y 和 x 的距离（mm）。

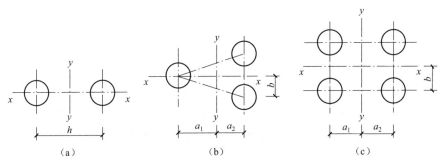

图 6-12　双柱肢、三柱肢、四柱肢示意图

（a）双柱肢　（b）三柱肢　（c）四柱肢

　　格构式钢管混凝土轴心受压构件单肢尚应按式（6-30）验算单柱肢的稳定承载力。当符合下列条件时,可不验算。

　　（1）缀板格构式构件：$\lambda_1 \leqslant 40$ 且 $\lambda_1 \leqslant 0.5\lambda_{max}$，其中 λ_{max} 为构件在 x 和 y 方向换算长细比的较大值。

　　（2）缀条格构式构件：$\lambda_1 \leqslant 0.7\lambda_{max}$。

6.4.2　受弯构件承载力计算

　　单肢钢管混凝土柱在轴心受弯状态下的承载力计算应当符合下列公式要求：

$$M \leqslant M_u \tag{6-85}$$

格构式构件的受弯承载力设计值应按下式计算：

$$M_u = W_{sc} f_{sc} \tag{6-86}$$

式中　f_{sc}——实心或空心钢管混凝土构件的抗压强度设计值（MPa）；

W_{sc}——格构式柱截面至最大受压肢外边缘的截面模量（mm^3），对格构式构件，不考虑截面塑性发展。

6.4.3　受剪构件承载力计算

当钢管混凝土单柱肢的剪跨 a 小于柱子直径 D 的 2 倍时，应验算柱的横向受剪承载力，并应符合下式规定：

$$V \leqslant V_u \tag{6-87}$$

格构式构件用于缀材设计时所受剪力设计值应按下式计算：

$$V = \sum A_{sci} f_{sc} / 85 \tag{6-88}$$

式中　A_{sci}——各柱肢的截面面积（mm^2）；

f_{sc}——各柱肢实心或空心钢管混凝土构件的抗压强度设计值（MPa），腹杆所受的剪力应取实际剪力和按式（6-88）计算剪力中的较大值。

6.4.4　受扭构件承载力计算

单肢钢管混凝土柱在轴心受扭状态下的承载力计算应当符合下列公式要求：

$$T \leqslant T_u \tag{6-89}$$

格构式构件受剪承载力和受扭承载力设计值应按下列公式计算：

$$V_u = \sum V_{ui} \tag{6-90}$$

$$T_u = \sum T_{ui} + \sum V_{ui} r_i \tag{6-91}$$

式中　V_{ui}——各柱肢实心或空心钢管混凝土构件的受剪承载力设计值（kN）；

T_{ui}——各柱肢实心或空心钢管混凝土构件的受扭承载力设计值（kN·m）；

r_i——各柱肢实心或空心钢管混凝土构件截面形心到格构式截面中心的距离（mm）。

6.4.5　复合应力状态下承载力计算

格构式钢管混凝土构件承受压、弯、扭、剪共同作用时，应按下式验算平面内的整体稳定承载力：

$$\frac{N}{N_u} + \frac{\beta_m M}{M_u \left(1 - \frac{\varphi N}{N'_E}\right)} + \left(\frac{T}{T_u}\right)^2 + \left(\frac{V}{V_u}\right)^2 \leqslant 1 \tag{6-92}$$

式中　M_u——格构式钢管混凝土组合构件的受弯承载力设计值（kN·m）；

N_u——格构式钢管混凝土组合构件的轴压强度承载力设计值（kN）；

T_u —— 格构式钢管混凝土组合构件的受扭承载力设计值（kN·m）；

V_u —— 格构式钢管混凝土组合构件的受剪承载力设计值（kN）。

N、M、T、V —— 作用于构件的轴心压力、弯矩、扭矩和剪力值（kN、kN·m、kN·m、kN）；

β_m —— 等效弯矩系数；

φ —— 轴心受压构件稳定系数；

N_E' —— 格构式钢管混凝土组合构件的欧拉临界荷载（kN）。

6.4.6　整体承载力

由双肢或多肢钢管混凝土柱组成的格构柱，应分别对其单肢承载力和整体承载力两种情况进行计算。格构柱的单肢承载力计算，首先应按桁架确定其单肢的轴心力，然后按压肢和拉肢分别进行承载力计算。

格构柱的缀件剪力设计值 V 应按下式计算，可认为剪力沿格构柱全长不变：

$$V = N_0 / 85 \tag{6-93}$$

式中　N_0 —— 格构柱轴心受压短柱承载力设计值（N）。

格构柱的整体承载力应符合下式规定：

$$N \leqslant N_u \tag{6-94}$$

式中　N —— 轴心压力设计值（N）；

格构柱的整体承载力设计值应按下列公式计算：

$$N_u = \varphi_e \varphi_l N_0 \tag{6-95}$$

$$N_0 = \sum_{i=1}^{n} N_{0i} \tag{6-96}$$

式中　φ_e —— 考虑偏心率影响的整体承载力折减系数，应按（1）确定；

φ_l —— 考虑长细比影响的整体承载力折减系数，应按（2）确定；

N_{0i} —— 格构柱各单柱肢的轴心受压短柱承载力设计值（N）。

图 6-13 为格构式柱计算简图。

（1）格构柱考虑偏心率影响的整体承载力折减系数 φ_e 应按下列公式计算。

当偏心率 $e_0 / a_c \leqslant 2$ 时，

$$\varphi_e = \frac{1}{1 + e_0 / a_t} \tag{6-97}$$

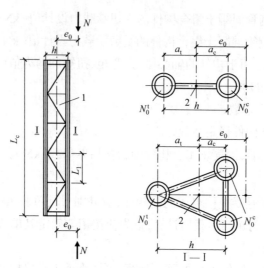

图 6-13　格构柱计算简图

1—压力中心轴;2—压力重心

当偏心率 $e_0/a_c > 2$ 时,

$$\varphi_e = \cfrac{1}{3\left(\cfrac{e_0}{a_c}\right) - 1} \tag{6-98}$$

$$e_0 = \frac{M_2}{N} \tag{6-99}$$

$$a_t = \frac{N_0^c}{N_0^c + N_0^t} H \tag{6-100}$$

$$a_c = \frac{N_0^t}{N_0^c + N_0^t} H \tag{6-101}$$

式中　e_0 —— 柱两端轴心压力偏心距之较大者(mm);

$\quad\quad a_c$ —— 弯矩单独作用下的受压区柱肢重心至格构柱压力重心的距离(mm);

$\quad\quad a_t$ —— 弯矩单独作用下的受拉区柱肢重心至格构柱压力重心的距离(mm);

$\quad\quad M_2$ —— 柱两端弯矩设计值之较大者(N·mm);

$\quad\quad N$ —— 轴心压力设计值(N);

$\quad\quad N_0^c$ —— 弯矩单独作用下的受压区各柱肢短柱轴心受压承载力设计值的总和(N);

$\quad\quad N_0^t$ —— 弯矩单独作用下的受拉区各柱肢短柱轴心受压承载力设计值的总和(N);

$\quad\quad H$ —— 在弯矩作用平面内的柱肢重心之间的距离(mm)。

(2)格构柱考虑长细比影响的整体承载力折减系数 φ_l 应按下列公式计算。

当 $\lambda \leqslant 16$ 时,

$$\varphi_l = 1 \tag{6-102}$$

当 $\lambda > 16$ 时,

$$\varphi_l = 1 - 0.058\sqrt{\lambda^* - 16} \tag{6-103}$$

式中格构柱的换算长细比 λ^* 应按(3)计算。

（3）格构柱的换算长细比 λ^* 的计算。

①双肢格构柱：

当缀件为缀板时，

$$\lambda^* = \sqrt{\lambda_y^2 + 16\left(\frac{L}{D}\right)^2} \tag{6-104}$$

当缀件为缀条时，

$$\lambda^* = \sqrt{\lambda_y^2 + 27 A_0 / A_{1y}} \tag{6-105}$$

②四肢格构柱：

当缀件为缀板时，

$$\lambda_x^* = \sqrt{\lambda_x^2 + 16\left(\frac{L_1}{D}\right)^2} \tag{6-106}$$

$$\lambda_y^* = \sqrt{\lambda_y^2 + 16\left(\frac{L_1}{D}\right)^2} \tag{6-107}$$

当缀件为缀条时，

$$\lambda_x^* = \sqrt{\lambda_x^2 + 40 A_0 / A_{1x}} \tag{6-108}$$

$$\lambda_y^* = \sqrt{\lambda_y^2 + 40 A_0 / A_{1y}} \tag{6-109}$$

③缀件为缀条的三肢格构柱：

$$\lambda_x^* = \sqrt{\lambda_x^2 + \frac{42 A_0}{A_{1x}(1.5 - \cos^2\alpha)}} \tag{6-110}$$

$$\lambda_y^* = \sqrt{\lambda_y^2 + \frac{42 A_0}{A_{1y}\cos^2\alpha}} \tag{6-111}$$

以上各式中：

$$\lambda_x = \frac{L_e^*}{r_x} \tag{6-112}$$

$$\lambda_y = \frac{L_e^*}{r_y} \tag{6-113}$$

$$A_0 = \sum_{i=1}^n A_{ai} + \frac{E_c}{E_a}\sum_{i=1}^n A_{ci} \tag{6-114}$$

式中　λ^*——换算长细比；

　　　λ_x、λ_y——格构件对 x 轴和 y 轴的长细比；

　　　D——钢管外直径（mm）；

　　　A_0——格构柱横截面所截各分肢换算截面面积之和（mm²）；

　　　A_{1y}——格构柱横截面中垂直于 y 轴的各斜缀条毛截面面积之和（mm²）；

　　　L_1——格构柱节间长度（mm）；

　　　A_{1x}——格构柱横截面中垂直于 x 轴的各斜缀条毛截面面积之和（mm²）；

α —— 缀件与格构柱夹角；

L_e^* —— 格构柱的等效计算长度（mm），应按（4）确定；

r_x —— 格构柱截面换算面积对 x 轴的回转半径（mm）；

r_y —— 格构柱截面换算面积对 y 轴的回转半径（mm）；

A_{ai}、A_{ci} —— 第 i 分肢的钢管横截面面积和钢管内混凝土横截面面积（mm²）；

E_c —— 混凝土弹性模量（MPa）；

E_a —— 钢管弹性模量（MPa）。

（4）格构柱的等效计算长度应按下式计算。

$$L_e^* = \mu k L \tag{6-115}$$

式中 μ —— 考虑柱端约束条件的计算长度系数；

k —— 考虑柱身弯矩分布梯度影响的等效长度系数，应按（5）计算；

L —— 格构柱的实际长度和（mm）。

（5）格构柱考虑柱身弯矩分布梯度影响的等效长度系数，应按下列公式计算。

①轴心受压柱和杆件（图 6-14（a））：

$$k = 1 \tag{6-116}$$

②无侧移框架柱（图 6-14（b）、（c））：

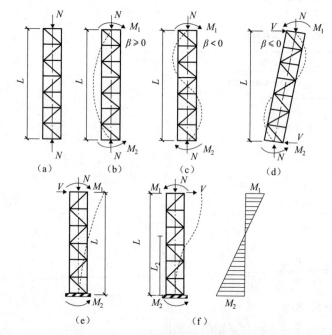

图 6-14 格构式框架柱及悬臂柱计算简图

（a）轴心受压 （b）无侧移单轴压弯 （c）无侧移双曲压弯 （d）有侧移双曲压弯 （e）单曲压弯 （f）双曲压弯

$$k = 0.5 + 0.3\beta + 0.2\beta^2 \tag{6-117}$$

③有侧移框架柱（图 6-14（d）））和悬臂柱（图 6-14（e）、（f））：

当 $e_0/a_c \leqslant 1$ 时，

$$k = 1 - 0.5 e_0/a_c \tag{6-118}$$

当 $e_0 / a_c > 1$ 时,

$$k = 0.5 \tag{6-119}$$

当自由端有力矩 M_1 作用时,将下式与式(6-118)或(6-119)所得 k 值进行比较,取其中较大者:

$$k = (1 + \beta_1)/2 \tag{6-120}$$

式中 β —— 柱两端弯矩设计值之较小者 M_1 与较大者 M_2 的比值($|M_1| \leqslant |M_2|$), $\beta = M_1 / M_2$,单曲压弯时, β 为正值,双曲压弯时, β 为负值;

  β_1 —— 悬臂柱自由端弯矩设计值 M_1 与嵌固端弯矩设计值 M_2 的比值,当 β_1 为负值(双曲压弯)时,按反弯点所分割成的高度为 L_2^* 的子悬臂柱计算。

【例 6-6】 有一轴心受压柱(图 6-15),已知 $L_{ox} = 16$ m, $L_{oy} = 32$ m。采用 Q235 钢材($f = 215$ N/mm²),C30 混凝土($f_c = 14.3$ N/mm²),柱肢尺寸为 $\phi 220 \times 6$,斜腹杆尺寸为 $\phi 78 \times 4$,平腹杆尺寸为 $\phi 156 \times 4$,斜腹杆与平腹杆均采用空钢管,截面如图 6-15 所示,试计算其承载能力。

【解】 柱肢: $A_s = 4\,033.80$ mm², $A_c = 33\,979.47$ mm², $A_{sc} = 38\,013.27$ mm²。

斜腹杆: $A_{w1} = 929.91$ mm²。

平腹杆: $A_{w2} = 1\,910.09$ mm²。

(1)整体稳定:

$$I_{sc} = \frac{1}{4} \pi r_0^4 = \frac{1}{4} \pi \times 110^4 = 114\,931\,850 \text{ mm}^4$$

$$I_x = \sum (I_{sc} + b_i^2 A_{sc}) = 4 \times (114\,931\,850 + 500^2 \times 38\,013.27) = 3.85 \times 10^{10} \text{ mm}^4$$

$$I_y = \sum (I_{sc} + a_i^2 A_{sc}) = 4 \times (114\,931\,850 + 750^2 \times 38\,013.27) = 8.60 \times 10^{10} \text{ mm}^4$$

$$\lambda_x = L_{ox} / \sqrt{\frac{I_x}{\sum A_{sci}}} = 16\,000 / \sqrt{3.85 \times 10^{10} / (4 \times 38\,013.27)} = 32$$

$$\lambda_y = L_{oy} / \sqrt{\frac{I_y}{\sum A_{sci}}} = 32\,000 / \sqrt{8.60 \times 10^{10} / (4 \times 3\,8013.27)} = 43$$

$h = 750$ mm

换算长细比:

斜腹杆 $\lambda_{oy} = \sqrt{\lambda_y^2 + 135 \frac{A_{sci}}{A_w}}$

平腹杆 $\lambda_{ox} = \sqrt{\lambda_x^2 + 17 \lambda_1^2}$

$\lambda_1 = h / \sqrt{\frac{I_{sc}}{A_{sc}}}$

其中 $h = 750$ mm,则

$$\lambda_1 = 750 / \sqrt{\frac{114\,931\,850}{38\,013.27}} = 14$$

$$\lambda_{ox} = \sqrt{32^2 + 17 \times 14^2} = 65$$

$$\lambda_{oy} = \sqrt{43^2 + 135 \times 4 \times \frac{4\,033.80}{1\,910.09}} = 55$$

因为 $\lambda_{ox} > \lambda_{oy}$，所以整体稳定是绕着 y 轴的承载力，属于四肢斜腹杆体系。

含钢率

$$\alpha_{sc} = \frac{A_s}{A_c} = \frac{4\,033.80}{33\,979.47} = 0.119$$

套箍系数

$$\theta = \alpha_{sc} \frac{f}{f_c} = 0.119 \times \frac{215}{14.3} = 1.79$$

$$B = \frac{0.176f}{213} + 0.974 = 0.176 \times \frac{215}{213} + 0.974 = 1.15$$

$$C = -\frac{0.104f_c}{14.3} + 0.031 = -0.104 \times \frac{14.3}{14.3} + 0.031 = -0.07$$

$$f_{sc} = (1.212 + B\theta + C\theta^2)f_c$$
$$= (1.212 + 1.15 \times 1.79 - 0.07 \times 1.79^2) \times 14.3 = 43.56 \text{ N/mm}^2$$

换算长细比

$$\lambda_{oy} = 55$$

$$\lambda_{sc}(0.001f_y + 0.781) = 55 \times (0.001 \times 235 + 0.781) = 56$$

查表 6-3，由内插法得

$$\varphi = 0.853$$

所以该格构式柱的轴心受压稳定承载力设计值为

$$N_0 = \varphi f_{sc} \sum A_{sc} = 0.853 \times 43.56 \times 38\,013.27 \times 10^{-3} = 5\,649.79 \text{ kN}$$

（2）对 x 轴平面外双肢平腹杆体系稳定的计算：

$$\lambda_{ox} = 65$$

$$\lambda_{sc}(0.001f_y + 0.781) = 65 \times (0.001 \times 235 + 0.781) = 66$$

查表 6-3，由内插法得

$$\varphi = 0.797$$

$$N = \varphi f_{sc} \sum A_{sc} = 0.797 \times 43.56 \times 2 \times 38\,013.27 \times 10^{-3} = 1\,319.72 \text{ kN}$$

共两个双肢，故承载力

$$N_0 = 2N = 2 \times 1\,319.72 = 2\,639.44 \text{ kN}$$

（3）单肢稳定——平面外平腹杆体系的单肢：

$$i_{sc} = \sqrt{\frac{I_{sc}}{A_{sc}}} = \sqrt{\frac{114\,931\,850}{38\,013.27}} = 54.99 \text{ mm}$$

$\lambda_1 = 14 < 40$ 且 $\lambda_1 < 0.5\lambda_{max} = 0.5 \times 65 = 32.50$，所以单肢稳定性能够保证，可不进行验算。

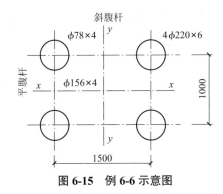

图 6-15　例 6-6 示意图

6.5　钢管混凝土组合柱的构造要求

　　钢管混凝土结构是由外钢管及核心混凝土共同构成的组合结构,其性能优越的主要原因在于两者间的相互作用,因此,钢管混凝土结构的构造除了应该满足一般的钢结构设计规范与施工规程的要求外,还应当考虑钢管混凝土结构的特点,满足一定的构造要求,保证其组合作用的合理实现。

6.5.1　钢管

　　(1)钢材宜选用 Q235 钢、Q355 钢、Q390 钢和 Q420 钢。当采用其他牌号的钢材时,应符合相应规范或标准的规定和要求,用于加工钢管的板材应具有冷弯试验的合格保证。

　　(2)用于钢管混凝土结构中的钢管可采用无缝钢管、螺旋缝钢管或直焊缝钢管。矩形钢管混凝土结构宜采用直缝焊接钢管或冷弯型钢钢管。当螺旋焊接钢管的常用规格不能满足要求时,可采用钢板卷制而成的直缝焊接钢管,焊接时采用对接坡口焊缝,不允许采用钢板搭接的角焊缝。焊缝质量应达到二级质量检验标准,与母材等强度。

　　(3)钢管直径不得小于 100 mm,且根据焊接的需要,管壁厚度不宜小于 4 mm。钢管的外直径或最大外边长与壁厚之比不得大于无混凝土时相应限值的 1.5 倍。对于矩形截面钢管混凝土构件,为了保证矩形钢管和混凝土两者有效地共同工作,其钢管截面长边边长 D 与短边边长 B 之比(D/B)不宜大于 2。

　　(4)钢管混凝土的套箍系数 θ 设计值宜为 0.5 ~ 2.5,有抗震设防要求时 θ 宜大于 0.6,套箍系数设计值 θ 可按《钢管混凝土结构技术规范》(GB 50936—2014)相关规定计算。

6.5.2　混凝土

　　(1)混凝土强度等级应当按照立方体抗压强度标准值来确定。立方体抗压强度标准值即按照标准方法制作养护的边长为 150 mm 的立方体试件在 28 d 龄期,用标准试验方法测得的具有 95% 保证率的抗压强度。

　　(2)组合结构中使用的钢材与混凝土等级及设计强度值应遵守《混凝土结构设计规范(2015 年版)》(GB 50010—2010)的规定,使用的混凝土强度等级不应低于 C30。

（3）混凝土采用普通混凝土,强度等级不宜低于 C30 且不宜高于 C80,实心钢管混凝土构件含钢率宜为 6%～10%,混凝土强度等级宜为 C40～C60。为了达到更好的组合效果,钢管混凝土中外钢管和核心混凝土的强度取值应匹配,可以参照下列材料组合:Q235 钢配 C30 或 C40 级混凝土;Q355 钢配 C40, C50 或 C60 级混凝土;Q390 和 Q420 钢配 C50 或 C60 级及以上等级的混凝土。

6.5.3 柱脚节点

钢管混凝土组合柱的柱脚可以采用端承式柱脚或埋入式柱脚。对于考虑地震作用组合的偏心受压柱宜采用埋入式柱脚;不考虑地震作用组合的偏心受压柱可采用埋入式柱脚,也可采用端承式柱脚;偏心受拉柱应采用埋入式柱脚。对于单层厂房,埋入式柱脚的埋入深度不应小于 $1.5D$;无地下室或仅有一层地下室的房屋建筑,埋入式柱脚埋入深度不应小于 $2.0D$。

端承式柱脚的构造应符合下列规定。

（1）环形柱脚板的厚度不宜小于钢管壁厚的 1.5 倍,且不应小于 20 mm。

（2）环形柱脚板的宽度不宜小于钢管壁厚的 6 倍,且不应小于 100 mm。

（3）加劲肋的厚度不宜小于钢管厚度,肋高不宜小于柱脚板外伸宽度的 2 倍,肋距不应大于柱脚板厚度的 10 倍。

（4）锚栓直径不宜小于 25 mm,间距不宜大于 200 mm,锚入钢筋混凝土基础的长度不应小于 $40d$(d 为锚栓直径)及 100 mm 的较大者。

1. 圆形钢管混凝土组合柱的柱脚节点构造要求

圆形钢管混凝土组合柱可根据不同的受力特点采用埋入式柱脚或非埋入式柱脚,如图 6-16 所示。

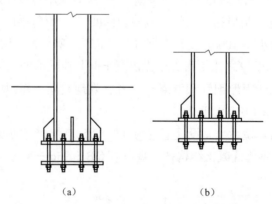

图 6-16 圆形钢管混凝土组合柱柱脚

（a）埋入式柱脚 （b）非埋入式柱脚

无地下室或仅有一层地下室的圆形钢管混凝土组合柱的埋入式柱脚,在基础中的埋置深度除应符合式(6-121)的计算规定外,还不应小于圆形钢管直径的 2.5 倍。

1）埋入式柱脚

圆形钢管混凝土偏心受压柱,其埋入式柱脚的埋置深度应符合下式规定:

$$h_B \geq 2.5\sqrt{\frac{M}{0.4Df_c}} \qquad (6\text{-}121)$$

式中　h_B —— 圆形钢管混凝土柱埋置深度（mm）；

　　　M —— 埋入式柱脚弯矩设计值（kN·m）；

　　　D —— 钢管柱外直径（mm）；

　　　f_c —— 基础底板混凝土强度设计值（MPa）。

2）非埋入式柱脚

圆形钢管混凝土偏心受压柱，其非埋入式柱脚底板宜采用由环形底板、加劲肋和刚性锚栓组成的端承式柱脚（图 6-17）。

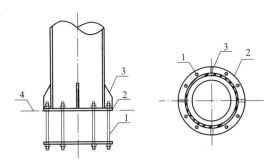

图 6-17　圆形钢管混凝土组合柱非埋入式柱脚
1—锚栓；2—环形底板；3—加劲肋；4—基础顶面

圆形钢管混凝土偏心受压柱，采用环形底板的非埋入式柱脚构造宜符合下列规定。

（1）环形底板的厚度不宜小于钢管壁厚的 1.5 倍，且不应小于 20 mm。

（2）环形底板的宽度不宜小于钢管壁厚的 6 倍，且不应小于 100 mm。

（3）钢管壁外加劲肋的厚度不宜小于钢管壁厚，加劲肋高度不宜小于柱脚板外伸宽度的 2 倍，加劲肋间距不应大于柱脚底板厚度的 10 倍。

（4）锚栓直径不宜小于 25 mm，间距不宜大于 200 mm，锚栓锚入基础的长度不宜小于 40 倍锚栓直径和 1 000 mm 的较大值。

2. 矩形钢管混凝土组合柱的柱脚节点构造要求

矩形钢管混凝土组合柱可根据不同的受力特点采用埋入式柱脚或非埋入式柱脚，无地下室或仅有一层地下室的矩形钢管混凝土组合柱的埋入式柱脚，在基础底板（承台）中的埋置深度除应符合式（6-122）规定外，还不应小于矩形钢管混凝土组合柱长边尺寸的 2 倍。

1）埋入式柱脚

矩形钢管混凝土偏心受压柱，其埋入式柱脚的埋置深度应符合下式规定：

$$h_B \geq 2.5\sqrt{\frac{M}{bf_c}} \qquad (6\text{-}122)$$

式中　h_B —— 矩形钢管混凝土组合柱埋置深度（mm）；

　　　M —— 埋入式柱脚弯矩设计值（kN·m）；

　　　f_c —— 基础底板混凝土抗压强度设计值（MPa）；

b——矩形钢管混凝土组合柱垂直于计算弯曲平面方向的柱边长（mm）。

矩形钢管混凝土组合柱埋入式柱脚的钢管底板厚度,不应小于柱脚钢管壁的厚度,且不宜小于 25 mm。矩形钢管混凝土组合柱埋入式柱脚埋置深度范围内的钢管壁外侧应设置栓钉,栓钉的直径不宜小于 19 mm,水平和竖向间距不宜大于 200 mm,栓钉离侧边不宜小于 50 mm 且不宜大于 100 mm。矩形钢管混凝土组合柱埋入式柱脚,在其埋入部分的顶面位置,应设置水平加劲肋,加劲肋的厚度不宜小于 25 mm,且加劲肋应留有混凝土浇筑孔。

2）非埋入式柱脚

矩形钢管混凝土偏心受压柱,其非埋入式柱脚宜采用由矩形环底板、加劲肋和刚性锚栓组成的柱脚（图 6-18）。

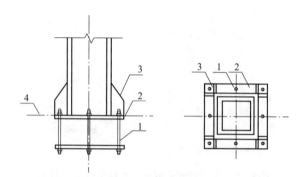

图 6-18　矩形钢管混凝土组合柱非埋入式柱脚
1—锚栓;2—矩形环底板;3—加劲肋;4—基础顶面

矩形钢管混凝土偏心受压柱,采用矩形环底板的非埋入式柱脚构造应符合下列规定。

（1）矩形环底板的厚度不宜小于钢管壁厚的 1.5 倍,宽度不宜小于钢管壁厚的 6 倍。

（2）锚栓直径不宜小于 25 mm,间距不宜大于 200 mm,锚栓锚入基础的长度不宜小于 40 倍锚栓直径和 1 000 mm 的较大值。

（3）钢管壁外加劲肋厚度不宜小于钢管壁厚,加劲肋高度不宜小于柱脚板外伸宽度的 2 倍,加劲肋间距不应大于柱脚底板厚度的 10 倍。

6.5.4　连接节点

1. 圆形钢管混凝土组合柱的连接构造要求

等直径钢管对接时宜设置环形隔板和内衬钢管段,内衬钢管段也可兼作抗剪连接件,并应符合下列规定。

（1）上下钢管之间应采用全熔透坡口焊缝,焊缝位置宜高出楼面 1 000 ~ 1 300 mm,直焊缝钢管对接处应错开钢管焊缝。

（2）内衬钢管仅作为衬管使用时（图 6-19（a））,衬管管壁厚度宜为 4 ~ 6 mm,衬管高度不宜小于 50 mm,其外径宜比钢管内径小 2 mm,环形隔板宽度不宜小于 80 mm。

（3）内衬钢管兼作为抗剪连接件时（图 6-19（b））,衬管管壁厚度不宜小于 16 mm,衬管高度不宜小于 100 mm,其外径宜比钢管内径小 2 mm。内衬钢管焊缝与对接焊缝间距不宜小于 50 mm。

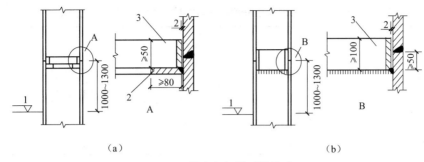

图 6-19　等直径钢管对接构造

（a）仅作为衬管用时　（b）同时作为抗剪连接件时

1—楼面；2—环形隔板；3—内衬钢管

不同直径钢管对接时，宜采用一段变径钢管连接。变径钢管的上下两端均宜设置环形隔板，变径钢管的壁厚不应小于所连接的钢管壁厚，变径段的斜度不宜大于 1∶6，变径段宜设置在楼盖结构高度范围内。

2. 矩形钢管混凝土组合柱的连接构造要求

矩形钢管混凝土框架柱和转换柱的截面最小边尺寸不宜小于 400 mm，钢管壁厚不宜小于 8 mm，截面高宽比不宜大于 2。当矩形钢管混凝土组合柱截面边长大于或等于 1 000 mm 时，应在钢管内壁设置竖向加劲肋。

矩形钢管混凝土框架柱和转换柱管壁宽厚比 b/t、高厚比 h/t 应符合下列公式的规定（图 6-20）：

$$b/t \leqslant 60\sqrt{235/f_{ak}} \tag{6-123}$$

$$h/t \leqslant 60\sqrt{235/f_{ak}} \tag{6-124}$$

式中　b、h——矩形钢管管壁宽度、高度（mm）；

　　　　t——矩形钢管管壁厚度（mm）；

　　　　f_{ak}——矩形钢管抗拉强度标准值（MPa）。

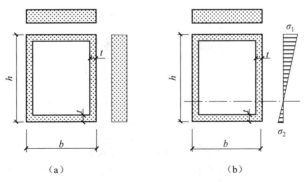

图 6-20　矩形钢管截面板件应力分布示意

（a）轴压　（b）压弯

矩形钢管混凝土框架柱和转换柱，其内设的钢隔板宽厚比 h_{w1}/t_{w1}、h_{w2}/t_{w2} 宜符合规范限值规定（表 6-6），钢隔板位置及尺寸示意图如图 6-21 所示。

表 6-6　　矩形钢管混凝土框架柱和转换柱内设钢隔板宽厚比限值

钢号	柱		
	b_n/t_f	h_w/t_w	b/t
Q235	≤ 23	≤ 96	≤ 72
Q355、Q355GJ	≤ 19	≤ 81	≤ 61
Q390	≤ 18	≤ 75	≤ 56
Q420	≤ 17	≤ 71	≤ 54

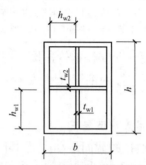

图 6-21　钢隔板位置及尺寸示意

b—矩形钢管混凝土柱截面宽度（mm）；h—矩形钢管混凝土柱截面高度（mm）
h_{w1}、t_{w1}—纵向隔板宽度与厚度（mm）；h_{w2}、t_{w2}—横向隔板宽度与厚度（mm）。

矩形钢管混凝土组合柱的钢管对接应考虑构造和运输要求,可按多个楼层下料分段制作,分段接头宜设在楼面上 1.0 ~ 1.3 m 处。

1)矩形钢管的工厂拼接

（1）对内壁平齐的对接拼接,当钢管壁厚相差不大于 4 mm 时,可直接拼接（图 6-22（a））;当钢管壁厚相差大于 4 mm 时,较厚钢管的管壁应加工成斜坡后连接,斜坡坡度不应大于 1∶2.5（图 6-22（b））。

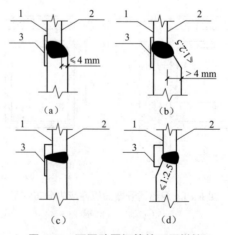

图 6-22　不同壁厚钢管的工厂拼接

（a）内壁平齐直接拼接　（b）内壁平齐斜坡拼接　（c）外壁平齐内衬板拼接　（d）外壁平齐斜坡拼接
1—内壁;2—外壁;3—内衬板

（2）对外壁平齐的对接拼接,当较薄钢管的公称壁厚不大于 5 mm 时,钢管壁厚相差应小于 1.5 mm;当较薄钢管的公称壁厚大于 5 mm 时,壁厚相差不应大于 1 mm 加公称壁厚的 10 %,且不大于 8 mm;当两钢管的壁厚相差较大而不符合以上规定时,应采用有厚度差的内衬板（图 6-22（c））或将较厚钢管内壁加工成斜坡（图 6-22（d））,斜坡坡度不应大于 1 ∶ 2.5。

2）矩形钢管的现场拼接

钢管在现场拼接时,下节柱的上端应设置开孔隔板或环形隔板,顶面与柱口平齐或略低。接口应采用坡口全熔透焊接,管内应设衬管或衬板（图 6-23）。

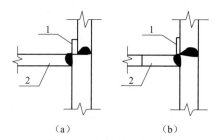

图 6-23　钢管的现场拼接

（a）衬管拼接　（b）衬板拼接

1—衬管或衬板;2—开孔隔板或环形隔板

矩形钢管混凝土组合柱的柱段截面宽度或高度明显不同时,宜采用下列方式拼接。

（1）当上节柱外壁与下节柱外壁之间的差距 s 不大于 25 mm 时,可采用顶板拼接方式（图 6-24（a））,顶板厚度应符合下式规定:

$$t \geqslant s - t_1 + t_2 \tag{6-125}$$

式中　t —— 顶板厚度（mm）,当 $t < 20$ mm 时取 $t = 20$ mm;

t_1、t_2 —— 下节柱、上节柱的壁厚（mm）,且 $t_1 \geqslant t_2$。

（2）当上节柱外壁与下节柱外壁间的差距 s 大于 25 mm,但不大于 50 mm 时,可采用上节柱外壁加劲拼接方式。加劲段高度不宜小于 100 mm,顶板厚度 t 宜比下节柱壁厚 t_1 增加 2 mm（图 6-24（b））。

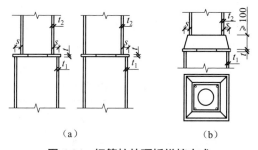

图 6-24　钢管柱的顶板拼接方式

（a）顶板拼接　（b）外壁加劲拼接

（3）当上节柱外壁与下节柱外壁间的差距 s 大于 50 mm 时,钢管宜采用台锥形拼接方式,台锥坡度不应大于 1 ∶ 2.5（图 6-25（a）、（b））。在下节柱顶面和台锥形拼接钢管顶面应设开孔隔板。当台锥形拼接钢管位于梁柱接头部位时,梁翼缘与台锥应采用坡口全熔透焊接,并在梁翼缘高度处设置开孔隔板,梁腹板与台锥可采用高强螺栓连接,拼接钢管两端宜突出梁翼缘外侧不小于 150 mm(图 6-25(c));也可在拼接钢管两端设置开孔外伸隔板,梁翼缘与隔板应采用坡口全熔透焊接,梁腹板与台锥可采用双面角焊缝连接(图 6-25(d))。

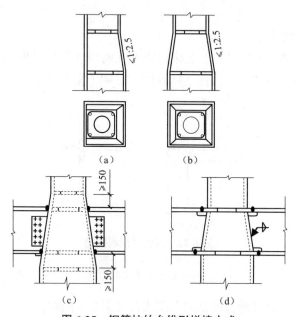

图 6-25　钢管柱的台锥形拼接方式
(a)边柱　(b)中柱　(c)节点做法一　(d)节点做法二

6.6　钢管混凝土组合柱的施工方法及影响因素

6.6.1　加工制作

　　钢管的加工制作必须遵循依设计文件绘制的钢结构施工详图,并应按照设计文件和施工详图的要求编制工艺文件,依据制作厂家的生产条件和现场施工条件,考虑运输要求、吊装能力和安装条件,确定钢管的分段或拼焊。钢管段制作的容许偏差应按实心钢管与空心钢管分类,符合表 6-7 的要求。

表 6-7　钢管段制作容许偏差

单位:mm

项目	容许偏差	
	空心钢管	实心钢管
端头直径 D 的偏差	$\pm 1.5D/1\,000$ 且 ± 5	$\pm 1.2D/1\,000$ 且 ± 3
弯曲矢高	$L/1\,500$ 且 $\leqslant 5$	$L/1\,200$ 且 $\leqslant 8$
长度偏差	$-5,2$	± 3

续表

项目	容许偏差	
	空心钢管	实心钢管
端面倾斜	$\leqslant 2\,(D < \phi 600)$ $\leqslant 3\,(D \geqslant \phi 600)$	$D/1\,000$ 且 $\leqslant 1$
钢管扭曲	$3°$	$1°$
椭圆度	$3D/100$	

注:对接焊缝连接时,D 为管端头的直径;法兰连接时,D 为连接孔中心的圆周直径。

钢管下料应根据工艺要求预留焊接收缩量和切割、端铣等的加工余量。对于大直径钢管,当采用直缝焊接时,等径钢管相邻纵缝间距不宜小于 300 mm,纵向焊缝沿圆周方向的数量不宜超过 2 道。相邻两节管段对接时,纵向焊缝应互相错开,间距不宜小于 300 mm。

6.6.2　安装连接

钢管的加工及安装连接应当符合相关钢结构规范的要求,包括《钢结构设计标准》(GB 50017—2017)及《钢结构工程施工质量验收标准》(GB 50205—2020)中的相关要求。钢管焊接质量的加工、检查与施工偏差等均应符合上述规范的要求。

钢管长度方向的连接有以下几种形式。

(1)环形坡口对接焊缝连接,如图 6-26(a)所示。

(2)法兰盘螺栓连接,如图 6-26(b)所示。这种形式施工简便、迅速,特别适用于野外操作。

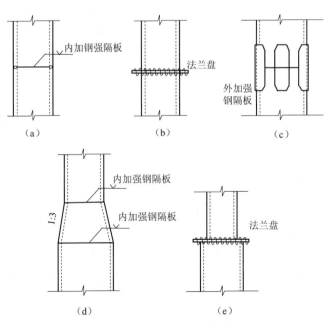

图 6-26　钢管长度方向的连接方式
(a)环形坡口对接焊缝连接　(b)法兰盘螺栓连接　(c)外加等强钢板连接
(d)不同管径锥形管对接焊缝连接　(e)不同管径法兰盘螺栓连接

（3）在钢管接头处加等强钢板,用角焊缝焊接,如图 6-26(c)所示。这种形式易于施工且保证质量,但不够美观,可用于一般的工厂房屋和构筑物。

（4）不同管径的钢管连接:当外径差较小,小于或等于 100 mm 时,可采用大小头锥形管对接焊缝连接,锥形坡度 1∶3,如图 6-26(d)所示;当上下管径相差较大,大于 100 mm 时,应采用法兰盘螺栓连接,并在直径较小的钢管根部设加劲肋,如图 6-26(e)所示。

6.6.3　管内混凝土浇筑

对于钢管内核心混凝土的浇筑,目前常采用的方法有泵送顶升浇筑法、手工浇捣法、高位抛落免振捣法等。

泵送顶升浇筑法是在钢管混凝土柱适当的位置安装一个带有防回流装置的进料管,它直接与泵车的输送管相连,将混凝土源源不断地自下而上灌入钢管,不需要振捣。钢管的尺寸宜大于或等于进料管的 2 倍。由于泵送时需要在钢管上开孔,所以对柱下部入口的管部应当进行强度验算。同时,泵送混凝土前应用清水清洗钢管内壁以减小摩擦。在条件允许的情况下,首先应当采用泵送顶升浇筑法,因为泵送顶升浇筑法不仅可以提高施工效率,而且能够保证混凝土的密实性。

高位抛落免振捣法是利用混凝土下落时的动能从而达到振实混凝土的目的,适用于管径大于 350 mm,且钢管高度不小于 4 m 的情况。对于抛落高度小于 4 m 的区段,应当采用内部振捣器捣实。一次抛落的混凝土量宜在 0.7 m³ 左右,用料斗填装,料斗下部尺寸应当比钢管直径小 100～200 mm,以便于管内空气的排出,保证混凝土无泌水和离析现象出现。

手工浇捣法通常适用于上述两种情况均不适用的情况,混凝土自钢管上口灌入后用振捣器捣实。钢管截面最小边长或管径大于 350 mm 时,采用内部振捣器进行振捣,每次振捣的时间不小于 30 s,一次浇筑的高度不小于 1.5 m。当钢管截面的最小边长或管径小于 350 mm 时,可以采用附着在钢管外部的振捣器进行振捣,外部振捣器的位置应当随内部混凝土浇筑的进展加以调整。手工浇捣法一次浇筑的高度不应大于振捣器的有效工作范围及 2 m。

当混凝土浇筑到钢管顶端时,可在以下的施工方法中选择。①待混凝土稍微溢出后,将留有排气孔的层间横隔板或封顶板紧压到管端,随即进行点焊;待混凝土达到设计强度的 50% 后,再将横隔板或封顶板按照设计要求补焊完成。②将混凝土浇筑到稍低于管口位置,待混凝土达到设计强度的 50% 后,用相同等级的水泥砂浆补填至管口,并将横隔板或封顶板一次封焊到位。钢管混凝土组合结构内部混凝土的浇灌质量可以采用敲击钢管的方法来确定其密实度,对于重要的构件或部位应采用超声波进行检测,其原理是利用超声波在不同介质中速度不同来检验混凝土中的缺陷。经常遇到的质量问题有空腔、收缩裂缝、混凝土与管壁黏结不良、孔洞、混凝土的离析分层、混凝土疏松不密实。对于混凝土不密实的部位,应采用局部钻孔压浆的方法进行补强,并将钻孔封固。钢管混凝土组合柱管内混凝土浇筑属于隐蔽工程,不易发现缺陷。为了保证混凝土质量,应制定相关的施工工艺以保证质量。

6.6.4　防火

参见 2.1.5 节。

6.6.5　除锈及防腐涂装

参见 2.1.6 节。

【思考题】

1. 钢管混凝土组合柱与钢筋混凝土柱相比有哪些优势？

2. 钢管混凝土组合柱轴压变形破坏分为哪几个阶段？各自的特点是什么？

3. 受压承载力计算时，承载力折减系数 φ_e 与 φ_l 分别是考虑什么因素的不利影响？

4. 为什么矩形钢管混凝土组合柱的截面长宽比不宜大于 2？

【参考文献】

[1]　陈世鸣. 钢 - 混凝土组合结构 [M]. 北京：中国建筑工业出版社，2013.

[2]　聂建国. 钢 - 混凝土组合结构原理与实例 [M]. 北京：科学出版社，2009.

[3]　钟善桐. 钢管混凝土统一理论：研究与应用 [M]. 北京：清华大学出版社，2006.

[4]　钟善桐. 钢管混凝土结构 [M].3 版. 北京：清华大学出版社，2003.

[5]　韩林海. 钢管混凝土结构：理论与实践 [M].3 版. 北京：科学出版社，2016.

[6]　薛建阳. 钢 - 混凝土组合结构与混合结构设计 [M]. 北京：中国电力出版社，2018.

[7]　刘坚. 钢与混凝土组合结构设计原理 [M]. 北京：科学出版社，2005.

[8]　中华人民共和国住房和城乡建设部. 钢管混凝土结构技术规范：GB 50936—2014[S]. 北京：中国建筑工业出版社，2014.

[9]　中华人民共和国住房和城乡建设部. 组合结构设计规范：JGJ 138—2016[S]. 北京：中国建筑工业出版社，2016.

[10]　中华人民共和国住房和城乡建设部. 钢 - 混凝土组合结构施工规范：GB 50901—2013[S]. 北京：中国建筑工业出版社，2013.

[11]　中华人民共和国住房和城乡建设部. 混凝土结构设计规范（2015 年版）：GB 50010—2010[S]. 北京：中国建筑工业出版社，2015.

[12]　中华人民共和国住房和城乡建设部. 钢结构设计标准：GB 50017—2017[S]. 北京：中国建筑工业出版社，2017.

[13]　中华人民共和国住房和城乡建设部. 钢结构工程施工质量验收标准：GB 50205—2020[S]. 北京：中国计划出版社，2020.

第7章　钢-混凝土组合剪力墙

7.1　概述

随着我国社会经济飞速发展,城市建设和城镇化进程不断加快,城市中建筑用地愈发紧张,同时建筑的功能性需求也在不断提高,导致越来越多的高层和超高层建筑出现在城市中。超高层建筑由于高度过高,需要保证其具有较好的抵抗侧向水平荷载的能力。传统超高层建筑的主要抗侧力构件是普通钢筋混凝土现浇剪力墙,但在满足现有规范的要求下,其存在湿作业过多、墙体过厚、建筑成本增加、建筑使用面积减少等问题。钢-混凝土组合剪力墙是新兴的抗侧力结构构件,能够有效结合钢与混凝土的性能特点,相比普通钢筋混凝土现浇剪力墙,墙体的承载力、耗能能力、延性都有所改善。

目前超高层建筑中常用的结构体系有框架-核心筒结构体系和筒中筒结构体系等。作为超高层结构中的主要竖向承重和抗侧力结构构件,核心筒剪力墙承担着巨大的轴力、弯矩和剪力作用。为使核心筒剪力墙具有足够的抗震承载能力和高轴向压力作用下的侧向变形能力,近年来发展形成了型钢混凝土剪力墙、钢板混凝土剪力墙和带钢斜撑混凝土剪力墙等多种组合剪力墙形式,并在工程中得到了较为广泛的应用。

7.2　钢-混凝土组合剪力墙的受力性能和特点

7.2.1　型钢混凝土剪力墙

型钢混凝土剪力墙是指在钢筋混凝土剪力墙两端的边缘构件中或同时沿墙截面长度分布设置型钢后形成的剪力墙。它充分发挥了型钢和混凝土两种材料的优势。与普通钢筋混凝土剪力墙相比,型钢混凝土剪力墙具有承载能力高、刚度大、抗震性能好等优点。

型钢混凝土剪力墙按其截面形式可分为:无边框型钢混凝土剪力墙、有边框型钢混凝土剪力墙,如图 7-1 所示。型钢混凝土剪力墙两端没有设置明柱的无翼缘或有翼缘的剪力墙为无边框型钢混凝土剪力墙,通常用于剪力墙及核心筒结构中。有边框型钢混凝土剪力墙是指剪力墙周边设置框架梁和框架柱,框架梁、柱与墙体同时浇筑为整体的剪力墙,常用于框架-剪力墙结构。作为结构中的水平抗侧力构件,型钢混凝土剪力墙主要承担高层和超高层建筑的大部分水平荷载,并承担其左、右开间内的半跨竖向荷载。

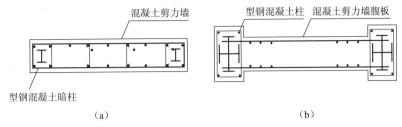

图 7-1　型钢混凝土剪力墙的形式

（a）无边框型钢混凝土剪力墙　（b）有边框型钢混凝土剪力墙

型钢混凝土剪力墙中的型钢可以提高剪力墙的压弯承载力、延性和耗能能力,同时提高剪力墙的平面外刚度,避免墙受压边缘在加载后期出现平面外失稳。此外,型钢的销栓作用和对墙体的约束作用可以提高剪力墙的受剪承载力,同时剪力墙端部设置型钢后也易于实现与型钢混凝土梁或钢梁的可靠连接,因此型钢混凝土剪力墙抗震性能明显优于普通型钢混凝土剪力墙。

7.2.2　钢板混凝土剪力墙

钢板混凝土剪力墙可应用于超高层建筑的核心筒底部。超高层建筑核心筒底部剪力墙的厚度一般由轴压比限值控制,在剪力墙中设置钢板后可降低剪力墙的轴压比,从而减小剪力墙厚度,减轻结构自重,增大建筑有效使用面积。由于钢材的抗剪强度是混凝土抗剪强度的几十倍,钢板混凝土剪力墙具有很高的受剪承载力,可承担核心筒底部的巨大剪力。

根据钢板布置方式的不同,钢板混凝土剪力墙又可分为内嵌钢板混凝土剪力墙、单侧钢板混凝土剪力墙以及双侧钢板混凝土剪力墙,如图 7-2 所示。

内嵌钢板混凝土剪力墙与单侧钢板混凝土剪力墙均采用一块钢板,性能类似,相比传统钢筋混凝土剪力墙轴压承载力大幅提高,混凝土板的存在能够在一定程度上抑制钢板的整体和局部屈曲,充分发挥钢板的力学性能,保证剪力墙在侧向荷载作用下的承载力和耗能能力。对于内嵌钢板混凝土剪力墙,外包混凝土还可起到防火和防腐作用。

双侧钢板混凝土剪力墙结构作为一种新型抗侧力构件,是指在焊有剪力连接杆的两块钢板之间填入混凝土,并通过栓钉或螺栓将钢板与混凝土连接在一起,使两者协同工作。双侧钢板混凝土剪力墙和开洞双侧钢板混凝土剪力墙均能满足建筑物在高度上的要求,其承载力高,抗侧刚度大,抗震性能好,外侧钢板可兼作模板,加快施工速度,而内部混凝土也可起到保温、隔音的作用,在建筑领域可广泛应用。

钢板混凝土剪力墙根据其结构形式又可分为传统型和改进型两种形式（图 7-3）。二者的最大区别在于:改进型钢板混凝土剪力墙的混凝土板与周边框架梁、框架柱预留适当的缝隙（根据结构在罕遇地震作用下的侧移大小确定）。在较小的水平位移下,混凝土板并不直接承担水平力,而仅仅作为钢板的侧向约束,防止钢板发生面外屈曲,此时它对结构平面内刚度和承载力的贡献可忽略不计。随着水平位移的不断增大,混凝土板先在角部与框架梁、框架柱接触,随后,接触面不断扩大,混凝土板开始与钢板协同工作。混凝土板的加入,可以补偿因部分钢板发生局部屈曲造成的刚度损失,从而减小 $P\text{-}\Delta$ 效应。研究表明,改进型组合剪力墙的混凝土板不会过早压碎,破坏程度轻于传统型组合剪力墙,有更好的塑性变形能力。

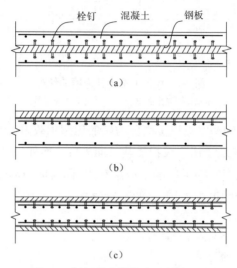

图 7-2　钢板剪力墙的主要构造形式

(a)内嵌钢板 - 混凝土剪力墙　(b)单侧钢板 - 混凝土剪力墙　(c)双侧钢板 - 混凝土剪力墙

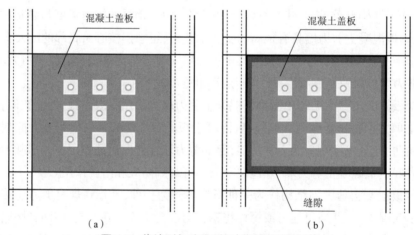

图 7-3　传统型与改进型钢板混凝土剪力墙

(a)传统型　(b)改进型

7.2.3　带钢斜撑混凝土剪力墙

带钢斜撑混凝土剪力墙(图 7-4)是在钢筋混凝土剪力墙内埋置型钢柱、型钢梁和钢支撑而形成的剪力墙。设置钢斜撑可显著提高剪力墙的受剪承载力,防止剪力墙发生剪切脆性破坏。带钢斜撑混凝土剪力墙主要用于超高层建筑核心筒中剪力需求较大的部位,如设伸臂桁架的楼层。钢斜撑上需设置栓钉,保证与周围混凝土协同工作。钢斜撑一般采用工字形截面,也可采用钢板斜撑。为保证钢板斜撑的受压稳定性,需要在斜撑周围加密拉筋,增强混凝土对钢板斜撑的约束作用。

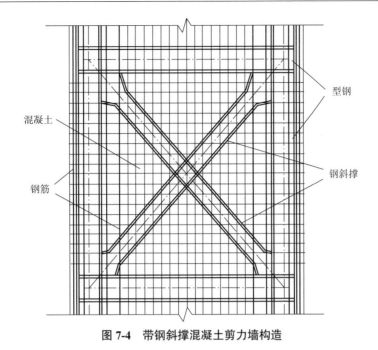

型钢

混凝土

钢斜撑

钢筋

图 7-4　带钢斜撑混凝土剪力墙构造

带钢斜撑混凝土剪力墙破坏试验表明,破坏时剪力墙呈现出剪切破坏,但由于钢斜撑屈服后具有较好的延性,剪力墙的滞回曲线无明显捏拢现象,具有较好的滞回特性。

7.3　钢 - 混凝土组合剪力墙的承载力验算

7.3.1　内力设计值

剪力墙应分别按持久、短暂设计状况以及地震设计状况进行荷载和荷载效应组合的计算,取控制截面的最不利组合内力值或对其调整后的组合内力值(统称为内力设计值)进行截面承载力验算。墙肢的控制截面一般取墙底截面以及改变墙厚、混凝土强度等级或竖向钢筋(型钢或钢板)配置的截面。

为了使墙肢的塑性铰出现在底部加强部位,避免底部加强部位以上的墙肢出现塑性铰,其弯矩设计值应按下述要求进行调整:抗震等级为特一级的剪力墙,底部加强部位的弯矩设计值乘以增大系数 1.1,其他部位的弯矩设计值乘以增大系数 1.3;抗震等级为一级的剪力墙,底部加强部位以上部位,墙肢的弯矩设计值乘以增大系数 1.2;其他抗震等级剪力墙的弯矩设计值不做调整。

为了加强特一、一、二、三级剪力墙底部加强部位的受剪承载力,避免过早出现剪切破坏,实现强剪弱弯,墙肢截面组合的剪力设计值应按式(7-1)进行调整;特一、一、二、三级剪力墙的其他部位和四级剪力墙的剪力设计值可不调整。

$$V = \eta_{vw}V_w \tag{7-1}$$

式中　V ——底部加强部位墙肢截面组合的剪力设计值(kN);

η_{vw}——墙肢剪力放大系数,特一级为 1.9(底部加强部位以上的其他部位为 1.4),一级为 1.6,二级为 1.4,三级为 1.2;

V_w——底部加强部位墙肢截面组合的剪力计算值(kN)。

9 度一级剪力墙底部加强部位不按乘以增大系数调整剪力设计值,而按剪力墙的实际受弯承载力调整剪力设计值,即按下式调整:

$$V = 1.1 \frac{M_{wua}}{M_w} V_w \qquad (7\text{-}2)$$

式中　M_{wua}——墙肢底部截面按实配竖向钢筋面积、材料强度标准值和竖向力等计算的抗震受弯承载力所对应的弯矩值,有翼墙时应计入墙两侧各 1 倍翼墙厚度范围内的竖向钢筋(kN·m);

　　　M_w——墙肢底部截面组合的弯矩设计值(kN·m)。

7.3.2　偏心受压承载力验算

1. 型钢混凝土剪力墙

型钢混凝土剪力墙偏心受压时,其正截面受压承载力(图 7-5)应符合下列公式的规定:

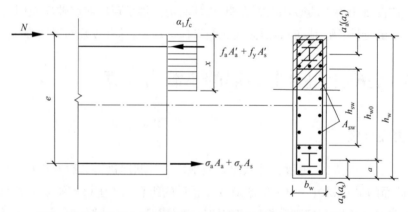

图 7-5　型钢混凝土剪力墙偏心受压时正截面受压承载力计算示意

持久、短暂设计状况:

$$N \leqslant \alpha_1 f_c b_w x + f_a' A_a' + f_y' A_s' - \sigma_a A_a - \sigma_s A_s + N_{sw} \qquad (7\text{-}3)$$

$$Ne \leqslant \alpha_1 f_c b_w x \left(h_{w0} - \frac{x}{2} \right) + f_a' A_a (h_{w0} - a_a') + f_y' A_s (h_{w0} - a_a') + M_{sw} \qquad (7\text{-}4)$$

地震设计状况:

$$N \leqslant \frac{1}{\gamma_{RE}} \left(\alpha_1 f_c b_w x + f_a' A_a' + f_y' A_s' - \sigma_a A_a - \sigma_s A_s + N_{sw} \right) \qquad (7\text{-}5)$$

$$Ne \leqslant \frac{1}{\gamma_{RE}} \left[\alpha_1 f_c b_w x \left(h_{w0} - \frac{x}{2} \right) + f_a' A_a (h_{w0} - a_a') + f_y' A_s (h_{w0} - a_a') + M_{sw} \right] \qquad (7\text{-}6)$$

$$e = e_0 + \frac{h_w}{2} - a \qquad (7\text{-}7)$$

$$e_0 = \frac{M}{N} \tag{7-8}$$

$$h_{w0} = h_w - a \tag{7-9}$$

N_{sw}、M_{sw} 应按下列公式计算：

当 $x \leqslant \beta_1 h_{w0}$ 时，

$$N_{sw} = \left(1 + \frac{x - \beta_1 h_{w0}}{0.5\beta_1 h_{sw}}\right) f_{yw} A_{sw} \tag{7-10}$$

$$M_{sw} = \left[0.5 - \left(\frac{x - \beta_1 h_{w0}}{\beta_1 h_{sw}}\right)^2\right] f_{yw} A_{sw} h_{sw} \tag{7-11}$$

当 $x > \beta_1 h_{w0}$ 时，

$$N_{sw} = f_{yw} A_{sw} \tag{7-12}$$

$$M_{sw} = 0.5 f_{yw} A_{sw} h_{sw} \tag{7-13}$$

受拉或受压较小边的钢筋应力 σ_s 和型钢翼缘应力 σ_a 可按下列规定计算：

当 $x \leqslant \beta_b h_{w0}$ 时，

$$\sigma_s = f_y$$

$$\sigma_a = f_a$$

当 $x > \beta_b h_{w0}$ 时，

$$\sigma_s = \frac{f_y}{\xi_b - \beta_1} = \left(\frac{x}{h_{w0}} - \beta_1\right)$$

$$\sigma_a = \frac{f_a}{\xi_b - \beta_1} = \left(\frac{x}{h_{w0}} - \beta_1\right)$$

界限相对受压区高度

$$\xi_b = \frac{\beta_1}{1 + \frac{f_y + f_a}{2 \times 0.003 E_s}} \tag{7-14}$$

式中　f_c —— 混凝土轴心抗压强度设计值（MPa）；

$\quad f_a'$ —— 型钢的抗压强度设计值（MPa）；

$\quad f_y'$ —— 钢筋的抗压强度设计值（MPa）；

$\quad N$ —— 剪力墙弯矩设计值 M 相对应的轴向压力设计值（kN）；

$\quad \alpha_1$ —— 受压区混凝土压应力影响系数；

$\quad b_w$ —— 剪力墙厚度（mm）；

$\quad x$ —— 受压区高度（mm）；

$\quad A_a$、A_a' —— 剪力墙受拉、受压边缘构件阴影部分内（图 7-9 和图 7-10）配置的型钢截面面积（mm²）；

$\quad A_s$、A_s' —— 剪力墙受拉、受压边缘构件阴影部分内（图 7-9 和图 7-10）配置的纵向钢筋截面面积（mm²）；

N_{sw} —— 剪力墙竖向分布钢筋所承担的轴向力（kN）；

h_{w0} —— 剪力墙截面有效高度（mm）；

a_s'、a_a' —— 受拉端钢筋、型钢合力点至截面受压边缘的距离（mm）；

M_{sw} —— 剪力墙竖向分布钢筋合力对受拉型钢截面重心的力矩（kN·m）；

γ_{RE} —— 承载力抗震调整系数；

e —— 轴向力作用点到受拉型钢和纵向受拉钢筋合力点的距离（mm）；

e_0 —— 轴向压力对截面重心的偏心距（mm）；

h_w —— 剪力墙截面高度（mm）；

a —— 受拉端型钢和纵向受拉钢筋合力点到受拉边缘的距离（mm）；

M —— 剪力墙弯矩设计值（kN·m）；

β_1 —— 受压区混凝土应力图形影响系数；

h_{sw} —— 剪力墙边缘构件阴影部分外的竖向分布钢筋配置高度（mm）；

f_{yw} —— 剪力墙竖向分布钢筋抗拉强度设计值（MPa）；

A_{sw} —— 剪力墙边缘构件阴影部分外的竖向分布钢筋总面积（mm²）；

f_y —— 钢筋的抗拉强度设计值（MPa）；

f_a —— 型钢的抗拉强度设计值（MPa）；

ξ_b —— 界限相对受压区高度（mm）；

E_s —— 混凝土弹性模量（N/mm²）。

2. 钢板混凝土剪力墙

钢板混凝土剪力墙偏心受压时,其正截面受压承载力(图 7-6)应符合下列公式规定。

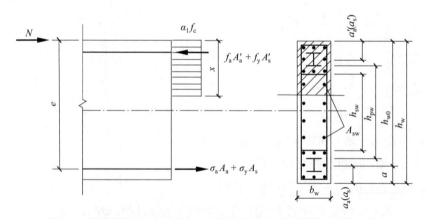

图 7-6 钢板混凝土剪力墙偏心受压时正截面受压承载力计算示意

持久、短暂设计状况:

$$N \leqslant \alpha_1 f_c b_w x + f_a' A_a' + f_y' A_s' - \sigma_a A_a - \sigma_s A_s + N_{sw} + N_{pw} \tag{7-15}$$

$$Ne \leqslant \alpha_1 f_c b_w x \left(h_{w0} - \frac{x}{2} \right) + f_a' A_a' (h_{w0} - a_a') + f_y' A_s' (h_{w0} - a_a') + M_{sw} + M_{pw} \tag{7-16}$$

地震设计状况:

$$N \leqslant \frac{1}{\gamma_{RE}} \left(\alpha_1 f_c b_w x + f_a' A_a' + f_y' A_s' - \sigma_a A_a - \sigma_s A_s + N_{sw} + N_{pw} \right) \tag{7-17}$$

$$Ne \leqslant \frac{1}{\gamma_{RE}} \left[\alpha_1 f_c b_w x \left(h_{w0} - \frac{x}{2} \right) + f_a' A_a' (h_{w0} - a_a') + f_y' A_s' (h_{w0} - a_a') + M_{sw} + M_{pw} \right] \quad (7\text{-}18)$$

$$e = e_0 + \frac{h_w}{2} - a \quad (7\text{-}19)$$

$$e_0 = \frac{M}{N} \quad (7\text{-}20)$$

$$h_{w0} = h_w - a \quad (7\text{-}21)$$

N_{sw}、N_{pw}、M_{sw}、M_{pw} 应按下列公式计算：

当 $x \leqslant \beta_1 h_{w0}$ 时，

$$N_{sw} = \left(1 + \frac{x - \beta_1 h_{w0}}{0.5 \beta_1 h_{sw}} \right) f_{yw} A_{sw} \quad (7\text{-}22)$$

$$N_{pw} = \left(1 + \frac{x - \beta_1 h_{w0}}{0.5 \beta_1 h_{sw}} \right) f_p A_p \quad (7\text{-}23)$$

$$M_{sw} = \left[0.5 - \left(\frac{x - \beta_1 h_{w0}}{\beta_1 h_{sw}} \right)^2 \right] f_{yw} A_{sw} h_{sw} \quad (7\text{-}24)$$

$$M_{pw} = \left[0.5 - \left(\frac{x - \beta_1 h_{w0}}{\beta_1 h_{pw}} \right)^2 \right] f_p A_p h_{pw} \quad (7\text{-}25)$$

当 $x > \beta_1 h_{w0}$ 时，

$$N_{sw} = f_{yw} A_{sw} \quad (7\text{-}26)$$

$$N_{pw} = f_p A_p \quad (7\text{-}27)$$

$$M_{sw} = 0.5 f_{yw} A_{sw} h_{sw} \quad (7\text{-}28)$$

$$M_{pw} = 0.5 f_p A_p h_{pw} \quad (7\text{-}29)$$

受拉或受压较小边的钢筋应力 σ_s 和型钢翼缘应力 σ_a 的计算与型钢混凝土剪力墙的规定相同。

式中　　N_{pw}——剪力墙截面内配置钢板所承担的轴向力（kN）；

　　　　M_{pw}——剪力墙截面内配置钢板合力对受拉型钢截面重心的力矩（kN·m）；

　　　　f_p——剪力墙截面内配置钢板的抗拉和抗压强度设计值（MPa）；

　　　　A_p——剪力墙截面内配置的钢板截面面积（mm²）；

　　　　h_{pw}——剪力墙截面内钢板配置高度（mm）。

3. 带钢斜撑混凝土剪力墙

由于钢斜撑对剪力墙的正截面受弯承载力的提高作用不明显，因此带钢斜撑混凝土剪力墙的正截面受压承载力计算中，可不考虑斜撑的压弯作用，按型钢混凝土剪力墙计算。

7.3.3 偏心受拉承载力验算

1. 型钢混凝土剪力墙

型钢混凝土剪力墙偏心受拉承载力采用 M-N 相关曲线受拉段近似线性计算,其计算公式如下。

持久、短暂设计状况:

$$N \leqslant \cfrac{1}{\cfrac{1}{N_{0u}} + \cfrac{e_0}{M_{wu}}} \tag{7-30}$$

地震设计状况:

$$N \leqslant \cfrac{1}{\gamma_{RE}} \left(\cfrac{1}{\cfrac{1}{N_{0u}} + \cfrac{e_0}{M_{wu}}} \right) \tag{7-31}$$

N_{0u}、M_{wu} 应按下列公式计算:

$$N_{0u} = f_{yw}\left(A_s + A'_s\right) + f_a\left(A_a + A'_a\right) + f_{yw}A_{sw} \tag{7-32}$$

$$M_{wu} = f_y A_s\left(h_{w0} - a'_s\right) + f_a A_a\left(h_{w0} - a'_a\right) + f_{yw}A_{sw}\left(\cfrac{h_{w0} - a'_s}{2}\right) \tag{7-33}$$

式中　N——型钢混凝土剪力墙轴向拉力设计值(kN);

　　　e_0——型钢混凝土剪力墙轴向拉力对截面重心的偏心距(mm);

　　　N_{0u}——型钢混凝土剪力墙轴向受拉承载力(kN);

　　　M_{wu}——型钢混凝土剪力墙轴向受弯承载力(kN·m)。

2. 钢板混凝土剪力墙

钢板混凝土剪力墙偏心受拉承载力采用 M-N 相关曲线受拉段近似线性计算,其计算公式如下。

持久、短暂设计状况:

$$N \leqslant \cfrac{1}{\cfrac{1}{N_{0u}} + \cfrac{e_0}{M_{wu}}} \tag{7-34}$$

地震设计状况:

$$N \leqslant \cfrac{1}{\gamma_{RE}} \left(\cfrac{1}{\cfrac{1}{N_{0u}} + \cfrac{e_0}{M_{wu}}} \right) \tag{7-35}$$

N_{0u}、M_{wu} 应按下列公式计算:

$$N_{0u} = f_{yw}\left(A_s + A'_s\right) + f_a\left(A_a + A'_a\right) + f_{yw}A_{sw} + f_p A_p \tag{7-36}$$

$$M_{wu} = f_y A_s\left(h_{w0} - a'_s\right) + f_a A_a\left(h_{w0} - a'_a\right) + f_{yw}A_{sw}\left(\cfrac{h_{w0} - a'_s}{2}\right) + f_p A_p\left(\cfrac{h_{w0} - a'_s}{2}\right) \tag{7-37}$$

式中　N——钢板混凝土剪力墙轴向拉力设计值(kN);

　　　e_0——钢板混凝土剪力墙轴向拉力对截面重心的偏心距(mm);

N_{0u} —— 钢板混凝土剪力墙轴向受拉承载力(kN);

M_{wu} —— 钢板混凝土剪力墙轴向受弯承载力(kN·m);

A_p —— 剪力墙截面内配置的钢板截面面积(mm²);

f_p —— 剪力墙截面内配置钢板的抗拉和抗压强度设计值(MPa)。

3. 带钢斜撑混凝土剪力墙

由于钢斜撑对剪力墙的正截面受弯承载力的提高作用不明显,因此带钢斜撑混凝土剪力墙的正截面受拉承载力计算中,可不考虑斜撑的拉弯作用,按型钢混凝土剪力墙计算。

7.3.4 斜截面受剪承载力验算

1. 型钢混凝土剪力墙

型钢混凝土剪力墙的剪力主要由钢筋混凝土墙体承担。为避免墙肢剪应力水平过高,组合剪力墙中的钢筋混凝土墙体发生斜压脆性破坏,墙肢截面应大于最小受剪截面。由于端部型钢的销栓作用和对墙体的约束可提高剪力墙的受剪承载力,型钢混凝土剪力墙的受剪截面控制中,可扣除型钢的受剪承载力贡献,具体规定如下。

持久、短暂设计状况:

$$V_{cw} \leqslant 0.25\beta_c f_c b_w h_{w0} \tag{7-38}$$

$$V_{cw} \leqslant V - \frac{0.4}{\lambda} f_a A_{a1} \tag{7-39}$$

地震设计状况:

剪跨比 $\lambda > 2.5$ 时,

$$V_{cw} \leqslant \frac{1}{\gamma_{RE}} \left(0.20\beta_c f_c b_w h_{w0} \right) \tag{7-40}$$

剪跨比 $\lambda \leqslant 2.5$ 时,

$$V_{cw} \leqslant \frac{1}{\gamma_{RE}} \left(0.15\beta_c f_c b_w h_{w0} \right) \tag{7-41}$$

$$V_{cw} = V - \frac{0.32}{\lambda} f_a A_{a1} \tag{7-42}$$

型钢混凝土偏心受压(受拉)剪力墙,其斜截面受剪承载力(图 7-7)计算公式如下。

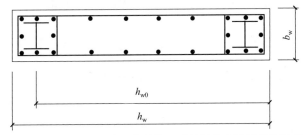

图 7-7　型钢混凝土剪力墙斜截面受剪承载力计算参数示意

持久、短暂设计状况:

$$V \leqslant \frac{1}{\lambda - 0.5} \left(0.5 f_t b_w h_{w0} + 0.13 N \frac{A_w}{A} \right) + f_{yh} \frac{A_{sh}}{s} h_{w0} + \frac{0.4}{\lambda} f_a A_{a1} \tag{7-43}$$

地震设计状况：

$$V \leqslant \frac{1}{\gamma_{RE}} \left[\frac{1}{\lambda - 0.5} \left(0.4 f_t b_w h_{w0} + 0.1 N \frac{A_w}{A} \right) + 0.8 f_{yh} \frac{A_{sh}}{s} h_{w0} + \frac{0.32}{\lambda} f_a A_{a1} \right] \qquad (7\text{-}44)$$

式中　h_{w0}——剪力墙截面有效高度（mm）；

　　　V——型钢混凝土剪力墙整个截面的剪力设计值（kN）；

　　　V_{cw}——仅考虑由墙肢截面钢筋混凝土部分承受的剪力设计值（kN）；

　　　β_c——混凝土强度影响系数（混凝土强度等级不超过 C50 时，取 1.0；混凝土强度等级为 C80 时，取 0.8；C50 ~ C80 时，按线性插值法计算）；

　　　f_c——混凝土轴心抗压强度设计值（MPa）；

　　　b_w、h_{w0}——墙肢截面腹板厚度和有效高度（mm）；

　　　λ——计算截面处的剪跨比，$\lambda = M/(V h_{w0})$（当 $\lambda < 1.5$ 时，取 1.5；当 $\lambda > 2.2$ 时，取 2.2；此处，M 为与剪力设计值 V 对应的弯矩设计值，当计算截面与墙底之间距离小于 $0.5 h_{w0}$ 时，应按距离墙底 $0.5 h_{w0}$ 处的弯矩设计值与剪力设计值计算）；

　　　f_a——型钢的抗拉强度设计值（MPa）；

　　　γ_{RE}——承载力抗震调整系数；

　　　f_t——混凝土抗拉强度设计值（MPa）；

　　　A、A_{w0}——墙肢全截面面积和墙肢的腹板面积（mm^2），矩形截面 $A = A_w$；

　　　f_{yh}——剪力墙水平分布钢筋抗拉强度设计值（MPa）；

　　　A_{sh}——配置在同一水平截面内的水平分布钢筋的全部截面面积（mm^2）；

　　　s——水平分布钢筋间距（mm）；

　　　N——剪力墙的轴向力（轴向压力或拉力）设计值（kN）（若剪力墙受压，N 取正值，且 $N > 0.2 f_c b_w h_w$ 时，取 $0.2 f_c b_w h_w$；若剪力墙受拉，N 取负值，且式（7-43）中 $0.5 f_t b_w h_{w0} + 0.13 N A_w/A < 0$ 时，取 0，式（7-44）中 $0.4 f_t b_w h_{w0} + 0.1 N A_w/A < 0$ 时，取 0）；

　　　A_{a1}——剪力墙一端所配型钢的截面面积（mm^2），当两端所配型钢截面面积不同时，取较小一端的面积。

带边框型钢混凝土偏心受压（受拉）剪力墙，其斜截面受剪承载力（图7-8）计算公式如下。

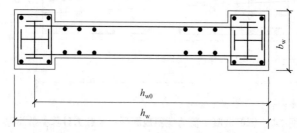

图 7-8　带边框型钢混凝土剪力墙斜截面受剪承载力计算参数示意

持久、短暂设计状况：

$$V \leqslant \frac{1}{\lambda - 0.5}\left(0.5\beta_{\text{r}}f_{\text{t}}b_{\text{w}}h_{\text{w0}} + 0.13N\frac{A_{\text{w}}}{A}\right) + f_{\text{yh}}\frac{A_{\text{sh}}}{s}h_{\text{w0}} + \frac{0.4}{\lambda}f_{\text{a}}A_{\text{a1}} \qquad (7\text{-}45)$$

地震设计状况：

$$V \leqslant \frac{1}{\gamma_{\text{RE}}}\left[\frac{1}{\lambda - 0.5}\left(0.4\beta_{\text{r}}f_{\text{t}}b_{\text{w}}h_{\text{w0}} + 0.1N\frac{A_{\text{w}}}{A}\right) + 0.8f_{\text{yh}}\frac{A_{\text{sh}}}{s}h_{\text{w0}} + \frac{0.32}{\lambda}f_{\text{a}}A_{\text{a1}}\right] \qquad (7\text{-}46)$$

式中　V —— 仅考虑由墙肢截面钢筋混凝土部分承受的剪力设计值（kN）；

N —— 剪力墙整个墙肢截面的轴向压力（拉力）设计值（kN）（若剪力墙受压，N 取正值；若剪力墙受拉，N 取负值，且式（7-45）中 $0.5\beta_{\text{r}}f_{\text{t}}b_{\text{w}}h_{\text{w0}} + 0.13NA_{\text{w}}/A < 0$ 时，取 0，式（7-46）中 $0.4\beta_{\text{r}}f_{\text{t}}b_{\text{w}}h_{\text{w0}} + 0.1NA_{\text{w}}/A < 0$ 时，取 0）；

A_{a1} —— 带边框型钢混凝土剪力墙一端边框柱中宽度等于墙肢厚度范围内的型钢面积（mm^2）；

β_{r} —— 周边柱对混凝土墙体的约束系数，取 1.2。

2. 钢板混凝土剪力墙

与型钢混凝土剪力墙类似，在钢板混凝土剪力墙的受剪截面控制中，可扣除型钢和钢板的受剪承载力贡献，具体规定如下。

持久、短暂设计状况：

$$V_{\text{cw}} \leqslant 0.25\beta_{\text{c}}f_{\text{c}}b_{\text{w}}h_{\text{w0}} \qquad (7\text{-}47)$$

$$V_{\text{cw}} \leqslant V - \left(\frac{0.3}{\lambda}f_{\text{a}}A_{\text{a1}} + \frac{0.6}{\lambda - 0.5}f_{\text{p}}A_{\text{p}}\right) \qquad (7\text{-}48)$$

地震设计状况：

剪跨比 $\lambda > 2.5$ 时，

$$V_{\text{cw}} \leqslant \frac{1}{\gamma_{\text{RE}}}\left(0.20\beta_{\text{c}}f_{\text{c}}b_{\text{w}}h_{\text{w0}}\right) \qquad (7\text{-}49)$$

剪跨比 $\lambda \leqslant 2.5$ 时，

$$V_{\text{cw}} \leqslant \frac{1}{\gamma_{\text{RE}}}\left(0.15\beta_{\text{c}}f_{\text{c}}b_{\text{w}}h_{\text{w0}}\right) \qquad (7\text{-}50)$$

$$N_{\text{cw}} = V - \frac{1}{\gamma_{\text{RE}}}\left(\frac{0.25}{\lambda}f_{\text{a}}A_{\text{a1}} + \frac{0.5}{\lambda - 0.5}f_{\text{p}}A_{\text{p}}\right) \qquad (7\text{-}51)$$

钢板混凝土偏心受压（受拉）剪力墙截面的受剪承载力采用叠加法计算，包括截面中部钢筋混凝土墙体、内置钢板和端部型钢的贡献，其斜截面受剪承载力的计算公式如下。

持久、短暂设计状况：

$$V \leqslant \frac{1}{\lambda - 0.5}\left(0.5f_{\text{t}}b_{\text{w}}h_{\text{w0}} + 0.13N\frac{A_{\text{w}}}{A}\right) + f_{\text{yh}}\frac{A_{\text{sh}}}{s}h_{\text{w0}} + \frac{0.3}{\lambda}f_{\text{a}}A_{\text{a1}} + \frac{0.6}{\lambda - 0.5}f_{\text{p}}A_{\text{p}} \qquad (7\text{-}52)$$

地震设计状况：

$$V \leqslant \frac{1}{\gamma_{\text{RE}}}\left[\frac{1}{\lambda - 0.5}\left(0.4f_{\text{t}}b_{\text{w}}h_{\text{w0}} + 0.1N\frac{A_{\text{w}}}{A}\right) + 0.8f_{\text{yh}}\frac{A_{\text{sh}}}{s}h_{\text{w0}} + \frac{0.25}{\lambda}f_{\text{a}}A_{\text{a1}} + \frac{0.5}{\lambda - 0.5}f_{\text{p}}A_{\text{p}}\right]$$

$$(7\text{-}53)$$

式中　A_{a1} —— 剪力墙一端所配型钢的截面面积，当两端所配型钢截面面积不同时，取较小

一端的面积(mm^2);

f_{p} —— 剪力墙截面内配置钢板的抗拉和抗压强度设计值(MPa);

A_{p} —— 剪力墙截面内配置的钢板截面面积(mm^2);

f_{t} —— 混凝土抗拉强度设计值(MPa);

N —— 钢板剪力墙的轴向力(轴向压力或拉力)设计值(kN)(若剪力墙受压, N 取正值,且 $N > 0.2f_{\mathrm{c}}b_{\mathrm{w}}h_{\mathrm{w}}$ 时,取 $0.2f_{\mathrm{c}}b_{\mathrm{w}}h_{\mathrm{w}}$;若剪力墙受拉, N 取负值,且式(7-52)中 $0.5f_{\mathrm{t}}b_{\mathrm{w}}h_{\mathrm{w0}} + 0.13NA_{\mathrm{w}}/A < 0$ 时,取 0,式(7-53)中 $0.4fb_{\mathrm{w}}h_{\mathrm{w0}} + 0.1NA_{\mathrm{w}}/A < 0$ 时,取 0)。

3. 带钢斜撑混凝土剪力墙

在带钢斜撑混凝土剪力墙的受剪截面控制中,可扣除型钢和钢斜撑的受剪承载力贡献,具体规定如下。

持久、短暂设计状况:

$$V_{\mathrm{cw}} \leqslant 0.25\beta_{\mathrm{c}}f_{\mathrm{c}}b_{\mathrm{w}}h_{\mathrm{w0}} \tag{7-54}$$

$$V_{\mathrm{cw}} \leqslant V - \left[\frac{0.3}{\lambda}f_{\mathrm{a}}A_{\mathrm{a1}} + (f_{\mathrm{g}}A_{\mathrm{g}} + \varphi f_{\mathrm{g}}'A_{\mathrm{g}}')\cos\alpha \right] \tag{7-55}$$

地震设计状况:

剪跨比 $\lambda > 2$ 时,

$$V_{\mathrm{cw}} \leqslant \frac{1}{\gamma_{\mathrm{RE}}}(0.20\beta_{\mathrm{c}}f_{\mathrm{c}}b_{\mathrm{w}}h_{\mathrm{w0}}) \tag{7-56}$$

剪跨比 $\lambda \leqslant 2$ 时,

$$V_{\mathrm{cw}} \leqslant \frac{1}{\gamma_{\mathrm{RE}}}(0.15\beta_{\mathrm{c}}f_{\mathrm{c}}b_{\mathrm{w}}h_{\mathrm{w0}}) \tag{7-57}$$

$$N_{\mathrm{cw}} = V - \frac{1}{\gamma_{\mathrm{RE}}}\left[\frac{0.25}{\lambda}f_{\mathrm{a}}A_{\mathrm{a1}} + 0.8(f_{\mathrm{g}}A_{\mathrm{g}} + \varphi f_{\mathrm{g}}'A_{\mathrm{g}}')\cos\alpha \right] \tag{7-58}$$

钢斜撑可有效提高剪力墙受剪承载力,其斜截面受剪承载力的验算公式如下。

持久、短暂设计状况:

$$V \leqslant \frac{1}{\lambda - 0.5}\left(0.5f_{\mathrm{t}}b_{\mathrm{w}}h_{\mathrm{w0}} + 0.13N\frac{A_{\mathrm{w}}}{A} \right) + f_{\mathrm{yh}}\frac{A_{\mathrm{sh}}}{s}h_{\mathrm{w0}} + \frac{0.3}{\lambda}f_{\mathrm{a}}A_{\mathrm{a1}} + (f_{\mathrm{g}}A_{\mathrm{g}} + \varphi f_{\mathrm{g}}'A_{\mathrm{g}}')\cos\alpha \tag{7-59}$$

地震设计状况:

$$V \leqslant \frac{1}{\gamma_{\mathrm{RE}}}\left[\frac{1}{\lambda - 0.5}\left(0.4f_{\mathrm{t}}b_{\mathrm{w}}h_{\mathrm{w0}} + 0.1N\frac{A_{\mathrm{w}}}{A} \right) + 0.8f_{\mathrm{yh}}\frac{A_{\mathrm{sh}}}{s}h_{\mathrm{w0}} + \frac{0.25}{\lambda}f_{\mathrm{a}}A_{\mathrm{a1}} + \right.$$
$$\left. 0.8(f_{\mathrm{g}}A_{\mathrm{g}} + \varphi f_{\mathrm{g}}'A_{\mathrm{g}}')\cos\alpha \right] \tag{7-60}$$

式中 f_{g}、f_{g}' —— 剪力墙受拉、受压钢斜撑的强度设计值(MPa);

A_{g}、A_{g}' —— 剪力墙受拉、受压钢斜撑的截面面积(mm^2);

φ —— 受压钢斜撑面外稳定系数,按现行国家标准《钢结构设计标准》(GB 50017—2017)的规定计算;

α —— 斜撑与水平方向的倾斜角度 (°) ;

N —— 剪力墙的轴向力 (轴向压力或拉力) 设计值 (kN) (若剪力墙受压, N 取正值, 且 $N > 0.2 f_c b_w h_w$ 时, 取 $0.2 f_c b_w h_w$; 若剪力墙受拉, N 取负值, 且式 (7-59) 中 $0.5 f_t b_w h_{w0} + 0.13 N A_w / A < 0$ 时, 取 0, 式 (7-60) 中时, 取 0) 。

7.4　钢 - 混凝土组合剪力墙的构造要求

7.4.1　轴压比限值

随着建筑高度的增加, 剪力墙墙肢的轴向压力增大。轴压比是影响剪力墙变形能力的主要因素之一; 对于相同情况的剪力墙, 随着轴压比的增大, 剪力墙的变形能力减小。为了保证剪力墙具有足够的变形能力, 有必要限制剪力墙的轴压比。各类结构的特一、一、二、三级剪力墙在重力荷载代表值作用下的墙肢轴压比限值见表 7-1。组合剪力墙轴压比计算中考虑型钢和钢板的贡献; 型钢混凝土剪力墙和带钢斜撑混凝土剪力墙的轴压比

$$n = \frac{N}{f_c A_c + f_a A_a} \tag{7-61}$$

钢板混凝土剪力墙的轴压比

$$n = \frac{N}{f_c A_c + f_a A_a + f_p A_p} \tag{7-62}$$

式中　N —— 墙肢在重力荷载代表值作用下的轴向压力设计值 (kN) ;

A_c —— 剪力墙截面内混凝土截面面积 (mm^2) ;

A_a —— 剪力墙两端暗柱中全部型钢截面面积 (mm^2) ;

A_p —— 剪力墙截面内配置的钢板截面面积 (mm^2) ;

f_c —— 混凝土轴心抗压强度设计值 (MPa) ;

f_a —— 型钢的抗拉强度设计值 (MPa) ;

f_p —— 剪力墙截面内配置的钢板的抗拉和抗压强度设计值 (MPa) 。

表 7-1　组合剪力墙轴压比限值

抗震等级	特一级、一级 (9 度)	一级 (6、7、8 度)	二、三级
轴压比限值	0.4	0.5	0.6

7.4.2　边缘构件

剪力墙墙肢两端设置边缘构件是改善剪力墙延性的重要措施。边缘构件分为约束边缘构件和构造边缘构件两类。试验研究表明, 轴压比低的墙肢, 即使其端部设置构造边缘构件, 在轴向力和水平力作用下仍然有比较大的弹塑性变形能力。特一、一、二、三级剪力墙墙肢底截面在重力荷载代表值作用下的轴压比大于表 7-2 的规定时, 以及部分框支剪力墙结构的剪力墙, 应在底部加强部位及相邻的上一层设置约束边缘构件。墙肢截面轴压比不大

于表 7-2 的规定时,剪力墙可设置构造边缘构件。

表 7-2　组合剪力墙可不设约束边缘构件的最大轴压比

抗震等级	特一级、一级（9 度）	一级（6、7、8 度）	二、三级
轴压比限值	0.1	0.2	0.3

1. 型钢混凝土剪力墙

型钢混凝土剪力墙约束边缘构件包括暗柱（矩形截面墙的两端,带端柱墙的矩形端,带翼墙的矩形端）、端柱和翼墙（图 7-9）三种形式。端柱截面边长不小于 2 倍墙厚,翼墙长度不小于其 3 倍厚度,不足时视为无端柱或无翼墙,按暗柱要求设置约束边缘构件。约束边缘构件的构造主要包括三个方面:沿墙肢的长度 l_c、箍筋配箍特征值 λ_v 以及竖向钢筋最小配筋率。表 7-3 列出了约束边缘构件沿墙肢的长度 l_c 及箍筋配箍特征值 λ_v 的要求。约束边缘构件沿墙肢的长度除应符合表 7-3 的规定外,约束边缘构件为暗柱时,还不应小于墙厚和 400 mm 的较大者,有端柱、翼墙或转角墙时,还不应小于翼墙厚度或端柱沿墙肢方向截面高度加 300 mm。特一、一、二、三级抗震剪力墙端部约束边缘构件的纵向钢筋截面面积分别不应小于图 7-9 中阴影部分面积的 1.4%、1.2%、1.0%、1.0%。由表 7-3 可以看出,约束边缘构件沿墙肢长度、配箍特征值与设防烈度、抗震等级和墙肢轴压比有关,而约束边缘构件沿墙肢长度还与其形式有关。

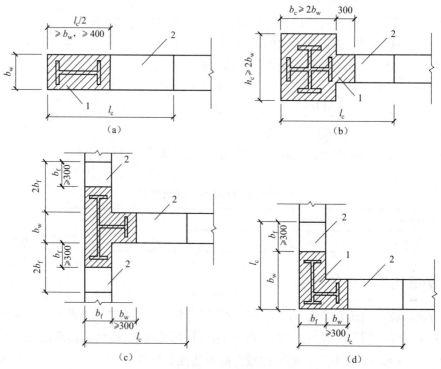

图 7-9　型钢混凝土剪力墙约束边缘构件

（a）暗柱　（b）端柱　（c）翼墙　（d）转角墙

1—阴影部分;2—非阴影部分

表 7-3   型钢混凝土剪力墙约束边缘构件沿墙肢的长度 l_c 及配箍特征值 λ_v

抗震等级	特一级		一级（9 度）		一级（6、7、8 度）		二、三级	
轴压比	$n \leq 0.2$	$n > 0.2$	$n \leq 0.2$	$n > 0.2$	$n \leq 0.2$	$n > 0.2$	$n \leq 0.2$	$n > 0.2$
l_c（暗柱）	$0.2h_w$	$0.25h_w$	$0.2h_w$	$0.25h_w$	$0.15h_w$	$0.2h_w$	$0.15h_w$	$0.2h_w$
l_c（翼墙或端柱）	$0.15h_w$	$0.2h_w$	$0.15h_w$	$0.2h_w$	$0.10h_w$	$0.15h_w$	$0.10h_w$	$0.15h_w$
λ_v	0.14	0.24	0.12	0.20	0.12	0.20	0.12	0.20

注：h_w——为墙肢截面高度。

配箍特征值需要换算为体积配筋率，才能进一步确定箍筋配置。箍筋体积配筋率 ρ_v 按下式计算：

$$\rho_v = \lambda_v \frac{f_c}{f_{yv}} \tag{7-63}$$

式中 ρ_v——箍筋体积配筋率，计入箍筋、拉筋截面面积（当水平分布钢筋伸入约束边缘构件，绕过端部型钢后 90° 弯折延伸至另一排分布筋并勾住其竖向钢筋时，可计入水平分布钢筋截面面积，但计入的体积配箍率不应大于总体积配箍率的 30%）；

λ_v——约束边缘构件的配箍特征值；

f_c——混凝土轴心抗压强度设计值（MPa）（当强度等级低于 C35 时，按 C35 取值）；

f_{yv}——箍筋及拉筋的抗拉强度设计值（MPa）。

约束边缘构件长度 l_c 范围内的箍筋配置分为两部分：图 7-9 中的阴影部分为墙肢端部，压应力大，要求的约束程度高，其配箍特征值取表 7-3 规定的数值；图 7-9 中约束边缘构件的无阴影部分，压应力较小，其配箍特征值可为表 7-3 规定值的一半。约束边缘构件内纵向钢筋应有箍筋约束，当部分箍筋采用拉筋时，应配置不少于一道封闭箍筋。箍筋或拉筋沿竖向的间距，特一级、一级不宜大于 100 mm，二、三级不宜大于 150 mm。

除了要求设置约束边缘构件的各种情况外，剪力墙墙肢两端要设置构造边缘构件，如底层墙肢轴压比不大于表 7-2 的特一、一、二、三级剪力墙，四级剪力墙，特一、一、二、三级剪力墙约束边缘构件以上部位。型钢混凝土剪力墙构造边缘构件的范围按图 7-10 所示的阴影部分采用，其纵向钢筋、箍筋的设置应符合表 7-4 的规定。表 7-4 中，A_c 为边缘构件的截面面积，即图 7-10 所示剪力墙的阴影部分。

表 7-4   型钢混凝土剪力墙构造边缘构件的配筋要求

抗震等级	底部加强部位			其他部位		
	竖向钢筋最小量（取较大值）	箍筋		竖向钢筋最小量（取较大值）	拉筋	
		最小直径（mm）	沿竖向最大间距（mm）		最小直径（mm）	沿竖向最大间距（mm）
特一级	$0.012A_c, 6\phi18$	8	100	$0.012A_c, 6\phi18$	8	150
一级	$0.010A_c, 6\phi16$	8	100	$0.008A_c, 6\phi14$	8	150
二级	$0.008A_c, 6\phi14$	8	150	$0.006A_c, 6\phi12$	8	200

续表

抗震等级	底部加强部位			其他部位		
	竖向钢筋最小量（取较大值）	箍筋		竖向钢筋最小量（取较大值）	拉筋	
		最小直径 /mm	沿竖向最大间距 /mm		最小直径 /mm	沿竖向最大间距 /mm
三级	$0.006A_c, 6\phi12$	6	150	$0.005A_c, 4\phi12$	6	200
四级	$0.005A_c, 4\phi12$	6	200	$0.004A_c, 4\phi12$	6	200

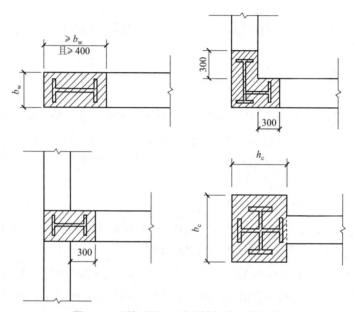

图 7-10　型钢混凝土剪力墙构造边缘构件

各种结构体系中的剪力墙,当下部采用型钢混凝土约束边缘构件,上部采用型钢混凝土构造边缘构件或钢筋混凝土构造边缘构件时,为避免剪力墙承载力突变,宜在两类边缘构件间设置 1～2 层过渡层,其型钢、纵筋和箍筋配置可低于下部约束边缘构件的规定,但应高于上部构造边缘构件的规定。

型钢混凝土剪力墙边缘构件内型钢的混凝土保护层厚度不宜小于 150 mm,水平分布钢筋应绕过墙端型钢,且符合钢筋锚固长度规定。

2. 钢板混凝土剪力墙

钢板混凝土剪力墙端部型钢周围应配置纵向钢筋和箍筋,组成内配型钢的约束边缘构件或构造边缘构件。边缘构件沿墙肢的长度、纵向钢筋和箍筋的设置要求同型钢混凝土剪力墙。钢板混凝土剪力墙约束边缘构件阴影部分的箍筋应穿过钢板或与钢板焊接形成封闭箍筋;阴影部分外的箍筋可采用封闭箍筋或与钢板有连接的拉筋。

3. 带钢斜撑混凝土剪力墙

带钢斜撑混凝土剪力墙端部型钢周围应配置纵向钢筋和箍筋,组成内配型钢的约束边缘构件或构造边缘构件。边缘构件沿墙肢的长度、纵向钢筋和箍筋的设置要求同型钢混凝土剪力墙。

7.4.3　分布钢筋

各类组合剪力墙的水平和竖向分布钢筋的最小配筋率应符合表 7-5 的规定。另外,特一级型钢混凝土剪力墙的底部加强部位的竖向和水平分布钢筋的最小配筋率为 0.4%。为增强钢板(钢斜撑)两侧钢筋混凝土对钢板(钢斜撑)的约束作用,防止钢板(钢斜撑)发生屈曲,同时加强钢筋混凝土部分与钢板(钢斜撑)的协同工作,钢板混凝土剪力墙和带钢斜撑混凝土剪力墙的水平和竖向分布钢筋的最小配筋率、间距等要求比型钢混凝土剪力墙更为严格。型钢混凝土剪力墙的分布钢筋间距不宜大于 300 mm,直径不应小于 8 mm,拉结钢筋间距不宜大于 600 mm。钢板混凝土剪力墙和带钢斜撑混凝土剪力墙的分布钢筋间距不宜大于 200 mm,拉结钢筋间距不宜大于 400 mm。

表 7-5　各类组合剪力墙构造边缘构件的配筋要求

抗震等级	剪力墙类型	水平和竖向分布钢筋
特一级	型钢混凝土剪力墙	0.35%
	钢板混凝土剪力墙 带钢斜撑混凝土剪力墙	0.45%
一级、二级、三级	型钢混凝土剪力墙	0.25%
	钢板混凝土剪力墙 带钢斜撑混凝土剪力墙	0.4%
四级	型钢混凝土剪力墙	0.2%
	钢板混凝土剪力墙 带钢斜撑混凝土剪力墙	0.3%

7.4.4　内置钢板

钢板混凝土剪力墙的内置钢板厚度不宜小于 10 mm。为了保证钢板两侧的钢筋混凝土墙体能够有效约束内置钢板的侧向变形,使钢板与混凝土协同工作,内置钢板厚度与墙体厚度之比不宜大于 1/15。钢板混凝土剪力墙在楼层标高处应设置型钢暗梁,使墙内钢板处于四周约束状态,保证钢板发挥抗剪、抗弯作用。内置钢板与四周型钢宜采用焊接连接。钢板混凝土剪力墙的钢板两侧应设置栓钉,保证钢筋混凝土与钢板共同工作。栓钉布置应满足传递钢板和混凝土之间界面剪力的要求,栓钉直径不宜小于 16 mm,间距不宜大于 300 mm。

7.4.5　钢斜撑

带钢斜撑混凝土剪力墙在楼层标高处应设置型钢,钢斜撑与周边型钢应采用刚性连接。为防止钢斜撑局部压屈变形,钢斜撑每侧混凝土厚度不宜小于墙厚的 1/4,且不宜小于 100 mm。钢斜撑全长范围和横梁端 1/5 跨度范围内的型钢翼缘部位应设置栓钉,其直径不宜小于 16 mm,间距不宜大于 200 mm,以保证钢斜撑与钢筋混凝土之间的可靠连接。钢斜撑倾角宜取 40° ~ 60°。

7.5　钢 - 混凝土组合剪力墙的设计实例

某超高层框架 - 核心筒结构, 7 度抗震设防, 设计基本地震加速度为 0.1g, 设计地震分组为第一组, Ⅱ类场地。核心筒底部某一字形剪力墙墙肢的长度为 5 m, 根据建筑使用要求, 剪力墙厚度确定为 800 mm。该剪力墙的抗震等级为一级。在重力荷载代表值作用下, 该剪力墙底截面的轴向压力设计值为 79.2 MN。墙肢底截面有两组最不利组合的内力设计值: $M = 85.2$ MN·m, $N = -109$ MN, $V = 11.4$ MN; $M = 85.2$ MN·m, $N = -51.6$ MN, $V = 11.4$ MN。剪力墙的混凝土强度等级采用 C60, 纵筋和分布钢筋采用 HRB400 级钢筋, 钢板和型钢采用 Q355GJ 钢。试设计该剪力墙墙肢。

1. 轴压比限值计算

若采用钢筋混凝土剪力墙, 轴压比

$$n = \frac{N}{f_c A_c} = \frac{79.2 \times 10^6}{27.5 \times 4 \times 10^6} = 0.72$$

根据规范要求, 抗震等级为一级 (7 度)时, 钢筋混凝土剪力墙的轴压比限值为 0.5。钢筋混凝土剪力墙 $n = 0.72 > 0.5$, 故不能采用钢筋混凝土剪力墙。

若采用型钢混凝土剪力墙, 端部型钢采用 H 型钢, 截面为 428 mm × 407 mm × 20 mm × 35 mm, $A = 36\,140$ mm², 型钢混凝土剪力墙的轴压比

$$n = \frac{N}{f_c A_c + f_a A_a} = \frac{79.2 \times 10^6}{27.5 \times (4 \times 10^6 - 2 \times 36\,140) + 310 \times (2 \times 36\,140)}$$
$$= 0.61 > 0.5 \quad （不满足要求）$$

需采用钢板混凝土剪力墙, 钢板长度取 3 750 mm, 则边缘构件内端部型钢的混凝土保护层厚度为

$$\frac{5\,000 - 3\,750 - 428 \times 2}{2} \text{ mm} = 197 \text{ mm} > 157 \text{ mm} \quad （满足构造要求）$$

设钢板厚度为 x, 因为钢板混凝土剪力墙需满足轴压比设计, 即

$$n = \frac{N}{f_c A_c + f_a A_a + f_p A_p}$$
$$= \frac{79.2 \times 10^6}{27.5 \times (4 \times 10^6 - 72\,280 - 3\,750x) + 310 \times (72\,280 + 310 \times 3\,750x)} < 0.5$$

解得 $x > 26.4$ mm, 即所需钢板最小厚度为 26.5 mm。

取钢板厚度为 30 mm, $A_0 = 112\,500$ mm², 则采用钢板混凝土剪力墙的轴压比

$$n = \frac{N}{f_c A_c + f_a A_a + f_p A_p} = 0.49 < 0.5 \quad （满足要求）$$

2. 边缘构件设计

由于轴压比 $n = 0.49 > 0.3$, 查表 7-3 可知 $l_c = 0.2h_w = 0.2 \times 5\,000$ mm $= 1\,000$ mm(h_w 为墙肢截面长度)。当约束边缘构件为暗柱时, 约束边缘构件长度不应小于墙厚和 400 mm 的较大者, 即 $l_c = 1\,000$ mm $> \max(b_w = 800$ mm, 400 mm), 符合要求, 故 l_c 取 1 000 mm。

约束边缘构件阴影部分的长度取 $\max(b_w, 0.5l_c, 400\ \text{mm}) = 800\ \text{mm}$。一级抗震等级的钢板混凝土剪力墙端部约束边缘构件的纵向钢筋截面面积不应小于计算阴影部分面积的 1.2%,即

$$A_s \geqslant 800 \times 800 \times 1.2\% = 7\ 680\ \text{mm}^2$$

实配 20 根直径 25 mm 的钢筋,$A_s = 9\ 820\ \text{mm}^2$。

查表 7-3 可知,当 $n > 0.3$ 时,约束边缘构件的配箍特征值应为 0.20。$\lambda_v = 0.20$ 时箍筋体积配筋率

$$\rho_v = \lambda_v \frac{f_c}{f_{yv}} = 0.2 \times \frac{27.5}{360} = 1.53\%$$

箍筋直径 14 mm,间距 80 mm,布置方式如图 7-11 所示,则实际体积配筋率为 1.68%,满足要求。

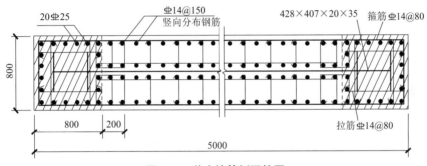

图 7-11　剪力墙算例配筋图

3. 偏心受压承载力验算

钢板混凝土剪力墙的分布钢筋间距不宜大于 200 mm,查表 7-5 可知,抗震等级为一级时,钢板混凝土剪力墙分布钢筋最小配筋率为 0.4%。

根据构造要求,采用 4 排分布钢筋,钢筋直径采用 14 mm,间距为 150 mm,则分布钢筋配筋率为 0.51% > 0.4%(符合要求)。

剪力墙边缘构件阴影部分外的竖向分布钢筋总面积

$$A_{sw} = 154 \times 4 \times 23 = 14\ 168\ \text{mm}^2$$

受拉端钢筋、型钢合力点至截面受拉边缘的距离

$$a_a = a_s = 197 + \frac{428}{2} = 411\ \text{mm}$$

剪力墙边缘构件阴影部分外的竖向分布钢筋配置高度

$$h_{sw} = 5\ 000 - (411 \times 2 - 50) \times 2 = 3\ 456\ \text{mm}$$

其中 50 mm 为最外侧钢筋中心到剪力墙边缘的距离。

受压区混凝土应力图形影响系数 β_1,当混凝土强度等级不超过 C50 时,取 0.8,当混凝土强度等级为 C80 时,取 0.74,其间按线性内插法确定。因为采用 C60,故 β_1 取 0.78。

钢筋弹性模量

$$E_s = 2 \times 10^5\ \text{N/mm}^2$$

界限相对受压区高度

$$\xi_b = \frac{\beta_1}{1+\dfrac{f_y+f_a}{2\times 0.003 E_s}} = \frac{0.78}{1+\dfrac{360+310}{2\times 0.003\times 2\times 10^5}} = 0.501$$

$$h_{w0} = h_w - a = 5\,000 - 411 = 4\,589\ \text{mm}$$

受压区混凝土应力影响系数 α_1，当混凝土强度等级不超过 C50 时，取 1.0，当混凝土强度等级为 C80 时，取 0.94，其间按线性内插法确定。因为采用 C60，故取 0.98。

1）对于第一组最不利荷载组合

$$N = \frac{1}{\gamma_{RE}}\left[\alpha_1 f_c b_w x + f_a' A_a' + f_y' A_s' - \sigma_a A_a - \sigma_s A_s + N_{sw} + N_{pw}\right] \quad (1)$$

假如 $x \leqslant \beta_1 h_{w0}, x \leqslant \xi_b h_{w0}$，则

$$N_{sw} = \left(1 + \frac{x - \beta_1 h_{w0}}{0.5\beta_1 h_{sw}}\right) f_{yw} A_{sw} \quad (2)$$

$$N_{pw} = \left(1 + \frac{x - \beta_1 h_{w0}}{0.5\beta_1 h_{pw}}\right) f_p A_p \quad (3)$$

$$\sigma_s = f_y$$
$$\sigma_a = f_a$$

所以

$$x = \frac{\gamma_{RE} N - \left(1 - \dfrac{\beta_1 h_{w0}}{0.5\beta_1 h_{sw}}\right) f_{yw} A_{sw} - \left(1 - \dfrac{\beta_1 h_{w0}}{0.5\beta_1 h_{pw}}\right) f_p A_p}{\alpha_1 f_c b_w + \dfrac{f_{yw} A_{sw}}{0.5\beta_1 h_{sw}} + \dfrac{f_p A_p}{0.5\beta_1 h_{pw}}}$$

$$= \frac{8.5\times 10^{-1}\times 1.09\times 10^8\times\left(1 - \dfrac{0.78\times 4\,589}{0.5\times 0.78\times 3\,456}\right)\times 360\times 14\,168 - \left(1 - \dfrac{0.78\times 4\,589}{0.5\times 0.78\times 3\,750}\right)\times 310\times 112\,500}{0.98\times 27.5\times 800 + \dfrac{360\times 14\,168}{0.5\times 0.78\times 3\,456} + \dfrac{310\times 1.125\times 10^5}{0.5\times 0.78\times 3\,750}}$$

$$= 3\,081.4\ \text{mm}$$

$$\beta_1 h_{w0} = 0.78\times 4\,589 = 3\,579.42\ \text{mm} > x > \xi_b h_{w0} = 0.501\times 4\,589 = 2\,299.1\ \text{mm}$$

此时

$$\sigma_s = \frac{f_y}{\xi_b - \beta_1}\left(\frac{x}{h_{w0}} - \beta_1\right)$$

$$\sigma_a = \frac{f_a}{\xi_b - \beta_1}\left(\frac{x}{h_{w0}} - \beta_1\right)$$

将上式重新代回式（1）和式（3），解得

$$x = 2\,935.2\ \text{mm} > \xi_b h_{w0}$$

$$M_{sw} = \left[0.5 - \left(\frac{x - \beta_1 h_{w0}}{\beta_1 h_{sw}}\right)^2\right] f_{yw} A_{sw} h_{sw}$$

$$= \left[0.5 - \left(\frac{2\,935.2 - 0.78\times 4\,589}{0.78\times 3\,456}\right)^2\right]\times 360\times 14\,168\times 3\,456$$

$$= 7.81 \times 10^9 \text{ N} \cdot \text{mm}$$

$$M_{\text{pw}} = \left[0.5 - \left(\frac{x - \beta_1 h_{\text{w0}}}{\beta_1 h_{\text{pw}}} \right)^2 \right] f_{\text{p}} A_{\text{p}} h_{\text{pw}}$$

$$= \left[0.5 - \left(\frac{2\,935.2 - 0.78 \times 4\,589}{0.78 \times 3\,750} \right)^2 \right] \times 310 \times 112\,500 \times 3\,750$$

$$= 5.9 \times 10^9 \text{ N} \cdot \text{mm}$$

所以

$$\frac{1}{\gamma_{\text{RE}}} \left[\alpha_1 f_{\text{c}} b_{\text{w}} x \left(h_{\text{w0}} - \frac{x}{2} \right) + f_{\text{a}}' A_{\text{a}}' \left(h_{\text{w0}} - a_{\text{a}}' \right) + f_{\text{y}}' A_{\text{s}}' \left(h_{\text{w0}} - a_{\text{s}}' \right) + M_{\text{sw}} + M_{\text{pw}} \right]$$

$$= \frac{1}{0.85} \times \left[0.98 \times 27.5 \times 800 \times 2\,935.2 \times \left(4\,589 - \frac{2\,935.2}{2} \right) + 310 \times 36\,140 \times (4\,589 - 411) + \right.$$

$$\left. 360 \times 9\,820 \times (4\,589 - 411) + 7.81 \times 10^9 + 5.9 \times 10^9 \right]$$

$$= 3.83 \times 10^{11} \text{ N} \cdot \text{mm}$$

$$e_0 = \frac{M}{N} = \frac{85.2 \times 10^9}{1.09 \times 10^8} = 7.82 \times 10^2 \text{ mm}$$

$$e = e_0 + \frac{h_{\text{w}}}{2} - a = 7.82 \times 10^2 + \frac{5\,000}{2} - 411 = 2.87 \times 10^3 \text{ mm}$$

$$Ne = 1.09 \times 10^8 \times 2.87 \times 10^3$$

$$= 3.13 \times 10^{11} \text{ N} \cdot \text{mm} < 3.83 \times 10^{11} \text{ N} \cdot \text{mm} \quad （承载力符合要求）$$

2）对于第二组最不利荷载组合

假设 $x \leqslant \beta_1 h_{\text{w0}}$，$x \leqslant \xi_{\text{b}} h_{\text{w0}}$，解得 $x = 2\,089.539$ mm $< \xi_{\text{b}} h_{\text{w0}} = 2\,299.1$ mm，且 $x \leqslant \beta_1 h_{\text{w0}} = 3\,579.42$ mm，假设成立。

此时

$$M_{\text{sw}} = \left[0.5 - \left(\frac{x - \beta_1 h_{\text{w0}}}{\beta_1 h_{\text{sw}}} \right)^2 \right] f_{\text{yw}} A_{\text{sw}} h_{\text{sw}}$$

$$= \left[0.5 - \left(\frac{2\,089.539 - 0.78 \times 4\,589}{0.78 \times 3\,456} \right)^2 \right] \times 360 \times 14\,168 \times 3\,456$$

$$= 3.43 \times 10^9 \text{ N} \cdot \text{mm}$$

$$M_{\text{pw}} = \left[0.5 - \left(\frac{x - \beta_1 h_{\text{w0}}}{\beta_1 h_{\text{pw}}} \right)^2 \right] f_{\text{p}} A_{\text{p}} h_{\text{pw}}$$

$$= \left[0.5 - \left(\frac{2\,089.539 - 0.78 \times 4\,589}{0.78 \times 3\,750} \right)^2 \right] \times 310 \times 112\,500 \times 3\,750$$

$$= 3.15 \times 10^9 \text{ N} \cdot \text{mm}$$

所以

$$\frac{1}{\gamma_{RE}}\left[\alpha_1 f_c b_w x\left(h_{w0} - \frac{x}{2}\right) + f_a' A_a'(h_{w0} - a_a') + f_y' A_s'(h_{w0} - a_s') + M_{sw} + M_{pw}\right]$$

$$= \frac{1}{0.85}\times\left[0.98\times27.5\times800\times2\ 089.539\times\left(4\ 589 - \frac{2\ 089.539}{2}\right) + 310\times36\ 140\times(4\ 589 - 411) + \right.$$

$$\left. 360\times9\ 820\times(4\ 589 - 411) + 3.43\times10^9 + 3.15\times10^9\right]$$

$$= 3.01\times10^{11}\ \text{N·mm}$$

$$e_0 = \frac{M}{N} = \frac{85.2\times10^9}{51.6\times10^6} = 1.65\times10^3\ \text{mm}$$

$$e = e_0 + \frac{h_w}{2} - a = 1.65\times10^3 + \frac{5\ 000}{2} - 411 = 3.74\times10^3\ \text{mm}$$

$$Ne = 51.6\times10^6\times3.74\times10^3$$

$$= 1.93\times10^{11}\ \text{N·mm} < 3.01\times10^{11}\ \text{N·mm}\quad（承载力符合要求）$$

综上所述,该钢板混凝土剪力墙满足偏心受压承载力计算。

4. 斜截面受剪承载力验算

为了加强一级剪力墙底部加强部位的受剪承载力,避免过早出现剪切破坏,实现强剪弱弯,墙肢截面组合的剪力设计值应按下式进行调整:

$$V = \eta_{vw} V_w = 1.6\times11.4\times10^6 = 1.82\times10^7\ \text{N}$$

计算截面处的剪跨比 $\lambda = M/Vh_{w0}$,当 $\lambda < 1.5$ 时,取 1.5,当 $\lambda > 2.2$ 时,取 2.2。

$$\lambda = M/Vh_{w0} = 1.02 < 1.5,故取 \lambda = 1.5。$$

因为剪跨比 $\lambda = W/Vh_{w0}$,所以

$$V_{cw} = V - \frac{1}{\gamma_{RE}}\left(\frac{0.25}{\lambda} f_a A_{a1} + \frac{0.5}{\lambda - 0.5} f_p A_p\right)$$

$$= 1.82\times10^7 - \frac{\dfrac{0.25}{1.5}\times310\times36\ 140 + \dfrac{0.5\times310\times112\ 500}{1.5 - 0.5}}{0.85} = -4.51\times10^6\ \text{N}$$

又 $\beta_c = 0.93$,所以

$$\frac{1}{\gamma_{RE}}(0.15\beta_c f_c b_w h_{w0}) = \frac{0.15\times0.93\times27.5\times800\times4\ 589}{0.85}$$

$$= 1.66\times10^7\ \text{N} > V_{cw}\quad（符合要求）$$

剪力墙的轴力设计值,若剪力墙受压,N 取正值,且 $N > 0.2 f_c b_w h_w$ 时,取 $0.2 f_c b_w h_w$。

$$N = \min(51.6\times10^6, 0.2 f_c b_w h_w) = 2.2\times10^7\ \text{N·mm}$$

$$\frac{1}{\gamma_{RE}}\left[\frac{1}{\lambda - 0.5}\left(0.4 f_t b_w h_{w0} + 0.1 N \frac{A_w}{A}\right) + 0.8 f_{yh}\frac{A_{sh}}{s} h_{w0} + \frac{0.25}{\lambda} f_a A_{a1} + \frac{0.5}{\lambda - 0.5} f_p A_p\right]$$

$$= \frac{\dfrac{0.4\times2.04\times800\times4\ 589 + 0.1\times2.2\times10^7}{1.5 - 0.5} + 0.8\times360\times\dfrac{616}{150}\times4\ 589 + \dfrac{0.25\times310\times36\ 140}{1.5} + \dfrac{0.5\times310\times112\ 500}{1.5 - 0.5}}{0.85}$$

$$= 3.52\times10^7\ \text{N} > V$$

综上所述,该钢板混凝土剪力墙满足斜截面受剪承载力要求。

【思考题】

1. 与普通钢筋混凝土剪力墙相比,组合剪力墙有哪些优势? 适用于哪些结构类型?

2. 组合剪力墙的偏心受压承载力、偏心受拉承载力及斜截面受剪承载力分别采用何种计算方法?

3. 组合剪力墙轴压比应如何控制? 为何要控制轴压比在一定限值以内?

4. 组合剪力墙两端为何要设置边缘构件? 边缘构件的构造要求有哪些?

【参考文献】

[1] 薛建阳,王静峰. 组合结构设计原理 [M]. 北京:机械工业出版社,2020.

[2] 梁兴文,马恺泽,李菲菲,等. 型钢高强混凝土剪力墙抗震性能试验研究 [J]. 建筑结构学报,2011,32(6):68-75.

[3] 白亮,周天华,梁兴文. 型钢高强混凝土剪力墙性能设计方法研究 [J]. 土木工程学报,2012,45(8):25-32.

[4] 马恺泽,梁兴文,李响,等. 型钢混凝土剪力墙恢复力模型研究 [J]. 工程力学,2011,28(8):119-125,132.

[5] 聂建国,陶慕轩,樊健生,等. 双钢板 - 混凝土组合剪力墙研究新进展 [J]. 建筑结构,2011,41(12):52-60.

[6] 胡红松,聂建国. 双钢板 - 混凝土组合剪力墙变形能力分析 [J]. 建筑结构学报,2013,34(5):52-62.

[7] 严加宝,王哲,RICHARD LIEW J Y. 双钢板 - 混凝土组合结构研究进展 [C]// 第 26 届全国结构工程学术会议论文集 第 Ⅱ 册. 北京:《工程力学》杂志社,2017:124-127.

[8] 郭彦林,周明. 钢板剪力墙的分类及性能 [J]. 建筑科学与工程学报,2009,26(3):1-13.

[9] 陈国栋,郭彦林,范珍,等. 钢板剪力墙低周反复荷载试验研究 [J]. 建筑结构学报,2004,25(2):19-26,38.

[10] 李国强,张晓光,沈祖炎. 钢板外包混凝土剪力墙板抗剪滞回性能试验研究 [J]. 工业建筑,1995(6):32-35.

[11] 曹万林,张建伟,田宝发,等. 钢筋混凝土带暗支撑中高剪力墙抗震性能试验研究 [J]. 建筑结构学报,2002,23(6):26-32,55.

[12] 曹万林,张建伟,田宝发,等. 带暗支撑低矮剪力墙抗震性能试验及承载力计算 [J]. 土木工程学报,2004,37(3):44-51.

[13] 中华人民共和国住房和城乡建设部. 组合结构设计规范:JGJ 138—2016[S]. 北京:中国建筑工业出版社,2016.

第 8 章　混合结构

8.1　概述

8.1.1　混合结构体系形式

人们往往会将"组合结构"与"混合结构"两者混淆,"组合结构"更准确地说是"组合构件",即由多种材料组合在一起共同承受外力的构件,如型钢混凝土梁、型钢混凝土组合柱、型钢混凝土组合梁、钢管混凝土柱等。而"混合结构",是由不同材料的构件共同组成的结构,如钢(或其他组合构件)与钢筋混凝土组成的钢 - 混凝土混合结构等。从材料上讲,它是钢结构或型钢混凝土结构与钢筋混凝土结构的组合。从结构上讲,它是杆系结构与简体(剪力墙)结构的组合。目前混合结构通常指钢 - 混凝土混合结构。这种新型结构已经被广泛应用,并逐渐形成了与传统四大结构(钢结构、混凝土结构、木结构、砌体结构)并列的第五大结构。本章重点探讨钢 - 混凝土混合结构。

《高层建筑混凝土结构技术规程》(JGJ 3—2010)规定"混合结构"是指由钢框架或型钢混凝土、钢管混凝土框架与钢筋混凝土核心简体所组成的框架 - 核心简结构以及由外围钢框架或型钢混凝土、钢管混凝土框筒与钢筋混凝土核心简组成的简中简结构。

尽管采用型钢混凝土(钢管混凝土)构件与钢筋混凝土、钢构件组成的结构均可称为混合结构,构件的组合方式多种多样,所构成的结构类型很多,但工程实际中使用最多的还是框架 - 核心简(钢框架 - 钢筋混凝土核心简、混合框架 - 钢筋混凝土核心简、钢框架 - 型钢混凝土核心简、混合框架 - 型钢混凝土核心简)及简中简(框简 - 钢筋混凝土内简、混合框简 - 钢筋混凝土内简、钢框简 - 型钢混凝土内简、混合框简 - 型钢混凝土内简)混合结构体系,故《高层建筑混凝土结构技术规程》(JGJ 3—2010)第 11 章仅列出上述两种结构体系。

型钢混凝土(钢管混凝土)框架可以是型钢混凝土梁与型钢混凝土柱(钢管混凝土柱)组成的框架,也可以是钢梁与型钢混凝土柱(钢管混凝土柱)组成的框架,外周的简体可以是框简、桁架简或交叉网格简。内简为钢筋混凝土核心简,钢筋混凝土核心简的某些部位,可根据工程实际需要配置型钢或钢板,形成型钢混凝土剪力墙或钢板混凝土剪力墙。

当减小柱子尺寸或增加延性而在混凝土柱中设置构造型钢,但框架梁仍为钢筋混凝土梁时,该体系不宜视为混合结构;此外,对于体系中局部构件(如框支梁柱)采用型钢梁柱(型钢混凝土梁柱)的也不应视为混合结构。

8.1.2　混合结构性能

混合结构被称为"当代建筑工程的新结构体系"。混合结构体系是近年来在国内迅速发展起来的一种新型结构体系,主要用于高层及超高层建筑结构,并逐渐成为我国高层、超高层建筑中的主导结构。

钢 - 混凝土混合结构与钢筋混凝土结构相比优势是:降低结构自重、减小结构断面尺寸,建筑结构内部净空尺寸大,改善结构受力性能,抗震性能好,加快施工进度等。

钢 - 混凝土混合结构与纯钢结构相比优势是:防火性能好、综合用钢量少、材料费用低、整体刚度好、风荷载作用舒适度好等。

8.1.3　混合结构的发展历史

钢 - 混凝土混合结构在国外的研究工作始于 20 世纪 60 年代,工程应用始于 1972 年美国芝加哥的 Gateway Ⅲ Building,总计 36 层,高 137 m。此后的近 20 年中,美国、日本及法国等相继建成了一批混合结构建筑,但整体数量偏少。由于美国阿拉斯加地震中出现混合结构严重破坏的情况,其他国家工程界对混合结构的抗震性能便一直有所怀疑,在技术上主要是因为专家认为该体系的抗震性能基本取决于钢筋混凝土核心筒,它相对来说刚度有余而强度不足,而外围钢框架正好相反,这使得混合结构在抗震性能上不协调,内筒和外框架无法合理分担地震力。在罕遇地震作用下,内筒会因刚度大而承担大部分地震作用首先破坏,外框架因刚度不足导致结构变形过大而整体破坏,无法起到二道防线的作用。同时,在西方经济发达国家,由于人工成本高,混合结构的经济优势不明显,所以在美国、日本等国家混合结构的应用不多。

混合结构体系在我国的工程应用始于 20 世纪 80 年代的静安希尔顿饭店工程,其为钢框架 - 钢筋混凝土核心筒结构,建筑面积 6.9 万 m²,包括塔楼共 43 层,总高 143.6 m。与西方国家慎重选用的情况不同,因为突出的经济优势,混合结构在我国发展迅速。国外高层、超高层建筑以纯钢结构为主,而我国以钢 - 混凝土的混合结构应用居多。据不完全统计,截至 2008 年年底,中国已建成的 150 m 以上的高层建筑中,混合、组合结构约占 22.3%; 200 m 以上的高层建筑,混合结构约占 43.8%; 300 m 以上的高层建筑,混合、组合结构约占 66.7%。表 8-1 总结了我国部分有代表性的混合结构工程实例。

表 8-1　我国部分有代表性的混合结构工程实例

建筑名称	层数(地上 / 地下)	建筑高度(m)	建筑面积 (万 m²)	结构体系
上海新金桥大厦	41	164	6.2	钢框架 - 核心筒
上海海航大厦	20/3	86.7	8.8	钢框架 - 核心筒
大连期货大厦	53/3	242.8	21.7	钢框架 - 核心筒
上海金茂大厦	88/3	420.5	17.7	巨型柱框架 - 核心筒
南京绿地紫峰大厦	70/4	450	26.1	型钢混凝土框架 - 核心筒
绍兴皇冠假日酒店	54/2	280	14.2	型钢混凝土框架 - 核心筒
大连国际贸易大厦	78/5	341	32	钢管混凝土框架 - 核心筒
北京国贸三期	80	330	28	筒中筒

续表

建筑名称	层数(地上/地下)	建筑高度(m)	建筑面积(万 m²)	结构体系
上海环球金融中心	95/4	492	33.0	筒中筒
广州西塔	103/4	432	25	筒中筒
上海中心大厦	119	580	43.4	巨型柱框架 - 核心筒
深圳平安金融中心	118/5	592.5	46	巨型柱框架 - 核心筒
武汉国际证券大厦	68/3	333.3	15	下部混凝土、上部钢结构
上海瑞金大厦	27/1	100	4.7	下部混凝土、上部钢结构

8.1.4　混合结构的受力特点

混合结构在高层建筑中常用的受力体系形式主要分为 3 种:框架 - 核心筒结构、筒中筒结构、巨型柱框架 - 核心筒结构。

框架 - 核心筒结构是指由外围梁柱组成的框架与混凝土筒体共同组成承受水平和竖向作用的高层建筑结构体系,如图 8-1 所示。其中核心筒是空间受力构件,抗侧刚度大,主要承担水平荷载,是抗震(抗风)的第一道防线,外框架作为第二道防线,确保结构的整体性并承受大部分竖向荷载。这个体系的核心问题在于外框架能否起到第二道防线的作用。从抗震的角度出发,结构体系的设计有两个方向,一是加强筒体,使其承担主要的地震作用;另一个是加强外框架,使其能够起第二道防线的作用。在复杂的超高层建筑结构中,往往同时采取这两方面的措施,以确保结构的安全。核心筒可以布置采光要求不高的电梯井、管道井、楼梯间、设备间等,外部框架区域由于柱距较大,可以获得较大的开间和较好的采光,便于房间布置。

筒中筒结构是指内筒采用混凝土核心筒(桁架筒),外筒采用框筒或桁架筒而构成的筒中筒混合结构体系,如图 8-2 所示。由内外筒共同抵抗水平力作用,不仅增加了结构的侧向刚度,还能协同工作。在水平荷载作用下,外筒以剪切变形为主,而内筒以弯曲变形为主,外筒和内筒通过楼板及外伸臂桁架协同工作,改变原有的变形性能,使层间变形更趋均匀,同时上下内力也趋于均匀。但是这种结构体系同样存在框筒体系的不足,即剪力滞后效应、梁铰机制难以保证,要考虑如何合理布置,减小剪力滞后,充分发挥柱子的能力。通常的做法是在顶层及中部设备层设置加强层(伸臂桁架 + 带状桁架),将内外筒连接在一起,成为一个大型的整体抗弯构件,同时使周边框架柱更有效地共同工作。这种结构体系的安全储备较高,是一种有效的抗侧力体系,适用于超高层建筑。

巨型柱框架 - 核心筒结构通过设置少量巨型混合柱,提高结构的抗侧刚度,如图 8-3 所示。巨型混合柱抗侧刚度及轴向刚度都较大,且与外伸臂桁架有效结合,可以大大降低结构对环带桁架的依赖程度,同时提高结构的抗侧力。该结构的灵活性、经济性和便利性都较高,因此,在超高层建筑结构中使用较为广泛。

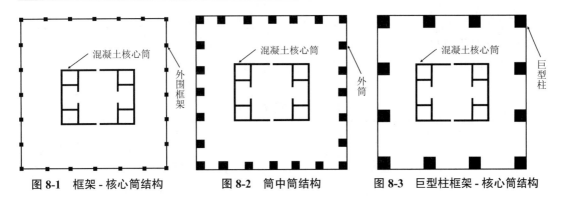

图 8-1　框架 - 核心筒结构　　　图 8-2　筒中筒结构　　　图 8-3　巨型柱框架 - 核心筒结构

8.2　混合结构的布置要求

8.2.1　结构平面布置

（1）高层建筑混合结构的平面宜简单、规则、对称，平面宜采用方形、矩形、多边形、圆形、椭圆形等规则平面，建筑的开间、进深宜统一。其具有足够的抗扭刚度，可尽量减少结构在地震作用下的扭转。以结构扭转为主的第一自振周期 T_1 与以平动为主的第一自振周期 T_1 之比不应大于 0.85。

（2）高层建筑混合结构的平面布置宜避免表 8-2 所列的不规则类型。

表 8-2　平面不规则类型

不规则类型	定义
扭转不规则	楼层的最大弹性水平位移或层间位移，大于该楼层两端弹性水平位移或层间位移平均值的 1.2 倍，超过 1.5 倍为严重不规则
凹凸不规则	结构平面凹进的一侧尺寸，大于相应投影方向总尺寸的 30%
楼板局部不连续	楼板的尺寸和平面刚度具有急剧不连续性，其有效楼板宽度小于结构半面典型宽度的 50%，或开洞面积大于该层楼面面积的 30%，以及楼层错层（错开高度大于楼面梁的截面高度）

（3）高层建筑混合结构的楼盖应具有良好的刚度和整体性。当楼面有较大开口或为转换层楼面时，应采用现浇楼盖，或在楼板平面设支撑。

（4）跨度较大的楼面梁不宜支承在核心筒连梁及剪力墙连梁上。

8.2.2　结构竖向布置

（1）结构的刚度、质量和承载力，沿高度变化宜均匀、无突变，构件截面宜由下至上逐渐减小，避免出现软弱层和薄弱层。

（2）结构竖向抗侧力构件应上下连续贯通。若混合结构沿高度由钢筋混凝土、钢骨混凝土、钢管混凝土和钢结构等不同材料的构件组成，不同材料的框架柱连接处应设置过渡层，且单柱的抗弯刚度变化不宜超过 30%，避免刚度和承载力突变。

（3）当钢框架部分采用支撑时,宜采用偏心支撑和耗能支撑,支撑宜双向连续布置;框架支撑宜延伸至基础。

（4）高层混合结构的竖向布置宜避免表 8-3 所列的不规则类型。

表 8-3　竖向不规则类型

不规则类型	定义
侧向刚度不规则	某一层的侧向刚度小于相邻上一层的 70%,或小于其上相邻三个楼层侧向刚度平均值的80%;除顶层外,局部收进的水平方向尺寸大于相邻下一层的 25%
竖向抗侧力构件不连续	竖向抗侧力构件(柱、剪力墙、支撑)的内力由水平转换构件(梁、桁架等)向下传递
楼层承载力突变	抗侧力构件的层间受剪承载力小于相邻上一楼层的 80%

8.2.3　结构高度要求

《高层建筑混凝土结构技术规程》(JGJ 3—2010)第 11 章对房屋的适用高度作了一些规定。混合结构高层建筑的适用高度是根据现有的试验结果,结合我国现有的钢 - 混凝土混合结构的工程实践,并参考国外的一些工程经验偏于安全地确定的,见表 8-4 和表 8-5。

表 8-4　混合结构高层建筑适用的最大高度

单位:m

结构体系		非抗震设计	抗震设防烈度				
			6 度	7 度	8 度		9 度
					0.2g	0.3g	
框架 -核心筒	钢框架 - 钢筋混凝土核心筒	210	200	160	120	100	70
	型钢(钢管)混凝土框架 - 钢筋混凝土核心筒	240	220	190	150	130	70
筒中筒	钢外筒 - 钢筋混凝土核心筒	280	260	210	160	140	80
	型钢(钢管)混凝土外筒 - 钢筋混凝土核心筒	300	280	230	170	150	90

注:平面和竖向均不规则的结构,最大适用高度应适当降低。

表 8-5　混合结构高层建筑适用的最大高宽比

结构体系	非抗震设计	抗震设防烈度		
		6 度、7 度	8 度	9 度
框架 - 核心筒	8	7	6	4
筒中筒	8	8	7	5

《高层建筑钢 - 混凝土混合结构设计规程》(CECS 230:2008)第 4 章中对混合结构体系的划分更具体,分为混合结构框架、双重抗侧力体系及非双重抗侧力体系,其最大适用高度见表 8-6。

表 8-6　混合结构高层建筑适用的最大高度

单位:m

结构体系			非抗震设计	抗震设防烈度			
				6 度	7 度	8 度	9 度
混合框架结构		钢梁 - 钢骨(钢管)混凝土柱 钢骨混凝土梁 - 钢骨混凝土柱	60	55	45	35	25
		钢梁 - 钢筋混凝土柱	50	50	40	30	—
双重抗侧力体系		钢框架 - 钢筋混凝土剪力墙 钢框架 - 钢骨混凝土剪力墙	160 180	150 170	130 150	110 120	50 50
		混合框架 - 钢筋混凝土剪力墙 混合框架 - 钢骨混凝土剪力墙	180 200	170 190	150 160	120 130	50 60
		钢框架 - 钢筋混凝土核心筒 钢框架 - 钢骨混凝土核心筒	210 230	200 220	160 180	120 130	70 70
		混合框架 - 钢筋混凝土核心筒 混合框架 - 钢骨混凝土核心筒	240 260	220 240	190 210	150 160	70 80
	筒中筒	钢框筒 - 钢筋混凝土内筒 混合框架 - 钢筋混凝土内筒	280	260	210	160	80
		钢框筒 - 钢骨混凝土内筒 混合框筒 - 钢骨混凝土内筒	300	280	230	170	90
非双重抗侧力体系		钢框架 - 钢筋(钢骨)混凝土核心筒 混合框架 - 钢筋(钢骨)混凝土核心筒	160	120	100	—	—

8.2.4　结构计算要求

（1）当现浇混凝土楼板与钢梁或型钢混凝土梁有可靠的抗剪连接时,形成的结构称为组合梁,其刚度有较大的提高。弹性分析时,应考虑现浇混凝土楼板对钢梁和钢骨混凝土梁刚度的增大作用。当梁一侧或两侧有混凝土楼板时,钢骨混凝土梁刚度的增大系数可取 1.3～2.0,钢梁刚度的增大系数可取 1.2～1.5。弹塑性分析时,可不考虑此刚度的提高。

（2）钢筋混凝土筒体开裂后,内力向钢框架转移,为了保证钢框架的安全,抗震设计时,钢框架 - 钢筋混凝土筒体结构各层框架柱所承担的地震剪力不应小于结构底部总剪力的 25% 和框架部分地震剪力最大值的 1.8 倍二者中的较小者;型钢混凝土框架 - 钢筋混凝土筒体各层框架柱所承担的地震剪力应符合框架 - 剪力墙结构的规定。

（3）对于高度超过 100 m 的钢框架(钢框筒)- 混凝土核心筒结构,宜考虑混凝土后期徐变、收缩和不同材料构件压缩变形差异的影响,必要时应采取相应措施减小内、外结构的竖向变形差。

（4）高层建筑混合结构在风荷载和多遇地震作用下的内力和位移应用弹性方法计算。高度超过 100 m 或不规则高层建筑混合结构进行弹性分析时,至少应采用两个不同力学模型的计算程序进行整体计算。

（5）高层建筑混合结构的计算模型可采用空间计算模型或空间协同计算模型。高层建筑混合结构的钢构件、钢筋混凝土构件、钢骨混凝土构件、钢管混凝土构件应分别建立各自的计算单元,梁、柱可采用杆单元模型,剪力墙可采用薄壁单元、墙板单元、壳单元或平面有限元等模型,支撑可采用两端铰接杆单元。

8.3　框架 - 核心筒混合结构体系

8.3.1　钢框架 - 钢筋混凝土核心筒结构

钢框架 - 钢筋混凝土核心筒结构是框架剪力墙结构的一个特例,具有协同工作的特点,其中核心筒抗侧刚度大,主要承担水平荷载,是抗震(抗风)的第一道防线,外框架作为第二道防线对确保结构的整体性并承受竖向荷载也起着重要的作用。外框架柱间距可达 8 ~10 m,甚至更大,布置方式较为灵活,在建筑高度较大时,可在外框架与核心筒之间设置伸臂桁架,增强结构的水平刚度。如需进一步提高整体结构的抗侧力效率,外围框架宜布置环带桁架。设置伸臂桁架后的结构体系,建造高度可达 400 m 以上,在超高层建筑中应用较为广泛,比较典型的工程实例有上海海航大厦、大连期货大厦等。

上海海航大厦办公楼项目位于上海市浦东新区陆家嘴金融区。该项目由主楼和裙房两部分组成,总建筑面积 8.8 万 m²。主楼地上 20 层,地下 3 层。结构主要屋面处高度为 86.7 m,标准层层高 4.2 m,如图 8-4 所示。工程地下结构连为一体,地上主楼与裙房设置防震缝将整体分为两个结构单元,缝宽 180 mm。主楼由两幢 20 层的塔楼在 17 层 ~ 屋面共 5 层处相连接,形成"门"式连体结构,采用钢框架 - 钢筋混凝土核心筒混合结构体系,外围的钢框架柱采用十字形截面,柱截面尺寸主要为 300 mm×700 mm×(50~30)mm。钢梁主要采用焊接组合截面工字形梁,周边柱间的框架梁截面为 H650 mm×300 mm×16 mm×20 mm。核心筒墙体厚度为 500 ~ 400 mm,核心筒混凝土强度等级为 C60 ~ C40,钢框架材质为 Q355B。核心筒内楼板采用 120 mm 厚的现浇混凝土楼板,并双层双向拉通配筋。核心筒外采用 120 mm 厚的闭口压型钢板 - 钢筋混凝土组合板,压型钢板仅作为模板,其底部配置受力钢筋,形成面内刚度很大的横隔板,把核心筒与外框架联系在一起共同工作。钢框梁一端与核心筒铰接,另一端与钢框柱刚接。

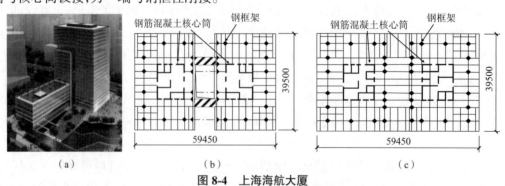

图 8-4　上海海航大厦

(a)建筑效果图　(b)标准层结构平面图　(c)连体层结构平面图

大连期货大厦为大连市地标性建筑物,由两幢对称的 53 层超高层塔楼、5 层裙房及地下车库组成,总建筑面积 21.7 万 m²,地上 53 层,地下 3 层,建筑总高度 242.8 m,是集办公、餐饮、商业于一身的多功能建筑群,如图 8-5 所示。工程结构设计使用年限 50 年,塔楼采用钢框架 - 钢筋混凝土核心筒混合结构体系。塔楼核心部分为钢筋混凝土内筒剪力墙,内筒平面尺寸约为 25.1 m × 26.7 m。塔楼外围为钢框架结构,平面尺寸为 44.55 m × 44.55 m。钢筋混凝土筒体作为主要抗侧力结构体系,外钢框架作为抗震第二道防线,形成双重抗侧力结构体系,外框架柱采用方钢管混凝土结构。加强外围钢框架采用满足抗震要求的钢材,外框架方钢管柱及钢框架梁均采用 Q355C。采用埋入式柱脚,埋入至地下一层深度,满足钢管柱的嵌固深度,对埋入部分采取钢筋加强措施。结构楼面在角柱范围内若按单一方向布置梁会使一个方向柱受力增大,另一方向减小,因此在标准层楼面,四个角部外框架柱与核心筒之间的楼面梁分别在奇、偶数层旋转 90° 布置,使外框架柱在角柱范围内的受力相对均匀。

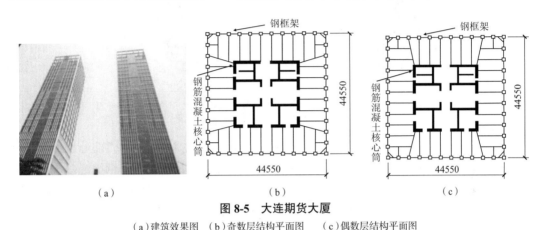

图 8-5　大连期货大厦

(a)建筑效果图　　(b)奇数层结构平面图　　(c)偶数层结构平面图

8.3.2　型钢混凝土框架 - 钢筋混凝土核心筒结构

型钢混凝土框架 - 钢筋混凝土核心筒结构是在高层建筑中使用最多的混合结构体系。在型钢混凝土框架 - 钢筋混凝土核心筒结构中,由于型钢与混凝土之间得以相互约束,因此各自的强度得到提高。型钢的存在提高了结构整体的延性,增加了结构及构件的抗震性能,另外由于外围混凝土的保护,使构件具有较好的防腐蚀和抗火性能。在型钢混凝土框架 - 钢筋混凝土核心筒体系中,作为第二道防线的框架部分需要分担一定比例的地震剪力并配合筒体协同工作,为保证框架部分的高效承载力、结构延性、抗震性能,最为直接有效的办法则是在框架构件内增加型钢(钢骨),组合成为型钢混凝土框架 - 核心筒结构,它是前者(钢框架 - 钢筋混凝土核心筒)的一种升级形态。比较典型的工程实例有南京绿地紫峰大厦、绍兴皇冠假日酒店。

南京绿地紫峰大厦坐落于南京市鼓楼区,为南京市地标性建筑。屋顶高度 381 m,天线顶尖高度 450 m,为地下 4 层、地上 70 层的办公及酒店双用建筑,采用型钢混凝土框架 + 伸臂桁架 + 核心筒混合结构体系,如图 8-6 所示。型钢混凝土柱与钢梁共同组成抗弯框架,型钢混凝土组合柱的直径为 900 ~ 1 750 mm。外围抗弯钢梁尺寸一般为 W600 mm × 180 mm × 10 mm × 16 mm。在 10 层、35 层、60 层处共设置了三个加强层。在每个加强层处放置高 8.4 m 的伸臂桁架将周边型钢混凝土柱与核心筒相连。核心筒位于结构三角形平面的中心位置。其面积占整个结构平面面积的 27%,墙体厚度为 400 ~ 1 500 mm,剪力墙通过连梁连接构成一个封闭的筒体,为结构提供了大部分的抗侧刚度和抗扭刚度,由下到上核心筒截面逐渐内收减小。

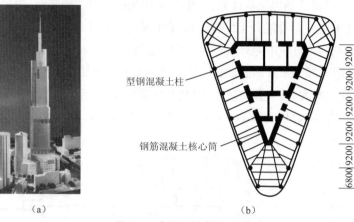

（a）　　　　　　　　　　　　　（b）

图 8-6　南京绿地紫峰大厦
（a）建筑效果图　（b）结构平面图

绍兴皇冠假日酒店是绍兴市的地标建筑,总高 280 m,地下 2 层,主楼部分地上 54 层,总建筑面积约 14.2 万 m²,如图 8-7 所示。结构形式为型钢混凝土框架 - 钢筋混凝土核心筒结构体系,框架柱采用型钢混凝土柱,楼面采用钢梁 - 组合板体系,外围钢梁与柱刚接,楼层钢梁与核心筒及外围柱均铰接,以释放因核心筒与框架柱竖向变形差异引起的附加梁端内力。核心筒平面为八边形,底部核心筒外圈墙厚从 400 mm 到 1 100 mm,由下到上逐渐变化。X 向 33 m,Y 向 16.3 m。外围框架柱距为 9 ~10.8 m,框架柱距核心筒 10 ~11 m。采用型钢混凝土柱,角部为 8 根圆柱,其余 8 根为方形柱,柱内型钢为十字形,含钢率在 4.2% ~4.7%。底部标准柱最大截面为 1 300 mm × 1 300 mm 和 ϕ1 450 mm,到上部收至 1 100 mm × 1 100 mm 和 ϕ1 250 mm,十字钢骨外包尺寸不变,板厚自下而上逐渐减薄,以利于钢骨加工。55 层以下主体结构为框架 - 核心筒结构体系。45 ~49 层外框柱为斜柱,55 层以上采用梁上立柱形式实现宝塔状造型。16 层和 37 层设置伸臂桁架和周边带状桁架。伸臂桁架的作用是在侧向荷载作用下协调外框柱和核心筒的变形,在两侧框柱产生拉力和压力,提供抗倾覆力矩。周边带状桁架的作用是协调各框架柱的竖向变形,使各柱在水平荷载作用下轴力较为均匀,充分发挥框架柱的作用,增加抗倾覆弯矩。

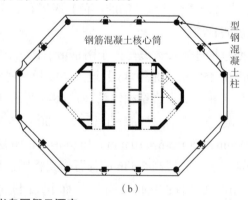

（a）　　　　　　　　　　　　　（b）

图 8-7　绍兴皇冠假日酒店
（a）建筑效果图　（b）结构平面图

8.3.3　钢管混凝土框架 - 钢筋混凝土核心筒

当前的高层建筑和超高层建筑是应用钢管混凝土最为广泛和普遍的领域。钢管混凝土有诸多优势：承载能力好，使构件截面变小，增加建筑有效使用面积，延性好，抗火性能好，施工过程中，钢管可作为模板简化施工流程，加快施工进度。如果在一定范围内取代钢筋混凝土结构，就会有非常好的效果。当前很多钢筋混凝土结构的底部出现了"胖柱"现象，而高强度的钢筋混凝土结构则直接由于其脆性而受到了破坏，如果采用钢管混凝土混合结构进行替代，就可以使上述问题得到解决。典型的工程应用有：武汉环球贸易中心、新北京中心三期塔楼、大连国际贸易大厦、兰州盛达金城广场等。

武汉环球贸易中心工程由 2 栋超高层办公楼（A 塔楼、B 塔楼）和地上裙楼组成，如图 8-8 所示。其中 A 塔楼地下 4 层，地上 39 层，高度 202.4 m，地上建筑面积 6.4 万 m^2；B 塔楼地下 4 层，地上 46 层，高度 219.2 m，地上建筑面积 7.4 万 m^2。A、B 塔楼建筑平面近似为正方形，立面角部微微收进。塔楼首层平面尺寸为 43.2 m × 43.2 m。

A、B 塔楼采用钢管混凝土框架 - 钢筋混凝土核心筒的混合结构体系。钢筋混凝土核心筒能够提供有效抗震、抗风的抗侧力体系，钢管混凝土柱框架不仅起抗侧力作用，同时能够满足建筑复杂立面的布置要求。圆形钢管混凝土柱直径范围为 900 ~ 1 500 mm，内灌强度等级为 C60 的混凝土。标准层外围边框架钢梁尺寸为 H900 mm × 450 mm × 20 mm × 35 mm。中央核心筒为矩形，底层楼层核心筒平面尺寸为 25.05 m × 19.9 m，混凝土核心筒剪力墙厚度范围为 400 ~ 1 000 mm，其强度等级为 C45 ~ C60，由下到上逐渐变化。标准层层高为 4.2 m。楼面钢梁单向布置，与外框架柱采用刚接连接，与核心筒采用铰接连接。

 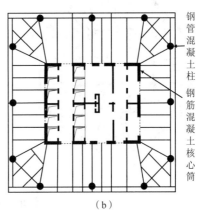

钢管混凝土柱

钢筋混凝土核心筒

（a）　　　　　　　　　　　　　　（b）

图 8-8　武汉环球贸易中心

（a）建筑效果图　（b）标准层平面布置图

新北京中心三期塔楼位于北京通州新城运河核心区，塔楼地上建筑面积约 15 万 m^2，地下 4 层、地上 57 层，建筑高度 275.0 m，主要功能为酒店和办公，塔楼与裙房地面以上相互独立，采用斜交网格圆钢管混凝土框架 - 钢筋混凝土核心筒结构体系，如图 8-9 所示。斜交网格圆钢管混凝土外框具有较大的抗侧、抗扭刚度，主要以斜柱轴力方式抵抗风荷载和水平地震作用引起的楼层水平剪力和倾覆力矩,具有良好的抗震性能,在国内外诸多项目中得到了应用。

　　楼面梁采用均匀的放射状布置方式,塔楼控制平面为 4 个八边形,中间平面呈十六边形。斜交网格钢管柱双向倾斜,水平倾角 5°～8°,竖直倾角 2°～3°,斜柱沿竖向相交 3 次,每个节间楼层为 16 根柱,节点区楼层为 8 根柱,每个节点区跨越 3 层。塔楼划分为 3 个区段和塔冠区。钢筋混凝土核心筒平面布局呈八边形,对边距离为 30 m。核心筒外墙厚度为 1.2～0.6 m,内墙厚度为 0.5～0.4 m,核心筒由 249.5 m 标高以上逐渐内收,最终延伸至塔冠 275.0 m 标高变成正方形。外框柱截面直径为 0.9～1.8 m,节点区柱截面为两柱交会形成的长椭圆截面。外框环梁高度为 0.7～0.9 m,在节点区楼层加强为 1.2 m,楼面径向梁高度为 0.3～0.5 m,除节点区楼层连接外框柱与核心筒的径向梁外,其他径向梁均为铰接。

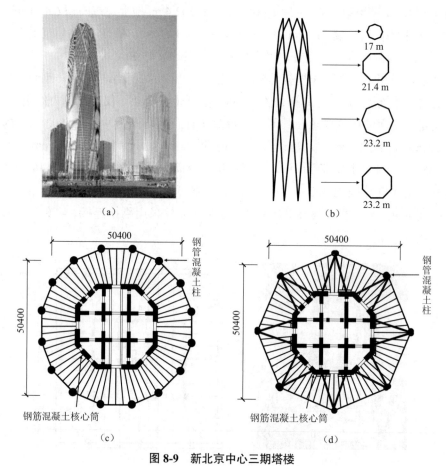

图 8-9　新北京中心三期塔楼
(a)建筑效果图　(b)外框网格几何控制尺寸　(c)标准层结构平面布置　(d)节点区楼层结构平面布置

8.4　筒中筒混合结构体系

　　当结构内部及外部同时布置筒体时就形成了筒中筒结构。筒中筒结构的外筒可以是由密柱深梁组成的钢(型钢)框筒,也可以是桁架筒或交叉柱组成的网格筒,而内筒既可以是桁架筒,也可以是钢筋混凝土筒体。当房屋高度较高时,同样可在内、外筒之间设置伸臂桁架以减小建筑的侧移。在水平荷载作用下,外筒以剪切变形为主,而内筒以弯曲为主,外筒和内筒通过楼板及外伸臂桁架协同工作。如果外筒的刚度足够大(如外筒采用交叉网格筒),内筒的大小及刚度要求可适当放松。该体系对外伸臂桁架的要求也较低,甚至可以不设置外伸臂桁架。筒中筒结构适用于 50 层以上的超高层建筑,该体系的典型工程实例有:上海金茂大厦、广州西塔、北京国贸三期。

上海金茂大厦位于上海浦东陆家嘴金融贸易区,共 88 层,高 420.5 m,总建筑面积约 28.7 万 m²,如图 8-10 所示。上海金贸大厦属于筒中筒结构,为钢结构和钢筋混凝土的混合结构体系。核心内筒为钢筋混凝土核心筒,由伸臂桁架将核心内筒和外框架筒连为整体。核心筒为八角形,显而易见,在同等面积的情况下,八角形截面的抗扭刚度比矩形截面大,且八角形比矩形具有更好的对称性,更加有利于与外部巨型柱的连接。墙边中对中尺寸为 27 m,从基础一直延伸至 87 层。从基础到 87 层核心筒墙的厚度为 850~450 mm,混凝土强度为 C60~C40。外筒巨型柱的混凝土剖面从基础层的 1.5 m × 5 m 到 87 层的 1 m × 3.5 m,强度从 C60 降至 C40。竖向结构体系的材料强度和断面尺寸从下往上依次递减。高度为两个楼层的三道伸臂桁架分别位于 24~26 层, 51~53 层及 85~87 层。此桁架系统提供了有效的水平荷载抵抗力。

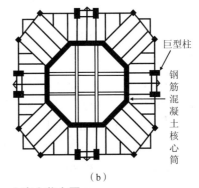

（a）　　　　　　　　　（b）

图 8-10　上海金茂大厦

（a）建筑效果图　（b）标准层平面布置图

2010 年建成的广州西塔地下 4 层,地上 103 层,主塔楼高 432 m,总建筑面积 25 万 m²,采用巨型钢管混凝土柱斜交网格外筒 + 钢筋混凝土内筒的筒中筒结构,如图 8-11 所示。斜交网格筒侧向刚度、抗扭刚度大,以斜柱轴力抵抗水平荷载引起的结构楼层水平剪力和倾覆力矩。钢管混凝土柱直径由底层 1 800 mm 逐渐减小至顶层 700 mm。在核心筒混凝土角部和内外墙交接处设置了钢管暗柱,以提高核心筒延性,墙体厚度由 1 000 mm 逐渐减小至顶层 300 mm。为减小结构构件尺寸,增加建筑有效使用面积,节点区域钢管内混凝土强度等级为 C90~C60,核心筒内混凝土强度等级为 C80~C50。

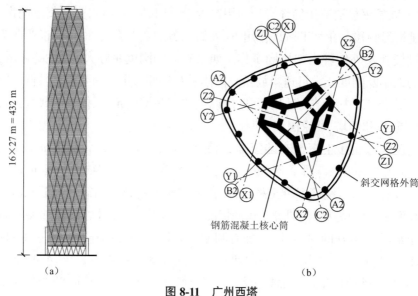

图 8-11 广州西塔

（a）结构平面图 （b）结构立面图

8.5 巨型柱框架 - 核心筒混合结构体系

对于巨型柱框架 - 核心筒结构而言,该结构在使用功能方面较为灵活,空间布置灵活,造价经济,施工便利,次结构传力明确。巨型组合柱具有较大抗侧刚度和抗倾覆能力,与伸臂桁架和核心筒的有效结合,使结构体系的侧向刚度进一步提高,因而在超高层建筑中得到了广泛的应用。比较典型的工程实例有:平安金融中心、上海中心大厦、广州东塔、中国尊大厦等。

平安金融中心位于深圳市福田中心区 1 号地块,地上 118 层,地下 5 层,塔楼塔顶高度 597 m,塔尖高度 660 m,是中国南部第一栋高度超过 600 m 的超高层建筑,采用巨型斜撑框架 + 伸臂桁架 + 型钢混凝土筒体的结构体系,如图 8-12 所示。首层平面尺寸为 56 m×56 m,楼层平面为正方形,四边随楼层向上逐渐收进,在 100 层以上楼面逐渐收进为 46 m×46 m。中央核心筒平面尺寸为 30 m×30 m 的矩形。

内筒为型钢钢骨混凝土核心筒体,墙体角部和洞边处均埋设巨型钢柱,核心筒外墙厚度为 1 000 mm,其中 -5 ~ 12 层采用内置钢板剪力墙,周边设置型钢柱、钢梁约束,墙体混凝土强度等级为 C60,钢板及型钢强度等级为 Q355B。

外框结构主要由 8 根巨型柱、7 道空间带状桁架、7 道平面角桁架、巨型钢斜撑和角部 V 撑及各关键楼层与带状桁架相连接的框架柱和梁组成。

巨型柱:采用型钢混凝土,型钢外包钢筋后再整体浇筑,强度等级从底部由 C70 到顶部渐变为 C50,钢材等级为 Q355J。巨型柱底部尺寸约为 6.5 m×3.2 m,顶部逐渐缩小为 2.0 m×2.0 m。巨型柱型钢板厚 50 ~ 70 mm,含钢率从底部 8% 减至顶部 4%。

空间带状桁架及平面角桁架:7 道空间带状桁架及平面角桁架分别位于每个分区的设备层,沿塔楼高度方向均匀布置。

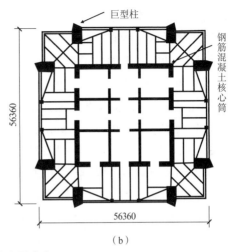

（a）　　　　　　　　　　　（b）

图 8-12　平安金融中心

（a）鸟瞰图　（b）结构平面图

巨型钢斜撑：两个相邻的空间带状桁架间布置巨型钢斜撑，该斜撑连接相邻两根巨型柱，始于下部空间带状桁架上部支座节点，止于上部空间带状桁架下部支座节点。

V 形斜撑：塔楼四角布置巨型 V 形斜撑，跨越多个楼层，两端分别连接巨型柱和角桁架支座节点，承担角部竖向荷载，提高抗侧刚度。

伸臂桁架：沿塔楼高度设置 4 道外伸臂钢桁架，伸臂桁架连接核心筒和巨型柱，提高抗侧刚度。

上海中心大厦位于上海市陆家嘴金融中心区 Z3-1、Z3-2 地块，与上海金茂大厦、上海环球金融中心组成"品"字形的建筑群。该建筑为多功能摩天大楼，主要作为办公、酒店、商业、观光等公共设施。上海中心大厦主体结构高度 632 m，地上 124 层，地下 5 层，总建筑面积 38 万 m²，为带伸臂桁架的巨型柱框架 - 核心筒结构，如图 8-13 所示。巨型柱框架由 8 根巨型柱、4 根角柱及 8 道环带桁架组成。巨型柱和角柱均为钢骨混凝土。底部楼层巨型柱截面达 3 700 mm × 5 300 mm，向上逐渐内收。伸臂桁架及环带桁架设置高度为 2 个楼层，住于 8 个加强层中。钢筋混凝土核心筒墙体厚度为 1 200 mm。

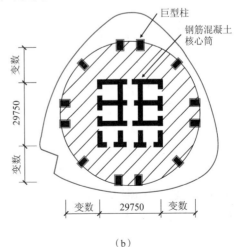

（a）　　　　　　　　　　　（b）

图 8-13　上海中心大厦

（a）鸟瞰图　（b）平面布置图

广州东塔是采用巨型柱框架 - 核心筒混合结构的多功能摩天大楼。广州东塔项目是该体系在国内地震区结构高度超过 500 m 的超限高层建筑设计中的首次使用,巨型柱数量和位置、巨型梁、伸臂桁架的数量都充分考虑了建筑功能需要及巨型结构本身的要求,地上总建筑面积为 40 万 m²,建筑高度 530 m,地上 112 层,地下 5 层,如图 8-14 所示。整个塔楼由钢筋混凝土核心筒(内嵌钢板/型钢)+ 矩形钢管混凝土巨型柱 + 伸臂桁架 + 空间桁架组成。核心筒墙体厚度 500~1 500 mm,核心筒外墙底部楼层采用内嵌双层钢板混凝土组合剪力墙,采用 C80 高强混凝土。巨型框架由巨型柱和空间钢桁架组成。8 根巨型柱从地下室一直延伸,至 68 层减掉 1 根,余下 7 根继续延伸至 92 层。巨型柱内灌 C80 混凝土。设置 6 道空间桁架,将巨型柱连接到一起,增加外框的整体性。设置 4 道伸臂桁架,将核心筒与巨型框架连接,协调核心筒和巨型框架之间的变形。楼面采用 130 mm 厚组合板。

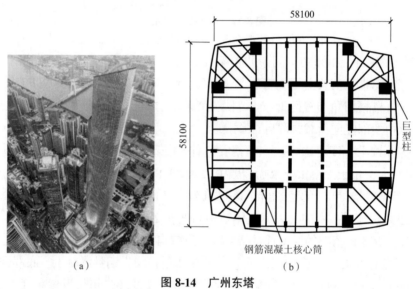

（a）　　　　　　　　　　（b）

图 8-14　广州东塔

（a）鸟瞰图　（b）办公楼标准层平面布置图

8.6　混合结构的施工

《高层建筑钢 - 混凝土混合结构设计规程》(CECS 230:2008)第 9 章对混合结构的施工规定如下。

钢结构的安装进度与混凝土楼板、柱外包混凝土等的施工进度之差,不宜超过 5 层。如果外包混凝土过迟,将使钢骨混凝土柱的混凝土受力延迟,形成两张皮现象。楼板施工过慢,对钢结构的安装精度会产生不利影响。

混合结构体系,钢筋混凝土核心筒必须提前施工,一般比钢结构安装提前 10～14 层。如果二者相差过大,可能引起已浇筑的混凝土楼板开裂,并由此引起已安装的柱子向内倾斜,影响钢结构安装质量。

钢框架和混凝土核心筒之间的竖向变形差异,是由混凝土徐变、收缩和钢框架与混凝土剪力墙在重力荷载下的弹性压缩变形不同引起的。长安大学以 200 m 高的大连世贸大厦钢框架 - 混凝土核心筒高层混合结构为对象,进行了高层混合结构竖向变形差异的专题研究,按多种方案进行了分析和计算,根据所得结果提出下列建议,可供高层混合结构设计和施工时参考。

1)竖向变形差异及其补偿

对 50 m 及以下的高层混合结构,可不考虑柱和筒体间的竖向变形差异的影响。对 50 m 以上的高层混合结构,应考虑施工过程中柱和筒体间的竖向变形差异的影响。为消除此竖向变形差异的影响,可根据计算结果,对不同施工段的楼层采用不同的补偿方案。表 8-7 给出了几种不同层数的高层混合结构竖向变形差异补偿建议,供参考。

表 8-7　竖向变形差异的补偿值　　　　单位:mm

楼层数	57 层	42 层	27 层	15 层
55 ~ 57	-1.00			
52 ~ 54	-0.30			
49 ~ 51	0.30			
46 ~ 48	0.90			
43 ~ 45	1.40			
40 ~ 42	1.20	-0.90		
37 ~ 39	1.60	-0.10		
34 ~ 36	2.00	0.70		
31 ~ 33	2.40	1.40		
28 ~ 30	2.70	1.20	-1.00	
25 ~ 27	3.10	1.70	-0.30	
22 ~ 24	2.70	2.20	0.30	
19 ~ 21	3.00	2.60	0.90	
16 ~ 18	3.30	2.20	0.80	-0.90
13 ~ 15	3.60	2.60	1.30	-0.10
10 ~ 12	3.90	2.90	1.70	0.70
7 ~ 9	4.23	3.30	2.10	1.40
4 ~ 6	4.56	3.70	2.60	2.10
1 ~ 3	4.89	4.10		

注:表中负号表示所在楼层段的框架柱子比筒体长,无负号表示在楼层段的框架柱子比筒体短。施工时,可根据补偿方案,对钢框架柱每个施工段的下料长度考虑预留量或设置垫片。

2)减小竖向变形差异的工程措施

(1)调整混凝土的组成材料及配合比,采用合理的养护方法,以减小混凝土的徐变和收缩。

(2)高层混合结构施工时,应先浇筑核心筒,后安装钢框架,使核心筒弹性压缩、收缩和徐变所引起的竖向变形在安装钢框架前已经部分完成。钢框架柱宜取 3 层为一段,框架安装及校正一般比混凝土楼板施工超前 5 层。

（3）在高层混合结构连接设计中,应采取措施以便于"释放"由于混凝土收缩和徐变引起的次应力或柱、筒体的竖向变形差异引起的次应力。当梁柱刚接时,应考虑连接处次应力的影响。

（4）在高层混合结构中采用钢管混凝土柱（或钢骨混凝土柱）,能显著减小柱筒之间的竖向变形差异。

8.7　混合结构的发展与展望

高层建筑高度不断增加,结构平面、立面布置向复杂化发展,使用功能向多用途、多功能发展,会使更多形式的混合结构体系得到应用,这会对钢 - 混凝土混合结构设计提出更高的要求。

（1）混合结构的形式多种多样。超高层建筑中应用最多的是框架 - 核心筒结构和筒中筒结构,目前世界高层建筑发展趋势是推出高度高于 500 m 和层数大于 100 层的超高层建筑结构方案,有的方案甚至超过 1 000 m。随着高度的增加,有待开发其他的新型混合结构。

（2）高强高性能材料的应用。随着建筑高度的不断增加,结构自重所占结构的比重也不断增加,同时自重的增加给结构的抗震设计带来很大的困难,通过采用高强高性能混凝土可减轻结构的自重,进而改善结构的受力性能,减小构件截面尺寸,增大建筑有效面积,对结构设计的经济性也会产生重大的影响。

（3）结构体系的多样化和周边构件的巨型化。巨型结构是指建筑结构用巨型柱、巨型梁和巨型支撑等巨型杆件组成巨型空间桁架。巨型结构体系从结构受力来分析,是一种超常规的具有巨大抗侧刚度及整体工作性能的大型结构,可以充分发挥材料性能,主、次结构传力明确,是一种非常合理的超高层结构形式。但组合构件及连接的受力性能更为复杂,应加强巨型组合构件的受力性能、组合构件施工的可行性及构造连接可靠性的研究。

（4）新的结构抗震设计理论和方法的应用。如基于性能的抗震设计思想、混合结构高层建筑减隔震控制技术得到进一步应用。消能减震控制技术是抗震、抗风设计的一条重要途径,在国外混合结构有较为广泛的应用,近年我国在新建工程中也开始应用,采用隔震、消能减震、吸能减震及其他减震技术,可以大幅度减少结构的地震反应,改善结构的使用性能,提高结构的抗震和防灾能力。

（5）BIM 技术在混合结构中的应用。BIM 是建筑信息模型（Building Information Modeling）的英文简称。BIM 的核心是通过建立虚拟的建筑工程三维模型,利用数字化技术,为这个模型提供完整的、与实际情况一致的建筑工程信息库。设计团队、施工单位、设施运营部门和业主等各方人员可以基于 BIM 进行协同工作,有效提高工作效率、节省资源、降低成本,以实现可持续发展。BIM 技术具有以下特点:可视化、协同性、模拟性、优化性和可出图性等。很多发达国家正在迅速推进 BIM 技术,2008 年美国强制要求政府项目应用 BIM,并制定 BIM 国家标准。我国在上海中心大厦、深圳平安金融中心大厦等项目中已运用

BIM 技术,为 BIM 技术在混合结构中的实际应用积累了宝贵经验。

【思考题】

1. 混合结构与组合结构的区别是什么? 在高层建筑中钢 - 混凝土组合结构常用受力形式有哪些?

2. 与钢筋混凝土结构和钢结构相比,高层及超高层建筑采用钢 - 混凝土组合结构有哪些优势?

3. 钢 - 混凝土组合结构的结构计算要求有哪些?

4. 高层钢 - 混凝土组合结构未来的发展趋势有哪些?

【参考文献】

[1] 中华人民共和国住房和城乡建设部. 高层建筑混凝土结构技术规程: JGJ 3—2010[S]. 北京:中国建筑工业出版社,2011.

[2] 唐兴荣. 高层建筑结构设计 [M]. 北京:机械工业出版社,2018.

[3] 徐培福. 复杂高层建筑结构设计 [M]. 北京:中国建筑工业出版社,2005.

[4] 王翠坤,田春雨,肖从真. 高层建筑中钢 - 混凝土混合结构的研究及应用进展 [J]. 建筑结构, 2011,41(11):28-33.

[5] 张慧. 浅谈超高层建筑中钢 - 混凝土混合结构的应用 [J]. 江西建材,2019:84-85.

[6] 中国建筑标准设计研究院. 高层建筑钢 - 混凝土混合结构设计规程: CECS 230: 2008 [S]. 北京:中国计划出版社,2008.

[7] 汪大绥,周建龙. 我国高层建筑钢 - 混凝土混合结构发展与展望 [J]. 建筑结构学报, 2010, 31(6):62-70.

[8] 曹本峰,张守峰,朱林辉,等. 上海海航大厦钢框架 - 混凝土核心筒结构设计 [J]. 建筑结构,2012,42(7):11-16,10.

[9] 江蓓,陆道渊,王经雨,等. 大连期货大厦钢 - 混凝土混合结构设计 [J]. 建筑结构,2007, 37(5):29-33,75.

[10] 闫锋,周建龙,汪大绥,等. 南京绿地紫峰大厦超高层混合结构设计 [J]. 建筑结构, 2007,37(5):20-24.

[11] 袁雅光. 绍兴皇冠假日酒店型钢混凝土框架 - 核心筒结构设计 [J]. 结构工程师, 2010, 26(3):24-30.

[12] 温永坚,董汉钢,唐道伟,等. 徐变对武汉环球贸易中心钢管混凝土框架 - 钢筋混凝土核心筒混合结构的影响 [J]. 工业建筑,2017,47(11):137-141.

[13] 张万开,甄伟,盛平,等. 新北京中心三期塔楼结构抗震设计 [J]. 建筑结构, 2018, 48 (20): 12-18.

[14] 武财. 从上海金茂大厦谈高层建筑的结构方案优选 [J]. 世界家苑,2012(9):182-182.

[15] 方小丹,韦宏,江毅,等. 广州西塔结构抗震设计 [J]. 建筑结构学报,2010,31(1):47-55.

[16] 黄用军,何远明,彭肇才,等. 平安金融中心结构设计与研究 [J]. 建筑结构, 2014, 44

（3）: 13-18, 44.

[17] 丁洁民, 巢斯, 赵昕, 等. 上海中心大厦结构分析中若干关键问题 [J]. 建筑结构学报, 2010, 31 (6): 122-131.

[18] 赵宏, 雷强, 侯胜利, 等. 八柱巨型结构在广州东塔超限设计中的工程应用 [J]. 建筑结构, 2012, 42 (10): 1-6.

[19] 薛建阳, 王静峰. 组合结构设计原理 [M]. 北京: 机械工业出版社, 2019.